生物质材料改性沥青性能研究

刘克非　蒋　康　吴超凡　著

U0228072

科学出版社

北　京

内 容 简 介

为充分利用来源广泛、绿色环保、可再生的生物质资源，改善传统沥青混合料路用性能的缺陷，本书分别研究生物油和生物质纤维改性/再生沥青混合料，以提高沥青路面的长期性能。主要内容包括木焦油基再生沥青的制备与性能表征，木焦油基再生沥青混合料的路用性能研究，路用生物质纤维的选择、制备与性能表征，路用生物质纤维沥青混合料的路用性能与耐久性能评价及环境与经济成本对比研究等。

本书可作为高等院校道路与铁道工程专业高年级本科生及研究生相关课程教材使用，也可作为路基路面工程、无机非金属材料、林业工程等领域从事科学研究、教学、设计与生产实践人员的参考用书。

图书在版编目（CIP）数据

生物质材料改性沥青性能研究 / 刘克非，蒋康，吴超凡著.—北京：科学出版社，2024.11

ISBN 978-7-03-070804-5

Ⅰ.①生… Ⅱ.①刘… ②蒋… ③吴… Ⅲ.①生物材料-改性沥青-道路沥青-研究 Ⅳ.①TE626.8

中国版本图书馆CIP数据核字（2021）第257569号

责任编辑：裴 育 周 炜 罗 娟 / 责任校对：张小霞
责任印制：肖 兴 / 封面设计：陈 敬

科学出版社 出版

北京东黄城根北街 16 号
邮政编码：100717
http://www.sciencep.com

北京天宇星印刷厂印刷
科学出版社发行 各地新华书店经销

*

2024 年 11 月第 一 版 开本：720 × 1000 1/16
2025 年 1 月第二次印刷 印张：15 1/4
字数：307 000

定价：138.00 元
（如有印装质量问题，我社负责调换）

前　言

　　生物质是地球上储存太阳能的物质，植物通过自然界的光合作用不断产生生物质。生物质材料以生物炭、生物油、生物灰、生物质纤维等多种形式存在。中国产业发展促进会生物质能产业分会蓝皮书显示，截至 2020 年，我国主要生物质资源年产量约为 34.94 亿 t，生物质资源能源化利用量约为 4.61 亿 t，实现碳减排量约 2.18 亿 t。预计到 2030 年，我国生物质总资源量将达到 37.95 亿 t。如果结合碳捕获和储存技术，生物质能各类途径的利用将为全社会减碳超过 9 亿 t。因此，推进储量丰富和绿色环保的生物质材料资源化利用是我国节能减排和环境保护的重要任务。

　　目前，国内所进行的生物质材料在道路工程领域的研发与应用研究尚处于室内试验与理论分析初期，虽然也完成了一些试验路段，但受各种条件与原因的限制，在沥青路面的设计、施工中大规模地应用生物油改性/再生沥青或生物质纤维增强沥青混合料来取代传统石油沥青混合料的案例仍然鲜见。用于沥青路面的生物油的制备与储存稳定性、生物油再生沥青的低温抗裂性能与微观结构、路用生物质纤维的制备与改性、生物质纤维增强沥青混合料的耐久性能及环境与经济成本等尚未达成共识，仍需进行大量的深入研究才能得以实现。

　　本书以推进生物质资源在沥青路面中的资源化利用为目的，结合湖南省重点领域研发计划项目"基于生物质材料改性的沥青混合料再生利用关键技术研究与示范（2019GK2244）"等，对路用生物油和生物质纤维改性沥青混合料开展系统深入的室内试验和理论分析，进一步完善其设计理论与工程应用技术。

　　为拓展本书研究成果的应用场景与范围，作者研究团队采用亚热带地区生物质材料中的典型代表——毛竹作为基材，系统研发了毛竹基木焦油沥青再生剂和路用竹纤维，并通过大量试验分析了其改性/再生沥青混合料的使用性能、作用机理与经济成本等，着重探讨毛竹基木焦油再生沥青的低温抗裂性能及路用竹纤维增强沥青混合料的耐久性能，有力拓展了道路建筑材料的取材领域，探索了建设绿色、节能、可持续的沥青路面的发展道路。后期持续的研究将覆盖水泥路面、路基结构及整个路域范围。

希望本书能够帮助读者更系统地了解生物质材料改性沥青的特性、作用机理及应用场景，为建设绿色低碳的生物质材料改性沥青路面提供系统的数据参考。本书相关研究得到长沙理工大学、湖南省交通科学研究院有限公司、湖南省高速公路集团有限公司、湖南云中再生科技股份有限公司等的大力支持。在此一并表示感谢。

限于作者水平和实践经验，书中难免存在疏漏和不妥之处，热切希望各位读者予以斧正，以期本书内容不断完善和水平逐步提高。

作　者

2024 年 1 月于长沙

目　　录

前言
第1章　绪论 ··· 1
1.1　问题的提出 ·· 1
1.1.1　生物油改性沥青 ·································· 1
1.1.2　生物质纤维改性沥青 ····························· 2
1.2　国内外生物油改性/再生沥青研究现状 ················· 3
1.2.1　生物油的种类和制备 ····························· 3
1.2.2　生物油的性能 ·································· 6
1.2.3　生物油改性/再生沥青的制备 ······················ 7
1.2.4　生物油改性沥青结合料性能 ························ 8
1.2.5　生物油改性沥青混合料性能 ······················· 13
1.2.6　生物油再生沥青结合料性能 ······················· 15
1.2.7　生物油再生沥青混合料性能 ······················· 19
1.2.8　生物油改性/再生沥青路面的实际应用 ··············· 20
1.2.9　生物油改性沥青生命周期评价 ······················ 21
1.3　国内外生物纤维改性沥青研究现状 ···················· 22
1.3.1　路用生物质纤维研究现状 ························· 22
1.3.2　沥青混合料耐久性研究现状 ························ 25
1.3.3　沥青混合料环境与经济成本分析研究现状 ············· 27
1.4　存在的问题 ·· 28
1.4.1　生物油改性沥青研究 ····························· 28
1.4.2　生物质纤维改性沥青研究 ························· 29
1.5　本书的研究内容与意义 ································· 29
1.5.1　本书主要研究内容 ······························· 29
1.5.2　本书主要研究意义 ······························· 30
参考文献 ··· 31
第2章　木焦油基再生沥青的制备与储存稳定性分析 ·········· 45
2.1　木焦油基再生沥青的制备 ······························· 45
2.1.1　基质原样沥青 ·································· 45
2.1.2　制备老化沥青 ·································· 45
2.1.3　木焦油基再生剂原材料 ··························· 45

  2.1.4 正交试验···46
  2.1.5 木焦油基再生沥青的组成·······························51
  2.1.6 再生剂施工安全性···52
  2.1.7 再生剂热稳定性···52
  2.1.8 制备再生沥青···52
2.2 木焦油基再生沥青的储存稳定性·······························54
  2.2.1 试样制备···54
  2.2.2 试验方法···55
  2.2.3 储存稳定性测试结果···56
2.3 本章小结··63
参考文献··63

第3章 木焦油基再生沥青的组分、热性能与高温流变性能·······66
3.1 试验材料及方法··66
  3.1.1 试验材料···66
  3.1.2 试验方法···66
3.2 结果分析··67
  3.2.1 组分分析···67
  3.2.2 热性能···69
  3.2.3 高温流变性能···70
3.3 本章小结··72
参考文献··72

第4章 木焦油基再生沥青的低温抗裂性能与微观结构···········74
4.1 低温抗裂性能···74
  4.1.1 试验方法···74
  4.1.2 试验结果···76
4.2 基于黏弹性流变学的低温抗裂性能分析·····················83
  4.2.1 Burgers 模型建立···83
  4.2.2 储能和耗散能···84
  4.2.3 蠕变柔度导数的推导···85
  4.2.4 低温抗裂性能的理论分析···································86
4.3 微观结构··93
  4.3.1 试验方法···93
  4.3.2 试验结果···94
4.4 本章小结··99
参考文献··99

第 5 章　木焦油基再生沥青混合料的路用性能与耐久性 ……………102

5.1　试验用沥青混合料及其制备 ……………………………………102

　5.1.1　试验材料 ………………………………………………102

　5.1.2　混合料配合比 …………………………………………103

5.2　再生沥青混合料路用性能 ………………………………………104

　5.2.1　高温性能 ………………………………………………104

　5.2.2　低温性能 ………………………………………………104

　5.2.3　水稳定性 ………………………………………………105

　5.2.4　抗老化性能 ……………………………………………107

　5.2.5　路用性能评价汇总 ……………………………………108

5.3　再生沥青混合料耐久性 …………………………………………108

　5.3.1　疲劳耐久性 ……………………………………………108

　5.3.2　冻融循环耐久性 ………………………………………109

　5.3.3　老化耐久性 ……………………………………………110

5.4　路面结构设计参数研究 …………………………………………112

　5.4.1　抗压回弹模量 …………………………………………112

　5.4.2　劈裂强度 ………………………………………………114

5.5　本章小结 …………………………………………………………115

参考文献 ………………………………………………………………115

第 6 章　路用生物质纤维的选择、制备与性能表征 …………………117

6.1　路用生物质纤维原材料筛选 ……………………………………117

6.2　路用生物质纤维制备工艺 ………………………………………118

6.3　路用生物质纤维技术要求 ………………………………………119

6.4　路用生物质纤维及其沥青胶浆的性能表征 ……………………120

　6.4.1　路用生物质纤维及其沥青胶浆的物理性能 …………120

　6.4.2　路用生物质纤维及其胶浆的热性能 …………………121

　6.4.3　路用生物质纤维的吸油性能 …………………………128

　6.4.4　路用生物质纤维的微观结构 …………………………129

6.5　本章小结 …………………………………………………………131

参考文献 ………………………………………………………………131

第 7 章　路用生物质纤维沥青混合料的路用性能与微观结构 ………133

7.1　试验用沥青混合料及其制备 ……………………………………133

　7.1.1　级配的拟定与参数的计算 ……………………………133

　7.1.2　级配的确定 ……………………………………………135

　7.1.3　生物质纤维最佳掺量的确定 …………………………137

　7.1.4　混合料最佳油石比的确定 ……………………………137

7.2 路用生物质纤维沥青混合料的路用性能·······················142
　　7.2.1 力学性能·····················142
　　7.2.2 高温稳定性·····················145
　　7.2.3 水稳定性·····················147
　　7.2.4 低温抗裂性·····················149
　　7.2.5 抗老化性能·····················151
7.3 微观分析·····················152
　　7.3.1 纤维在沥青中的整体形貌·····················153
　　7.3.2 纤维吸附、稳定效果·····················153
　　7.3.3 纤维的加筋、阻止裂缝产生的效果·····················155
　　7.3.4 纤维对阻滞微裂缝扩展的效果·····················157
7.4 路面结构设计参数研究·····················159
　　7.4.1 抗压回弹模量·····················159
　　7.4.2 劈裂强度·····················161
　　7.4.3 综合对比小结·····················162
7.5 本章小结·····················164
参考文献·····················164

第8章 路用生物质纤维沥青混合料的耐久性能·····················166
8.1 配合比设计·····················166
8.2 老化耐久性·····················167
　　8.2.1 试验方法·····················167
　　8.2.2 结果与讨论·····················168
8.3 冻融循环耐久性·····················176
　　8.3.1 试验方法·····················176
　　8.3.2 结果与讨论·····················176
　　8.3.3 冻融损伤模型·····················178
8.4 疲劳耐久性·····················181
　　8.4.1 试验方法·····················181
　　8.4.2 结果与讨论·····················181
8.5 灰色关联度分析·····················184
　　8.5.1 灰色关联的计算方案与计算方法·····················184
　　8.5.2 灰色关联分析结果·····················188
8.6 本章小结·····················190
参考文献·····················190

第9章 路用生物质纤维的环境与经济成本对比研究·····················193
9.1 环境成本分析·····················193

　　　9.1.1　路用生物质纤维生长期环境成本分析 ············ 193
　　　9.1.2　路用生物质纤维制备期环境成本分析 ············ 196
　　　9.1.3　沥青路面建设期环境成本分析 ················· 196
　9.2　经济成本分析 ···································· 201
　　　9.2.1　路用生物质纤维生长期经济成本分析 ············ 201
　　　9.2.2　路用生物质纤维制备期经济成本分析 ············ 203
　　　9.2.3　沥青路面建设期经济成本分析 ················· 204
　9.3　本章小结 ······································ 208
　参考文献 ·· 209
第 10 章　生物质材料改性沥青结(混)合料的示范应用 ········ 210
　10.1　生物质材料基再生沥青剂及其制备方法 ············ 210
　　　10.1.1　技术背景 ······························· 210
　　　10.1.2　技术内容 ······························· 211
　　　10.1.3　技术实施方案与效果 ······················ 212
　10.2　竹纤维沥青混合料及其制备方法 ················· 216
　　　10.2.1　技术背景 ······························· 216
　　　10.2.2　技术内容 ······························· 216
　　　10.2.3　技术实施方案与效果 ······················ 218
　10.3　高性能稀浆封层混合料及其制备方法 ·············· 222
　　　10.3.1　技术背景 ······························· 222
　　　10.3.2　技术内容 ······························· 222
　　　10.3.3　技术实施方案与效果 ······················ 224
　10.4　耐酸雨侵蚀的沥青混合料及其制备方法 ············ 227
　　　10.4.1　技术背景 ······························· 227
　　　10.4.2　技术内容 ······························· 228
　　　10.4.3　技术实施方案与效果 ······················ 229

第1章 绪 论

1.1 问题的提出

1.1.1 生物油改性沥青

沥青路面作为世界上使用最多的路面类型，以其优异的行车体验及维修方便等特点受到建设者和驾驶者的青睐[1,2]。但沥青材料服役期间极易老化，因此在实际应用中往往采用改性沥青来提高沥青结合料的路用性能[3]。然而，由于绝大多数沥青来源于石油，而石油属于不可再生资源，出于可持续发展的考虑，对于已老化的沥青结合料需要添加再生剂以实现回收利用[4,5]。当前，部分沥青改性剂及再生剂存在售价较高、来源单一、对沥青使用效果提升不明显等缺点[6,7]。因此，亟须拓展高性能沥青改性剂和再生剂的种类及来源。

生物质是地球上储存太阳能的物质。植物通过自然界的光合作用不断产生生物质[8,9]。一般来说，生物质资源可分为天然生物质和衍生生物质两大类，并细分为三类：①农业生产废弃物、农产品加工废弃物、农作物残体、磨木废弃物、城市木屑和城市有机废弃物等；②林产品，包括木材、伐木残体、乔木、灌木及木屑、锯末和树皮等；③能源作物，包括短轮伐木本作物、草本木本作物、禾本科植物、淀粉作物、糖类作物和油料作物等[10,11]。生物质基材料以生物炭、生物油、生物灰、生物质纤维等多种形式存在。生物油是从生物质热解产物中广泛获得的可利用材料，是对生态环境影响较小的环境友好材料[12,13]。生物油黏度低且与沥青的相容性良好[14]，可用作基质沥青的改性剂或老化沥青的再生剂，在本书中统称为生物油改性沥青及生物油再生沥青。

目前，关于生物油改性沥青的研究和应用主要集中于植物基生物油，如废食用油（waste cooking oil，WCO）或废植物油（waste vegetable oil，WVO），采用动物粪便裂解油作为添加剂的改性沥青的研究较少[15,16]。扩大植物、动物废弃物甚至微生物的生物油来源具有巨大潜力。在大多数研究中，研究人员专注于不同制备工艺和参数对生物油产量的影响，而没有考虑对生物油性能的影响及优化方法[17,18]。此外，缺乏对生物油与沥青的相互作用机理分析，以及生物油的制备对生物油和生物油改性/再生沥青的性能影响的深入研究[19]。另外，不同类型的生物油具有不同的特性，导致生物油改性或再生沥青的理化和流变特性显著不同[20]。

1.1.2　生物质纤维改性沥青

随着我国经济的持续快速腾飞，交通量增势迅猛。交通运输部发布的《2022 年交通运输行业发展统计公报》显示，截至 2022 年末，全国公路总里程 535.48 万 km，比上年末增加 7.41 万 km，公路密度 55.78km/10^2km^2，增加 0.77km/10^2km^2。运输车辆的大型化和超载现象对沥青路面的耐久性提出更高的要求。道路的反复修复与重建将会带来直接和间接的经济损失及不良的资源与环境影响。因此，改善沥青路面使用性能和延长道路使用寿命已成为道路工作者的重要课题。

研究者通过不断的探索，在改善沥青混合料的过程中采用了以下方法：①改善矿质混合料的级配以达到提高沥青路面性能的目的，如沥青玛蹄脂碎石混合料（stone mastic asphalt，SMA）、碎石沥青混合料（stone asphalt concrete，SAC）等。②改善沥青的性能以提高沥青路面的抗永久变形能力。试验证明，掺入纤维后沥青混合料的疲劳寿命可提高 25%～45%，车辙减少 45%～53%，沥青路面寿命将延长 30%～40%[21]。掺入纤维可有效提升沥青混合料路用性能的原因在于：①纤维以三维分散相存在于沥青混合料中，起到了加筋作用；②沥青和矿粉形成的胶团因纤维的分散存在而更加均匀，从而减少了路面"油斑"的存在；③纤维对沥青的吸附作用提高了沥青混合料的沥青用量，导致沥青油膜增厚，低温抗裂性能增强；④纤维的存在可稳定沥青油膜，纤维内部的空隙在高温条件下能够在沥青受热膨胀时起到缓冲作用；⑤纤维吸附沥青形成的油膜能够增强沥青与集料间的黏附性，提高集料间的黏结力。

常用的路用纤维可分为钢纤维与软纤维。由于耐磨性能远超过沥青混合料，掺入钢纤维的沥青混合料在使用一定时间后产生"凸尖现象"。"凸尖现象"使沥青路面对轮胎的磨损增强，对行车安全性产生不利影响。常用的软纤维分为聚合物纤维、木质素纤维和矿物纤维。木质素纤维的凸起绒毛及内部的中空管状结构使其表现出良好的沥青吸附与稳定作用[22]。但木质素纤维通常较短，材质的强度较低，所以在沥青混合料中发挥的增韧与抗裂能力有待加强。矿物纤维比木质素纤维及聚合物纤维具有更高的强度及耐高温与吸水性能，对沥青混合料路面的老化和抗氧化能力的改善显著，可延长道路的使用寿命[23-26]。但是，矿物纤维的原料要求与生产成本均较高，导致其在使用中受到限制。聚合物纤维的原料通常由人工合成方法制得，因此在生产过程中受环境的影响较小。聚合物纤维具有强度高、质轻、耐磨、耐化学腐蚀等优势。但其为人造产物，不能如同其他天然纤维一样自然降解，因而对环境影响较大。

秸秆、芦苇、毛竹等植物，是环保且可循环再生的自然资源。我国每年秸秆等速生草植物的产量可达 8 亿 t 以上，但这些资源的利用率极低，大部分仍是用于焚烧，而在日本上述资源的回收利用率已高达 90%[27]。这些植物是丰富的碳水化合物，焚烧处理不仅产生 CO_2 排放造成严重的环境污染，更是对自然资源的极大浪费。

将秸秆、芦苇、毛竹等生物质纤维应用于道路工程是解决资源浪费的有效途径，与传统的木质素纤维相比，生物质纤维的广泛应用可有效降低路用纤维对森林资源的消耗，有利于拓宽现行规范取材范围，是缓解杉木、杨木等木材资源短缺的重要途径。

1.2 国内外生物油改性/再生沥青研究现状

1.2.1 生物油的种类和制备

当前用于制备不同生物油的生物质一般分为木材类、农业废料类、水生植物类、动物废料类、压榨油类等[6]，见表 1.1。

表 1.1 生物油来源分类

大类	小类
木材类	松树[28]、家具木屑[29,30]、落叶松[31]
农业废料类	棉秆[32]、芝麻秆[33]、稻壳[34]、稻草[30]、棕榈壳[35]、榛子壳[36]
水生植物类	小球藻[37]、螺旋藻[38]
动物废料类	猪粪[8]、油脂[39]、牛粪[40]
压榨油类	废食用油[41]、废食用蔬菜油[42]

生物油的制备工艺主要包括高温裂解和水热液化。

1. 高温裂解

生物油高温裂解工艺可划分为四种类型，见表 1.2。慢速裂解通常用来生产固态物质，如生物炭。快速裂解通常用于生产液态物质，如生物油。流化床反应器是快速裂解制备生物油的主要装置[9]。图 1.1 描述了生物质快速裂解的主要过程。首先，生物质受热分解为生物炭和挥发物，挥发物包含可冷凝气体和不可冷凝气体。然后，将可冷凝气体进一步冷却成生物油[18]。

表 1.2 生物油高温裂解工艺

类型	加热速率/($°C/s$)	温度/$°C$	停留时间/s
慢速裂解[43]	—	<400	>900
常速裂解[43]	0.2～2	<500	0.5～5
快速裂解[18, 43]	10～200	500	1.0
闪速裂解[43]	1000～10000	500～650	<1.0

图 1.1　生物质快速裂解流程

　　表 1.3 总结了通过快速裂解制备生物油的最佳参数。可以看到，木屑制备生物油的产量高于其他生物质材料，且制备所需温度低于其他生物质材料；其次是稻壳和微藻类生物质材料。除裂解参数外，生物质中纤维素和木质素含量也对生物油的产量有很大影响，纤维素和木质素的含量越高，生物油产率越高。一般来说，木材用于制备生物油原料的产量更高[28]。

表 1.3　不同生物质原料快速裂解最佳参数

生物质原料类型	温度/℃	加热速率/(℃/min)	氮气流速/(cm³/min)	颗粒直径/mm	产量(质量分数)/%
棉秆[44]	550	—	100	1.85	23.82
棉秆[32]	510	—	—	1.60	55
芝麻秆[33]	550	500	200	—	37.20
稻壳[31]	550	—	—	1.00	46.36
稻壳[45]	>500	200	—	<0.50	40
稻壳[46]	450~550	—	—	—	46.36
稻壳[47]	475	—	—	—	50
稻壳[5]	465	—	—	—	56
稻壳[34]	400~600	—	—	—	60~80
土豆皮[48]	550	—	200	—	27.11
榛子壳[36]	500	7	100	—	23.10
棕榈壳[35]	500	—	—	0.212~0.425	58
棕榈壳[49]	442.15	—	200	—	46.02
日本落叶松锯末[31,50]	450	15	—	1.18	64
竹锯末[30]	405 或 440	—	—	—	72
废旧家具木屑[29]	450	—	—	0.70	65
茶叶废渣[51]	500	—	—	—	30
水果残渣[52]	500	—	—	—	30.20
微藻[37]	450	—	—	—	57.90

2. 水热液化

水热液化是另一种重要的生物油制备工艺。表 1.4 列出了不同生物质原料水热液化参数。数据表明，在处理植物类生物质材料时，水热液化温度低于高温裂解，但压强高于后者。同时，水热液化的生物油产率低于高温裂解。因此，水热液化工艺主要用于处理动物类废料，如猪粪等[53]。猪粪水热液化后的产物组成如图 1.2 所示，生物油产率约为 18%[17]。

表 1.4 不同生物质原料水热液化最佳参数

生物质原料类型	温度/℃	压强/MPa	时间/min	产率(质量分数)/%
松木屑[54]	280	——	15	7.2～11.3
稻草[55]	573	——	——	39.7
稻草[56]	260～350	6～18	3～5	13.0～38.3
猪粪[53]	260～340	5～17.8	0～90	14.9～24.2
猪粪[57]	500	34.4	——	——
猪粪[8]	305	10.3	80	——
污泥[58]	300～360	10～18	5～20	——
浮萍[59]	250～374	4.1～22.1	5～90	10～30.3
螺旋藻[38]	300	10～12	30	32.6
藻类[60]	200～300	8.9～10.3	30～120	24～39.4

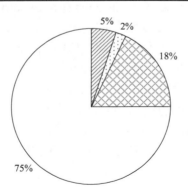

□固体 □气体 ▨生物油 □水

图 1.2 猪粪水热液化后的产物组成

当采用高温裂解和水热液化制备的生物油具有较高的酸值和水分时，不能直接用作沥青结合料的改性剂和再生剂。通常需通过酯交换反应、分馏、蒸馏等处理工艺使生物油具有较好的改性效果及相容性[61,62]。

总体来说，快速裂解工艺更适合处理植物类生物质材料，水热液化更适合处理动物类废料。当生物油的物理和/或化学性质不适宜用作沥青结合料改性剂或再生剂时，对生物油进一步的精炼处理必不可少，这将在后续章节进行讨论。

1.2.2 生物油的性能

1. 物理性能

不同种类生物油的物理性能见表 1.5。大豆生物油的含水量和密度低于其他类型的生物油。尽管生物油的黏度在不同的温度下会不断变化，其同一温度下的黏度低于基质沥青结合料。

表 1.5　不同种类生物油的物理性能

技术指标	棉秆[32]	稻壳[5]	大豆[63]	亚麻籽[64]	山毛榉[65]	棕榈壳[35]	木材[35]
含水量(质量分数)/%	24.4	25.2	0.001	21.5	14	10.0	15～31
密度/(kg/m³)	1160	1190	993	1080	1216	1200	1110～1250
黏度/cSt①	125(20℃)	128(20℃)	62(40℃)	58(40℃)	67(70℃)	15(50℃)	35～53(50℃)

①1cSt=1mm²/s，下同。

2. 化学性能

采用气相色谱质谱仪(gas chromatography-mass spectrometry，GC-MS)和傅里叶变换红外光谱仪(Fourier transform infrared spectrometry，FTIR)可测量生物油的基本化学组成和官能团[41]。Leng 等[42]和 Osmari 等[66]证明了废食用油中含有很高比例的不饱和脂肪酸，可用于改性沥青。红外光谱表明，生物油中含有烷烃、环烷烃和其他化学官能团，这些官能团与沥青中芳香分的官能团相近。生物油中的氧、碳、氢、氮和硫的元素组成与沥青相似，因此有潜力用于制备老化沥青再生剂的原材料[67,20]。由不同生物质原料制备的生物油的元素组成见表 1.6。因为大多数生物油原料为木本植物，含有较高含量的纤维素和半纤维素，其生物油所含的主要元素为碳、氢和氧[68]。氮和硫元素的含量非常低，表明生物油也可以制备环保燃料[31]。

表 1.6　不同生物质原料制备的生物油的元素组成(质量分数)　(单位：%)

生物质原料类型	C	H	O	N	S
棉秆[32]	42.30	7.90	49.40	0.30	0.20
芝麻秆[69]	48.62	5.65	37.89	0.57	—
稻壳[5]	41.70	7.70	50.30	0.30	0.20

续表

生物质原料类型	C	H	O	N	S
橄榄壳[70]	50.90	6.30	38.60	1.37	0.03
稻草[30]	49.19	5.55	43.10	0.13	0.06
玉米棒[71]	55.14	7.56	36.90	0.56	<0.05
桦木[72]	48.45	5.58	45.46	0.20	—
松木[73]	45.92	5.27	48.24	0.22	—
竹[30]	41.39	7.03	49.55	2.01	0.02
棕榈壳[12]	47.60	8.10	43.70	0.60	—
螺旋藻[38]	68.90	8.90	14.90	6.50	0.86
猪粪[38]	71.20	9.50	15.60	3.70	0.12

1.2.3 生物油改性/再生沥青的制备

采用高速剪切设备将生物油与沥青混合是制备生物油改性/再生沥青的主要方法，但应考虑生物油含量和混合条件(如混合机剪切速率和混合温度)。已有文献研究中不同生物油与沥青的混合条件见表1.7。高速剪切仪的剪切速率在200～5000r/min 变化，剪切温度设定在 120～160℃。木质生物油含有纤维素、木质素

表 1.7 不同生物油与沥青的混合条件

生物油类型	剪切速率/(r/min)	剪切温度/℃	剪切时间/min	生物油掺量(质量分数)/%	沥青老化状态
废食用油[6,13]	1000	160	60	3,4,5	未老化
猪粪[8,74]	—	145	5	5	
木质液[10]	5000	150±5	30	6,7	
松木[12]	3000	150	60	—	
蓖麻油[75]	1500	120	20	5,10,15,20,25,30	
废旧木材[74]	5000	130	20	5,10	
猪粪[57]	3000	120	30	2,5,10	
棉花籽油[76]	200	145	15	5,10	已老化
废蔬菜油[77]	—	145	5	12	
废食用油[42]	1200	130	15	3,4,5,6,7	
废食用油[41]	200	130	30	1,2,3,4,5	
生物柴油残渣[20]	—	160	10	0.5,1,1.5,2,2.5,3	
木屑[78]	5000	135	15	10,15,20	

和半纤维素，会导致更高的黏度和较差的流动性，废旧木材生物油的剪切速率比猪粪高[12]。此外，沥青结合料的类型会影响剪切温度。生物油与沥青间的剪切时间从 5min 到 60min 不等。通常添加至沥青中的生物油剂量应控制在 10%以下。值得注意的是，蓖麻油和木屑生物油则需分别以最大含量（质量分数）为 30%和 20%的掺量添加到沥青中，此掺量下的沥青结合料性能已通过实验室测试[75,78]。

1.2.4 生物油改性沥青结合料性能

1. 物理性能

沥青结合料的物理性能包括针入度、软化点、延度和黏度等。

针入度是指在指定的时间和温度下标准针沉入沥青样品的深度。针入度越大，沥青越软，稠度也越低。部分生物油改性沥青的物理性能与流变性能见表 1.8。Wan Azahar 等[6,13]证实了废食用油可有效降低沥青的稠度，提高沥青的针入度。研究发现，当废食用油的酸值和含水率分别为 2.8mL/g 和 0.16%时，对沥青的针入度提升较为明显，沥青的针入度与废食用油掺量呈正比关系。Zeng 等[75]发现在 25℃下，蓖麻油每增加 1%的掺量（质量分数），生物油改性沥青的针入度就会提高 0.2mm。Li 等[79]证实大豆油可以显著提高石油沥青的针入度。Ingrassia 等[80]研究表明，木材生物油的掺量（质量分数）每提高 5%，生物油改性沥青的针入度会更大。与常规基质沥青相比，生物油改性沥青在寒冷地区具有更好的路用性能[81]。

软化点反映了沥青对温度的敏感性，较高的软化点表示沥青具有较低的温度敏感性和较好的高温稳定性[6]。大豆/木材生物油可降低沥青的软化点[79,80]，具体见表 1.8。此外，Wan Azahar 等[6,13]采用 4 月、8 月和 12 月生产的废食用油制备沥青改性剂，试验结果表明，不同月份的废食用油对生物油改性沥青的软化点具有相似的改性作用。废食用油的添加量与废食用油改性沥青的软化点间存在负相关曲线函数关系[81]。虽然生物油会提高沥青的温度敏感性，但其可以通过与其他改性剂共同作用来改善沥青结合料的温度敏感性，如苯乙烯-丁二烯-苯乙烯(styrene butadiene styrene，SBS)改性沥青、苯乙烯-丁二烯-橡胶(styrene butadiene rubber，SBR)改性沥青或低密度聚乙烯(low density polyethylene，LDPE)改性沥青。其中，当生物油改性沥青与 SBS 改性沥青的质量混合比为 3:7 时，复合改性沥青的软化点可达到峰值(69℃)，表明生物油可有效降低改性沥青的温度敏感性[75,82]。

延度反映了低温下沥青的延展性。大豆油和废木油可提高生物油改性沥青的延度[79,83]，具体见表 1.8。然而，Zeng 等[75]研究发现，蓖麻油改性的 40#/60#沥青 15℃下的延度随蓖麻油的增加而降低，原因是随着蓖麻油含量的提高，蓖麻油与沥青间的溶解度逐渐降低，导致生物油改性沥青的延展性下降。添加 5%（质量分数）蓖麻油后，蓖麻油使 90#沥青的 10℃延度先提高后降低。这是因为在 10℃时，含量（质量分数）小于 5%的蓖麻油与沥青的相容性良好。当蓖麻油含量（质量分数）

表 1.8 生物油改性沥青的物理性能与流变性能

研究者	生物油类型	生物油掺量(质量分数)/%	针入度	软化点	延度	黏度	高温性能	常温性能	低温性能
Wan Azahar 等[6,13]	废食用油	3,4,5	增大	减小	—	减小	增强	—	—
Mills-Beale 等[84]	猪废料	5	—	—	—	减小	增强	—	增强
Yang 等[85]	废旧木材	30,70	—	—	—	减小	减弱	—	—
Portugal 等[86]	大豆	1,3	—	—	—	减小	—	—	增强
Fini 等[57]	猪粪	2,5,10	—	—	—	减小	减弱	—	—
Yang 等[87]	废旧木材	10	—	—	—	增大	减弱	—	—
Yang 等[88]	雪松木	2,8,25,50	—	—	—	增大	减弱	—	—
Xu 等[89]	废旧木材		—	—	增大	—	减弱	—	增强
Han 等[83]	废木屑	15,20,30,40	—	—	增大	—	减弱	—	减弱
Gao 等[15]	—	5,10,15,20	—	—	—	—	—	—	—
Zeng 等[75]	蓖麻油	5,10,15,20,25,30	增大	减小	减小	—	减弱	—	增强
Li 等[79]	大豆	—	增大	减小	增大	—	减弱	—	增强
Zhang 等[10]	木质液	6,7	—	—	—	—	增强	—	增强
Sun 等[90]	废旧木材	5,10	—	—	—	减小	增强	—	减弱
Eriskin 等[81]	废煎炸油	1,3,5	增大	减小	—	—	减弱	—	增强
Fini 等[8]	猪粪	5	—	—	—	—	减弱	—	增强
Dong 等[91]	蓖麻油渣	15	—	—	—	—	减弱	—	增强
Cao 等[92]	生物油残渣	1,3,5	—	—	—	—	减弱	增强	—
Wang 等[93]	生物柴油残渣	5,10,15	—	—	—	—	减弱	增强	—
Ingrassia 等[80]	木材	5,10,15	增大	减小	—	减小	减弱	增强	—
Wen 等[94]	废食用油	10,30,60	—	—	—	—	减弱	减弱	—

大于 5%时，两种材料间的相容性降低，过多的油降低了沥青的延展性。

黏度反映了沥青结合料的流动性，较低的黏度可以确保沥青易于混合，并可降低沥青混合料的制备成本[6,57]。大豆油、废食用油、猪粪油和许多废木油可显著降低沥青的黏度，改善沥青流动性[80,84,86]，具体见表 1.8。但是，添加雪松木裂解油或密歇根木裂解油可提高沥青的黏度，原因是在雪松木裂解油或密歇根木裂解油的生产过程中发生了聚合反应，导致这两种油的分子量提高。在将这两种油与沥青混合后，生物改性沥青的黏度提高[88,89]。

2. 流变性能

生物油改性沥青结合料的流变性能包括高温抗变形性能、常温抗疲劳性能和低温抗裂性能。

通常采用动态剪切流变仪(dynamic shear rheometer，DSR)测试沥青的高温抗车辙性能，复数模量 G^* 和相位角 δ 是基本的流变参数，抗车辙因子 $G^*/\sin\delta$ 用于评估沥青的高温抗变形能力[85]。

Yang 等[85]和 Dong 等[91]比较了废木生物油改性沥青与基质沥青间的 G^* 值，发现生物油含量越高，改性沥青的 G^* 值越低，具体见表 1.8。由此可见，由于生物油的润滑和软化作用，废旧木材生物油会减弱基质沥青的高温稳定性。Ingrassia 等[80]还发现废旧木材生物油对沥青的抗车辙性能有负面影响。Wen 等[94]研究表明，废食用油可以软化沥青并降低沥青的复数模量，废食用油改性沥青的抗车辙性能弱于基质沥青。Gao 等[15]发现在改性沥青短期老化前，与基质沥青相比，木屑生物油改性沥青的 G^* 值更低、δ 值更高。Fini 等[8]研究还表明，猪粪生物油改性沥青的 G^* 值随生物油含量的增加而降低，表明猪粪生物油改性沥青的高温性能弱于基质沥青。与此相反，Mills-Beale 等[84]和 Sun 等[90]发现通过将猪粪生物油与基质沥青混合可提高沥青的 G^* 值，因为猪粪生物油增强了基质沥青分子链之间的相互作用。Dong 等[91]通过将生物油改性沥青与 90 # 基质沥青和 SBS 改性剂或碎橡胶(crushed rubber，CR)混合制备复合改性沥青。测试结果表明，在低负荷频率条件下，CR 改性沥青的 G^* 值高于 90 # 基质沥青和 SBS 改性沥青的 G^* 值。当仅添加猪粪生物油时，生物油改性沥青的抗车辙性能弱于基质沥青，但添加多聚磷酸(polyphosphoric acid，PPA)可显著改善猪粪生物油改性沥青的抗车辙因子，有效提高沥青的抗车辙性能[57]。Wan Azahar 等[6,13]证明通过化学改性可将废食用油的酸值从 1.66mL/g 降低到 0.54mL/g，然后添加 3%(质量分数)的废食用油可有效提高沥青的抗车辙性能，因为酸值较低的废食用油颗粒与沥青结合料颗粒间的黏合性更好，从而可制备更坚硬的生物油改性沥青。

常温下，沥青的流变特性极大地影响了沥青路面的抗疲劳性能。基于线性振幅扫描(linear amplitude sweep，LAS)测试，Cao 等[92]发现废食用油可提高沥青在常温下的抗疲劳性能，老化后的废食用油改性沥青的疲劳性能优于老化后的基质沥青。Wen 等[94]发现热化学处理后的废食用油会降低沥青的疲劳强度。基于循环线性振幅扫描疲劳模型的结果，Wang 等[93]研究证明废食用油基生物油残渣添加到 70＃基质沥青或 SBS 改性沥青中可提高沥青的抗疲劳性能。同样，Ingrassia 等[80]发现木材生物油可以提高基质沥青的抗疲劳性能。

　　沥青结合料的低温流变特性用于表征其低温抗裂性。通常沥青的低温性能通过弯曲梁流变仪（bending beam rheometer，BBR）测试，评估指标为弯曲蠕变劲度模量 S 和蠕变速率 m，具体见表 1.8，Zhang 等[10]发现木材植物液生物油的添加可减小基质沥青的 S 值，并提高其 m 值，表明木材生物油有利于提高沥青的低温抗裂性。这是因为生物油包含大量可以使沥青软化的轻质组分。然而，具有水分的生物油会对生物油改性沥青的低温性能产生不利影响，原因是水的存在会影响沥青与油之间的相容性。因此，如果生物油改性剂的含水量过高，应采取精炼工艺，即采用脱水方法控制水分含量[95]。Fini 等[8,57,84]通过蒸发水分对猪粪生物油进行再处理，处理后的生物油可明显提高基质沥青的抗裂性。但是，密歇根州的木材生物油对沥青的抗裂性有负面影响[90]。通过与其他聚合物共混，如 SBS、碎橡胶等，生物油改性沥青将具有较大的 m 值和较小的 S 值[91]。

　　总之，生物油改性沥青的黏度低于基质沥青的黏度，这意味着生物油改性沥青混合料的铺筑温度可低于基质沥青混合料。生物油改性沥青的低温和常温性能通常优于基质沥青，但其可根据生物油类型的不同而发生变化。为了确保生物油改性沥青的高温稳定性，在实际应用中可添加其他改性剂进行复合，如 SBS、SBR 等。

　　3. 抗老化性能

　　沥青结合料的老化性能极大地影响其路用性能，并决定了沥青路面的耐久性。因此下面讨论生物油改性沥青的抗老化性能。

　　Ingrassia 等[96]采用 FTIR 和老化系数评估沥青结合料的抗老化性能。结果表明，沥青的化学性能和流变参数与沥青结合料的抗老化性能密切相关，木材生物油的添加可抑制羰基化合物的形成。与具有相同针入度等级的基质沥青相比，生物油改性沥青具有相似甚至更好的抗老化性能。Zhang 等[97]在 50℃下将蒸馏水与锯末生物油以 2∶1 的水油比搅拌 10min 以制备复合生物油改性沥青，复合生物油改性沥青比纯锯末生物油改性沥青具有更好的耐老化性能。与基质沥青相比，短期老化后废食用油改性沥青的质量损失较大，表明废食用油可减弱沥青的抗老化性能，但废食用油改性沥青的质量损失可以满足规范的要求[94]。Wang 等[98]比较了老化前后不同沥青的凝胶指数，发现废食用油残渣改性沥青的凝胶指数差异大于基质沥青，表明废食用油残渣对沥青的抗老化性能具有不良影响。Sun 等[14]采用废食用油残渣、石油残留物、树脂和其他物质制备复合生物油改性剂，可以显著提高沥青的抗老化性能。

4. 化学性能

生物油改性沥青的化学组成和官能团的变化可以反映其物理流变性能变化的机理，现有评价手段主要为红外光谱图、沥青组分试验、原子力显微镜(atomic force microscope，AFM)等。

Somé 等[99]发现添加植物油可增加沥青红外光谱中亚砜基(S═O 键)的峰值强度，表明植物油可以加速沥青的老化。Yang 等[88,100]指出，在添加废木材生物油前后，沥青的红外光谱图没有明显变化，但由于废木材生物油中酸、酮、醛、酯和酰基的存在，向基质沥青中添加生物油表现出了较大的老化指数，这对沥青混合料的长期性能而言是不利的。大豆油改性沥青的红外光谱也表明，添加大豆油后光谱中没有产生新的吸收峰，这意味着没有发生化学反应，大豆油与沥青之间仅发生了物理混合[82]。废食用油与基质沥青间也是物理混合[92]。Ingrassia 等[96]发现由于木质生物油具有更强的 C═O 键官能团吸收峰，木质生物油改性沥青的 C═O键强度高于基质沥青。木质生物油与沥青仅存在物理混合，没有发生化学反应。

沥青的基本组成包括沥青质、胶质、芳香分和饱和分[93]。凝胶指数是评价沥青胶体结构的重要指标，可以通过沥青组分试验结果计算得到，凝胶指数的值为沥青质与饱和分的质量和除以芳香分与胶质的质量和[98]。不同生物油改性沥青的组分组成见表 1.9。由表可知，添加木质生物油可降低沥青质、饱和分和芳香分的

表 1.9　生物油改性沥青的组分组成

研究者	沥青类型	组分含量(质量分数)/%				凝胶指数
		饱和分	芳香分	胶质	沥青质	
Ingrassia 等[96]	PG 50/70	5.70	47.30	21.80	25.20	0.45
	PG 50/70+5% 木质生物油	5.40	46.30	24.40	23.90	0.42
	PG 50/70+10% 木质生物油	4.90	45.50	24.60	25.00	0.39
	PG 50/70+15% 木质生物油	4.90	44.80	27.20	23.10	0.36
Wang 等[98]	PG 64-22	19.90	38.40	22.50	19.20	0.62
	PG 64-22+1% 废食用油渣	17.40	39.70	26.60	16.30	0.47
	PG 64-22+3% 废食用油渣	15.60	41.80	27.50	15.10	0.41
	PG 64-22+5% 废食用油渣	14.60	42.20	28.30	14.90	0.55

含量,增加沥青中树脂的含量,沥青的凝胶指数减小。这也是生物油改性沥青比基质沥青具有更高的流动性、更强的渗透性和温度敏感性的主要原因[93]。废食用油渣改性沥青的凝胶指数随油渣含量的增加先降低后提高,当废食用油渣含量为3%(质量分数)时改性沥青凝胶指数达到最小值。废食用油渣改性沥青的凝胶指数低于基质沥青,且凝胶指数与沥青组分间不存在线性关系,表明生物油可以溶解沥青质并与沥青形成良好的分散体系[98]。

原子力显微镜用于在微观水平上定性与定量分析沥青材料的微观结构和力学性能。Gong 等[101]发现,尽管大豆油对基质沥青的形态特征没有影响,但可以显著改变沥青的内聚力,且大豆油的掺量与改性沥青的内聚力间存在非线性关系。Guarin 等[102]研究了鱼油改性 PG 160/220 沥青及菜籽油改性 PG 160/220 和 PG 160/220 基质沥青的表面形态,发现上述沥青表面无蜂状结构和结晶蜡,表明两种生物油均未改变基质沥青的表面形态。然而,原子力显微镜的力学分析结果表明,两种生物油改性沥青的弹性模量均低于基质沥青,且附着力更强。Liu 等[103]发现废食用油可以增加基质沥青中的轻质组分,分散蜂状结构,并使表面形态更光滑,从而使改性沥青具有更好的流动性。

1.2.5 生物油改性沥青混合料性能

不同类型生物油改性沥青混合料的路用性能见表 1.10。

表 1.10 生物油改性沥青混合料的路用性能

研究者	生物油类型	生物油含量(质量分数)/%	低温性能	高温性能	水稳定性	疲劳性能
Cavalli 等[104]	蓖麻油	5,10,15,20	增强	减弱	减弱	—
Aziz 等[105]	松木油	20,25,25.5,30	增强	增强	减弱	—
Yang 等[85]	废木油	5,10	—	减弱	减弱	增强
Yang 等[74]	废木油	5,10	—	几乎无影响	—	增强
Mohammad 等[106]	松木油	20,25,25.5,30	增强	增强	—	—
Dong 等[107]	玉米油	3,5,10,15,20	减弱	增强	减弱	—
Alamawi 等[108]	玉米秸秆	—	减弱	增强	减弱	—
Pouget 等[109]	—	—	减弱	增强	减弱	—
Sun 等[110]	废食用油	33.3	增强	几乎无影响	几乎无影响	增强
Wen 等[94]	废食用油	10,30,60	增强	减弱	—	增强
Zhang 等[10]	木质液	6,7	增强	—	—	—
You 等[111]	猪废料	2,5,10	增强	—	—	—
Ingrassia 等[112]	木材油	5,10,15	—	—	增强	—
Zhang 等[113]			增强	减弱	增强	增强

1. 高温性能

沥青混合料的高温性能主要是指抗永久变形能力。通常可以采用沥青路面分析仪(asphalt pavement analyzer，APA)、汉堡车辙试验仪(Hamburg wheel tracking device，HWTD)和马歇尔稳定度仪来评估沥青混合料的高温性能。

与常规沥青混合料相比，玉米和松木生物油改性沥青混合料具有相似或更好的抗车辙性能[68]，Pouget 等[109]通过沥青混合料高温试验得出了与上述一致的结论。然而，Yang 等[74,85]发现添加废木质生物油/废食用油/蓖麻油后，沥青混合料的高温性能会稍有减弱，因为这些油起润滑剂的作用，促进了沥青分子链的移动[75,94,104]。

2. 低温性能

低温性能反映了沥青混合料的抗裂性。约束试件温度应力试验(thermal stress restrained specimen test，TSRST)和低温弯曲试验可用于评估生物油改性沥青混合料的低温性能。

Zhang 等[10]指出，废食用油改性沥青混合料的开裂温度低于基质沥青混合料，意味着废食用油改性沥青混合料比基质沥青混合料具有更好的抗裂性[94,110]。Aziz 等[105]和 Mohammad 等[106]基于 TSRST 测试结果得出了类似的结论，即木质生物油可以提高沥青混合料的抗裂性，并降低其对水分的敏感性。添加 10%掺量(质量分数)的猪粪生物油可提高沥青混合料的低温性能，并可将沥青混合料的裂解温度降低 $4.6\sim4.9$℃[111]。生物油改性沥青混合料的开裂温度低于基质沥青混合料的开裂温度，因为生物油可以提高沥青混合料的断裂性能，进而提高沥青混合料的断裂强度。这意味着生物油对沥青混合料的低温性能有积极影响[114,115]。然而，Dong 等[107]、Alamawi 等[108]、Pouget 等[109]发现玉米油改性沥青混合料弱于基质沥青混合料的低温抗裂性，这是由于玉米油比基质沥青具有更高的温度敏感性，导致沥青结合料在低温下更易开裂，具体见表 1.10。

3. 疲劳性能

通过四点梁疲劳试验研究沥青混合料的抗疲劳性能。废木质生物油和废食用油改性沥青混合料具有较好的抗疲劳性能[113]，具体见表 1.10。这是因为两种油都可以降低沥青混合料的初始耗散能，从而延长沥青混合料的疲劳寿命[76,85]。Wen 等[94]和 Yang 等[116]的研究结果也证明废食用油改性沥青混合料的抗疲劳性能高于基质沥青混合料。

4. 水稳定性

沥青混合料的水稳定性直接影响沥青路面的使用寿命。通常采用冻融劈裂抗拉强度比(tensile strength ratio，TSR)和残留稳定度(residual stability，RS)来评估沥青混合料的抗水损害能力。

Wen 等[94]采用 TSR 评估了废食用油改性沥青混合料的水分敏感性，测试结果符合规范要求。Cavalli 等[104]研究表明，随着蓖麻油掺量的增加，蓖麻油改性沥青混合料的抗水损害能力下降，但其水稳定性可以满足相关规范的要求。Aziz 等[105]和 Pouget 等[109]的研究表明生物油改性沥青混合料对水损害的抵抗力弱于基质沥青混合料，且松木生物油改性沥青混合料的抗水损害能力不符合规范使用要求。但是，Ingrassia 等[112]发现，由于木材生物油中含有大量的酯类物质，其添加可有效改善沥青与集料间的附着力，从而减轻水损害的程度。Zhang 等[113]研究也表明，生物油可降低沥青的损耗模量并提高其黏度，从而增强其在沥青混合料中的水稳定性。

综上所述，大多数生物油对沥青混合料的水稳定性都有负面影响，但蓖麻油和废食用油改性沥青混合料可以满足规范要求，木质生物油改性沥青混合料的水稳定性还需进一步研究。

可以看出，在高温和低温条件下，不同生物油对沥青混合料性能的影响差异很大。但是就沥青混合料的水稳定性和抗疲劳性能而言，各种生物油的效果相对一致。也就是说，大部分生物油对沥青混合料水稳定性有负面作用，但可以提高沥青混合料的抗疲劳性能。

1.2.6　生物油再生沥青结合料性能

1. 物理性能

不同生物油再生沥青结合料的物理性能和流变性能测试结果见表 1.11。表中所示的生物油基本都可以提高老化沥青的针入度，因为生物油的稀释使沥青分子颗粒的分布更为均匀[117,118]。具体来说，10%废大豆油再生沥青的针入度可使老化沥青恢复到与基质沥青相同的水平[119]。Asli 等[41]研究发现再生沥青结合料的针入度随废食用油含量的增加而线性增加，这是加入废食用油导致老化沥青的化学基团(羰基和亚砜基)的变化所致。Zhang 等[61]研究发现，废食用油对老化沥青针入度的改善程度取决于废食用油的酸值和黏度。

因为生物油自身的高温稳定性较低，不同类型老化沥青与不同比例的生物油混合后软化点有所降低[117,118]。在 2%(质量分数)的废食用油最佳掺量下，再生沥青结合料的软化点与原样沥青相似，且其对老化 SBS 改性沥青的再生作用比Pen50 沥青更显著[20,41]。当废食用油的黏度和酸度较低时，其对老化沥青的软化效果明显高于其他废食用油[61]。

生物油可使沥青颗粒分布更均匀，改善老化沥青的延展性，进而提高老化沥青延度[120]。掺入废大豆油可提高 15℃老化沥青的延展性，当含油量大于 4%时延

表 1.11　生物油再生沥青结合料的物理性能和流变性能

研究者	生物油类型	生物油掺量(质量分数)/%	针入度	软化点	延度	黏度	高温性能	常温性能	低温性能
Leng 等[42]	废蔬菜油	3,4,5,6,7	—	—	—	减小	—	—	—
Asli 等[41]	废食用油	1,2,3,4,5	增大	减小	—	减小	—	—	—
Zhang 等[61]	废食用油		增大	减小	增大	—	减弱	—	增强
Zargar 等[118]	废食用油	1,2,3,4,5	增大	减小	—	减小	—	—	—
Sang 等[117]	废动物油	3,4,5,6,7	增大	减小	—	减小	—	—	—
Chen 等[76]	废食用油和稻花籽油	5,10	—	—	—	减小	—	—	—
Ahmed 等[67]	废大豆油	2,4,6,8	增大	减小	增大	减小	—	—	—
Chen 等[120]	废蔬菜油	3,4,5,6,7	增大	减小	增大	减小	减弱	增强	—
Yu 等[77]	废蔬菜油	12	—	—	—	—	减弱	—	增强
Zhang 等[78]	木屑裂解油	10,15,20	增大	—	—	减小	—	—	增强
Ingrassia 等[119]	废大豆油	5,10,15,20	增大	—	增大	减小	减弱	—	—
Zaumanis 等[121]	松木油	6,12,18	增大	—	增大	减小	—	—	—
Gong 等[20]	生物柴油	0.5,1,1.5,2,2.5,3	增大	减小	—	减小	减弱	—	增强
Ingrassia 等[122]	木质油	10	增大	减小	—	—	减弱	增强	—
Borghi 等[123]	松木油	7.5,12.4	增大	减小	—	减小	减弱	增强	增强
Zhang 等[124]	废木油	10,15,20	—	—	—	减小	减弱	增强	增强
Ji 等[125]	废蔬菜油	2,4,6,8,10	增大	减小	增大	减小	减弱	增强	增强

度大于 100cm[67]。Zhang 等[61]报道表明，添加废食用油可以改善老化沥青的柔韧性和低温抗裂性。同类研究表明，添加废食用植物油可有效提高老化沥青的延展性，意味着生物油可以恢复老化沥青低温下的抗裂性，且对于不同类型老化沥青具有不同程度的延度恢复效果[122]。

生物油的黏度较低，各种生物油均可降低老化沥青的黏度[66,121]。特别地，7%掺量（质量分数）的废植物油可将老化沥青的黏度降低至原样沥青水平。此外，当废食用油的酸度在 0.4～0.7mgKOH/g 的范围内且黏度在 140～540mm²/s 的范围内时，可在满足规范使用要求的基础上降低生物再生沥青路面的施工成本[42,61]。废食用动物油也可用于再生 70 # 老化沥青和 SBS 老化沥青，与 70 # 老化沥青相比，其对降低 SBS 老化沥青的黏度效果更好[117,118]。Chen 等[76]在比较废食用油和棉籽油对老化沥青的再生效果后发现，由于废食用油的黏度较低，其对沥青的浸润和润滑效果好于棉籽油，使得废食用油对老化沥青黏度的削减效果优于棉籽油。Cao 等[126]研究发现，废蔬菜油再生沥青在特定温度下的黏度对数值与其掺量呈线性关系。

2. 流变性能

生物油会降低老化沥青的高温稳定性，废蔬菜油可将老化沥青的高温性能恢复到与原样沥青相同水平[77]，具体见表 1.11。废蔬菜油掺量对老化沥青高温性能有很大影响，可提高老化沥青 G^* 值，同时减小其相位角，过量的废蔬菜油会降低老化沥青的弹性恢复能力[42,120]。Zhang 等[61]研究表明，废食用油的酸度为 0.4～3.2mgKOH/g 且黏度为 210～1140cSt 时，再生沥青的抗车辙性能可以恢复至原样沥青水平。Gong 等[20]、Ingrassia 等[119]指出大豆油重塑老化沥青高温性能的掺量为 10%（质量分数）。

生物油再生沥青具有良好的抗疲劳性能。Borghi 等[123]通过线性振幅扫描测试了松木油再生沥青的抗疲劳性能，结果表明，即使在短期和长期老化之后，再生沥青常温下的抗疲劳性能也优于原样沥青。作为老化沥青再生剂，废食用植物油可以降低沥青质的含量并软化沥青，从而大大提高老化沥青的抗疲劳性能[120]。但是不同生物油再生沥青的 PG 分级温度（高温和低温）均随油掺量的提高而降低，且针入度呈相反趋势[127]。Zhang 等[124]研究发现，20%掺量（质量分数）的废木材裂解油可有效恢复老化沥青的抗疲劳性能，但不能恢复至原样沥青水平。Ji 等[125]研究发现，6%掺量（质量分数）的废蔬菜油可有效提高 PG 64-22 老化沥青的抗疲劳性能。

当废食用油加入到老化沥青中时，老化沥青的抗裂性能增强[61]。采用废蔬菜油再生老化沥青可起到软化作用，进而恢复老化沥青的低温抗裂性[79]。生物柴油再生 Pen50 沥青和生物柴油再生 SBS 沥青的低温抗裂性能均优于原样沥青[20]。用作再生剂的木屑裂解生物油的最佳掺量为 15%(质量分数)，该掺量下木屑裂解生物油对提高老化沥青的抗裂性具有显著作用[78]。

3. 抗老化性能

不同种类的生物油对老化沥青的抗老化性能有不同影响。Ingrassia 等[122]研究表明，10%掺量(质量分数)的木质生物油再生沥青的抗老化性能优于原样沥青。Chen 等[120]发现短期老化前后的废食用蔬菜油再生沥青针入度比高于原样沥青，因此废食用蔬菜油再生沥青的抗老化性能优于原样沥青。Borghi 等[123]证实松木生物油再生沥青的抗老化性能与短期老化后的原样沥青相似。Ziari 等[128]研究发现，1%掺量(质量分数)的废蔬菜油再生沥青短期老化后的延度高于原样沥青，有力证明了废蔬菜油再生沥青具有出色的抗老化性能。

根据现有的研究结果，采用生物油作为再生剂可有效软化沥青，改善老化沥青的流动性、延展性、低温抗裂性能、抗疲劳性能和抗老化性能，并略微降低了其高温稳定性。因此，生物油对老化沥青的性能具有良好的修复作用。

4. 化学性能

老化沥青、生物油和生物油再生沥青的红外光谱测试结果表明，老化后沥青中的芳香烃官能团强度下降，生物油中含有一定数量的芳香烃官能团，如 C—H 键和 N=O 键，因此生物油可补充老化沥青中缺少的芳香族成分[67]。通常采用 C=O 对应的羰基和 S=O 键对应的亚砜基官能团峰值面积指数表征沥青老化程度[118]。沥青老化后，C=O 键和 S=O 键的强度增加；与老化沥青相比，再生沥青 C=O 键和 S=O 键的强度略有降低，即羰基和亚砜基指数降低[120]。Pradhan 等[129]比较了老化沥青和蓖麻油再生沥青的红外光谱，发现老化沥青再生过程中没有产生新的吸收峰，表明老化沥青与蓖麻油的混合为物理共混，未发生化学反应。

生物油再生沥青组分分析结果见表 1.12。沥青老化过程中，芳香分含量降低而沥青质含量升高[79]。Zhang 等[61]、Chen 等[120]比较了原样沥青、老化沥青和再生沥青的组分测试结果，发现添加废食用油或大豆油可以降低老化沥青的沥青质和胶质含量，并提高饱和分和芳香分的含量，但不会改变其胶体结构。

表 1.12　生物油再生沥青组分分析结果

研究者	沥青类型	组分含量(质量分数)/%			
		饱和分	芳香分	胶质	沥青质
Zhang 等[61]	AH-90	13.23	41.84	34.80	10.13
	老化 AH-90	9.58	33.44	37.40	19.58
	老化 AH-90+6% 大豆油	13.71	45.23	32.03	9.03

续表

研究者	沥青类型	组分含量(质量分数)/%			
		饱和分	芳香分	胶质	沥青质
Chen 等[120]	PG 60-80	5.68	61.59	20.01	12.72
	老化 PG 60-80	4.84	52.42	25.97	16.77
	老化 PG 60-80+6%废食用油	5.90	56.87	23.25	13.98
	PG 40-60	11.06	55.25	16.69	17.01
	老化 PG 40-60	5.74	48.41	25.91	19.94
	老化 PG 40-60+5%废食用油	8.12	51.58	23.46	16.84
	SBS 改性沥青	5.18	60.02	17.32	17.48
	老化 SBS 改性沥青	5.18	52.26	20.09	22.47
	老化 SBS 改性沥青+4%废食用油	6.50	55.45	17.70	20.35

沥青在不同老化程度下具有不同的微观形态和力学性能,作为连接沥青化学成分和宏观路用性能的桥梁,通过分析沥青老化前后的微观特性和形貌分布,可以有效探索两者之间的相互作用,从而合理优化沥青混合料的设计与生产。沥青在不同老化程度下都存在蜂状结构,其变化取决于蜡分子的数量和沥青分子的扩散能力。因此,原子力显微镜通常用于分析沥青的蜂状结构随老化状态的变化趋势,探究其老化或再生过程中的微观形貌变化。

研究表明,沥青老化后,蜂状结构的数量增加,但尺寸减小[130]。生物柴油再生沥青的蜂状结构数量和大小与老化沥青相似。然而,分析生物柴油残渣再生老化沥青前后微观形貌可知,生物柴油可以减轻高氧化组分的聚集,增强沥青分子的扩散能力。老化后,SBS 改性沥青的蜂状结构尺寸减小。生物柴油再生 SBS 老化沥青的蜂状结构数量和尺寸均有所提高[20]。沥青表面形态的差异通常是由其化学组分引起的。Yu 等[77]研究发现,将废蔬菜油掺入老化沥青中不能显著改变其表面形态,即蔬菜油对老化沥青的化学组分没有显著影响。

生物油再生沥青化学性能评价结果表明,生物油的添加可以降低老化沥青中羰基和亚砜基的强度,提高沥青分子的分散性并使老化沥青中芳香分和饱和分的含量增加,胶质和沥青质的含量减少,添加生物柴油可重塑 SBS 老化沥青的蜂状结构。因此,生物油可将老化沥青的组分与微观形貌调节到与原样沥青相似的水平。

1.2.7 生物油再生沥青混合料性能

不同生物油再生沥青混合料路用性能测试结果见表 1.13。

表 1.13　生物油再生沥青混合料路用性能测试结果

研究者	生物油类型	生物油掺量(质量分数)/%	高温性能	低温性能	疲劳性能	水稳定性
Cai 等[131]	废柑橘皮油	—	减弱	增强	—	减弱
Zaumanis 等[11]	废蔬菜油	12	减弱	增强	增强	减弱
Hugener 等[132]	废蔬菜油	—	减弱	—	—	减弱
Setyawan 等[133]	废食用油	—	—	—	—	—
Nogueira 等[134]	废食用油	6,8,10,12,15	—	—	—	减弱

1. 高温性能

Hugener 等[132]研究指出，废食用煎炸油再生沥青混合料的高温性能弱于老化沥青混合料。Zaumanis 等[11]试验证明，废蔬菜油再生沥青混合料具有良好的高温性能。Xiu 等[18]发现，废果皮生物油不能有效地恢复老化沥青混合料的高温性能。Setyawan 等[133]根据马歇尔试验结果发现废食用油会减弱老化沥青的高温稳定性，但再生沥青混合料的高温性能可以满足规范要求。

2. 低温性能

废柑橘皮油和植物油可提高老化沥青的弹塑性，显著增强老化沥青混合料的低温抗裂性能[133]。还需进一步研究其他类型生物油对老化沥青混合料低温性能的影响。

3. 疲劳性能

Zaumanis 等[11]采用同轴剪切试验分析原样沥青混合料和再生沥青混合料的抗疲劳性能。结果表明，废蔬菜油再生沥青混合料比原样沥青混合料具有更好的抗疲劳性能。但在此领域缺乏更多相关的研究数据和结果，需进一步加以补充和完善。

4. 水稳定性

当废食用油掺量为 12%(质量分数)时，再生沥青混合料的水稳定性满足规范中冻融劈裂抗拉强度比的要求，但残留稳定度不能满足规范要求[134]。Hugener 等[132]研究表明，废蔬菜油再生沥青混合料的水稳定性较差。同样，Zaumanis 等[11]的研究也表明废蔬菜油再生沥青混合料的水稳定性弱于原样沥青混合料，表明废蔬菜油不能恢复老化沥青混合料的水稳定性。

1.2.8　生物油改性/再生沥青路面的实际应用

冰岛的几条植物油改性沥青路面在铺设后路面严重受损，产生了泛油、集料剥落等病害[102]。Guarin 等[102]选取六个试验段对生物油改性沥青混合料使用性能进行了评估，发现菜籽油和鱼油均表现出与沥青溶解性不良的问题。生物油覆盖了集料表面，减弱了沥青与粗细集料间的黏结作用。鱼油比菜籽油更适合用于沥青改性。Yang 等[135]采用 5%的橡木基生物油改性沥青铺筑了沥青路面，人行道宽3.048m，但没有关于道路使用性能的跟踪报告。Hugener 等[132]报道了 100%废食用油再生沥青混合料建造的道路，铺设三年后未见路面发生重大损坏的报道。可见，生物油改性/再生沥青路面的实际应用还需要进一步研究。

1.2.9 生物油改性沥青生命周期评价

生物油改性沥青是生物油与沥青的复合材料，生物油改性沥青制备引起的原材料消耗、造价及对环境的影响需进行深入研究[136]。Chan 等[137]报道了棕榈油快速热解和水热液化过程中的 CO_2 排放量，每千克生物油分别产生 2.29kg 和 4.46kg当量的净 CO_2。Veeraragavan 等[138]研究表明，与传统的沥青混合料相比，采用废蔬菜油再生沥青混合料可节约 40%的生产成本。Samieadel 等[17]计算了猪粪制备生物油过程中的气体排放量，并通过全球变暖潜能指数（global warming potential index，GWPI）将其与常规沥青进行了比较，计算结果见表 1.14。可以看到，制备猪粪生物油改性沥青所产生的温室气体排放量少于传统沥青。两种沥青混合料生产过程的能耗见表 1.15。显然，生物油改性沥青混合料制备过程的能耗小于传统

表 1.14 两种沥青制备过程中的气体排放和全球变暖潜在指数

沥青类型	气体排放			全球变暖潜能指数
	CH_4	CO_2	N_2O	
生物油改性沥青	0.22	18.440	0.00013	23.101
传统沥青	0.36	20.059	0.00014	25.051

表 1.15 两种沥青混合料制备过程中的能耗

沥青混合料类别	类别	数量	单位
传统沥青混合料	生产能量消耗	6.58×10^9	J/t
	混合和压实能量消耗	0.47×10^9	J/t
	原料能量	41.28×10^9	J/t
	总计	48.33×10^9	J/t
生物油改性沥青混合料（基质沥青+10%猪粪生物油）	生物油改性沥青生产消耗能量	1.19×10^9	J/t
	真空蒸馏	0.19×10^9	J/t
	10%生物油改性沥青混合料的混合和压实能量消耗	0.21×10^9	J/t
	10%生物油改性沥青原料能量	41.23×10^9	J/t
	总计	42.82×10^9	J/t

沥青混合料的能耗。Samieadel 等[17]还发现由于生物油改性沥青的黏度较低,其混合料在压实过程中的能量消耗少于传统沥青混合料。

生命周期评价结果表明,在生产和应用过程中,与传统沥青相比,猪粪生物油改性沥青在能耗、资源利用和污染物排放方面更具优势。

1.3 国内外生物纤维改性沥青研究现状

1.3.1 路用生物质纤维研究现状

世界各国,尤其是工业发达国家,对道路建设所使用的路用纤维的开发及其应用非常重视,不断开发出形式多样、价格低廉、性能优良的新产品,并且制定了相应的标准规范,以满足路用性能的需求,我们可以从中借鉴经验。

1996 年,Serfass 等[139]采用回弹模量、低温直接拉伸、抗车辙性能、疲劳抗力试验评价了石棉网纤维、矿物纤维、玻璃纤维及木质素纤维改性沥青的效果。研究发现,纤维的加入导致沥青用量增大,沥青混合料路用性能,如水稳定性、抗老化性能、抗疲劳性能及抗裂性均有不同程度的提高。

2000 年,Cooley 等[140]在对添加木质素纤维的开级配沥青混合料研究中,提到木质素纤维的吸水性可能导致路面产生水损害等早期破坏。因此,他推荐使用矿物纤维作为沥青路面的稳定剂。

2004 年,同济大学交通运输工程学院[141]对玄武岩纤维、木质素纤维和聚酯纤维在 SMA 中的应用效果进行了对比研究,得出了玄武岩纤维具有更好的增强和稳定性能的结论。

2005 年,Hassan 等[142]将纤维素纤维与丁苯橡胶聚合物掺入开级配抗滑磨耗层(open graded friction course,OGFC)沥青混合料中,通过老化磨损试验与防滑试验发现,该沥青混合料的抗剥落性能与抗滑性能均得到有效提升。

2006 年,常兴文[143]为探索沥青路面的结构和使用性能而在 AC-16 I、SP-16(Superpave-16)及 SAC-16 中添加木质素纤维和德兰尼特纤维作为改性剂进行试验。发现添加木质素与德兰尼特纤维后 AC-16 I 型沥青混合料的马歇尔稳定度分别提高了 19%和 36%。随后经路用性能试验验证,发现纤维可有效改善沥青混合料的使用性能。

2008 年,田华等[144]对木质素纤维和玻璃纤维改性沥青胶浆的流变性能进行了研究,发现当掺量相同时,木质素纤维对沥青的改性效果优于玻璃纤维。薄膜烘箱试验(thin film oven test,TFOT)后,玻璃纤维沥青胶浆的耐高温性能优于同剂量的木质素纤维。同年,高鹏[145]以废报纸与改性硅藻土为原材料研制了一种松散状路用木质素纤维,其对自研的木质素纤维 SMA 沥青混合料、德国瑞登梅尔

JRS 纤维 SMA 沥青混合料和不添加纤维的 SMA 沥青混合料路用性能进行对比试验研究，结果表明，自研的木质素纤维可将 SMA 沥青混合料的动稳定度提高近四倍；在对 SMA 沥青混合料高温性能的改善效果上，木质素纤维较 JRS 纤维更优。但自研的木质素纤维 SMA 沥青混合料的水稳定性能不如 JRS 纤维 SMA 沥青混合料。

2009 年，Ye 等[146]发现与不掺加纤维的沥青混合料相比，掺加纤维素纤维的沥青混合料在黏弹性上有一定程度的提升，纤维素纤维沥青混合料的水稳定性可在不掺加纤维的沥青混合料基础上提高 30%～40%。

2010 年，Chen 等[147]采用动态剪切流变仪、扫描电子显微镜（scanning electron microscope，SEM）、锥沉试验等对聚酯纤维、聚丙烯腈纤维、木质素纤维、石棉纤维改性沥青胶浆的增强机理进行研究。结果表明，聚酯纤维与聚丙烯腈纤维的末端触角特性可有效提高沥青胶浆的高温稳定性，木质素纤维与石棉纤维对沥青的吸附作用强于聚酯纤维与聚丙烯腈纤维。此外，Bao 等[148]对掺加剑麻纤维的沥青混合料的抗压强度、抗拉强度、挠曲强度等指标进行测试，结果表明，剑麻纤维的掺入可增强沥青混合料的抗拉强度、挠曲强度和抗冲击性能，但对抗压强度没有显著改善。

2011 年，朗森[149]研究了添加秸秆复合纤维沥青混合料的高温稳定性、低温抗裂性和水稳定性，发现秸秆复合纤维可提升沥青混合料的路用性能。同年，吕金永[150]通过 AC-13 沥青混合料的室内蠕变试验得到剑麻沥青混合料与普通沥青混合料的黏弹性参数，经过 ABAQUS 软件的模拟发现剑麻纤维的加入可使沥青混合料的抗疲劳开裂性能提高 17%。

2012 年，郭锋等[151]针对木质素纤维难以分散的问题，利用室内小型加纤拌和机及多孔沥青混合料的级配特点，提出了适用于多孔沥青混合料的纤维分散方法，有效增大了油膜厚度，减小了析漏和飞散损失。同年，Wang 等[152]对掺加木质素纤维的 OGFC 沥青混合料进行了间接拉伸荷载试验、磨耗试验和浸水磨耗试验。结果表明，与不掺加纤维的沥青混合料相比，掺加木质素纤维的 OGFC 沥青混合料强度、耐磨性和湿度敏感性均有所改善。

2012 年，吕鹏[153]对蔗渣纤维沥青混合料进行了模拟酸雨溶液下的抗腐蚀试验。结果表明，掺量为 0.25%的蔗渣纤维可将沥青混合料在 pH=4 条件下的残留稳定度提高 12%。同年，肖林峻等[154]采用直剪试验和劈裂试验研究了木质素纤维沥青混合料、钢纤维沥青混合料、无纤维沥青混合料的老化性能。结果表明，木质素纤维可提高沥青混合料的弯曲蠕变劲度模量和抗短期老化性能；钢纤维沥青混合料的劈裂强度提升较大，抗长期老化性能更优。

2013 年，Hadiwardoyo 等[155]采用长度为 0.5～1.25cm 的短椰子纤维以 0%、0.75%和 1.5%（质量分数）的掺量加入沥青混合料中，以 8.16t 的标准轴载压实纤维沥青混合料。采用摆式摩擦仪测试纤维沥青混合料 26℃、30℃、35℃、40℃、45℃和 50℃下的抗滑性能。结果表明，0.75%的纤维虽然对沥青混合料的防滑性能有所改善，但其高温稳定性没有提高。同年，He 等[156]在沥青路面疲劳开裂的相关研究中采用掺量为 0.2%的剑麻纤维有效地提高了沥青路面的抗疲劳开裂性能，为植物纤维在沥青路面的应用提供了数据基础。此外，Munda 等[157]在竹纤维对 SMA沥青混合料的路用性能改善研究中发现竹纤维的使用可以提高沥青混合料的力学性能。

2013 年，李玉龙[158]发现剑麻纤维（最佳长度 4mm，最佳掺量 0.3%）可将乳化沥青混合料的马歇尔稳定度提升 40.7%。

2014 年，do Vale 等[159]发现椰子纤维 SMA 沥青中的最佳掺量为 0.3%（质量分数）。纤维的掺入可提升沥青混合料的抗疲劳性能、回弹模量、水稳定性等路用性能。该文献将纤维在沥青混合料中的作用解释为纤维的阻滞作用可削弱沥青与矿料间的离析。

2014 年，陆宏新等[160]采用 SEM 研究了剑麻纤维沥青混合料的界面性能，结果表明，吸附沥青后的剑麻纤维在沥青混合料中所形成的网络可有效阻止沥青混合料中裂缝的进一步扩张。

2015 年，Wu 等[161]采用网篮排水与烘箱加热试验评价了纤维沥青胶浆的吸收性与热稳定性，并采用 SEM 研究了纤维对沥青胶浆微观结构的影响。结果表明，纤维所形成的三维网状结构有利于形成乳香树脂涂层以阻止沥青的流失，纤维素纤维对沥青胶浆的吸收性与稳定性提升最大。

2015 年，杨茜[162]通过室内试验制备了符合路用性能要求的棉秸秆纤维，并验证了棉秸秆沥青胶浆的基本性能。此外，高庆华[163]发现棉秸秆纤维对路用性能的改善效果优于木质素纤维。

2016 年，雷彤等[164]对添加棉秸秆纤维的沥青混合料路用性能进行研究，发现棉秸秆纤维沥青混合料与木质素纤维沥青混合料的路用性能基本接近。此外，胡洁琼等[165]在秸秆纤维制备及其沥青混合料路用性能增强的研究中指出，适当延长浸泡时间有利于纤维性能的提升，适当减少沥青混合料的加热拌和及施工时间有利于减轻沥青和纤维的老化。

2017 年，廖欢[166]发现从环保和利废的角度来看，棉秸秆纤维具有很大的发展空间。天然棉秸秆纤维的吸油性能虽然不如木质素纤维，但其稳定、增黏的效果强于木质素纤维，且吸油性可通过处理进一步提升。2017 年，杨彦海等[167]在对SMA-13 沥青混合料中掺入的木质素纤维与三种矿质纤维的路用性能试验中，确定了木质素纤维最佳掺量为 0.3%，矿质纤维最佳掺量为 0.4%，并系统分析了四种纤维对沥青混合料使用性能的影响及其原因。同年，艾畅等[168]以弯拉应变为剑麻纤维高模量沥青混合料的低温性能评价指标，研究了剑麻纤维的长度与掺量对高模量沥青混合料低温性能的影响。结果表明，当纤维掺量为 0.3%时，剑麻纤维对高模量沥青混合料的弯拉应变值改善最为显著；当剑麻纤维长度超过 6mm 时，弯拉应变值呈先增大后减小的趋势。

2018 年，王培恩[169]对棉秸秆纤维沥青胶浆高低温性能进行试验研究，结果表明，棉秸秆纤维的加入可提高沥青胶浆的抗车辙因子 $G^*/\sin\delta$，进而提升沥青胶浆的高温稳定性。但棉秸秆纤维的添加使沥青胶浆的弯曲蠕变劲度模量 S 值提高，因此降低了沥青胶浆的低温抗裂性能。

2019 年，Chen 等[170]通过软化点试验、DSR 试验、BBR 试验研究了玉米秸秆纤维沥青胶浆的力学性能。结果表明，玉米秸秆纤维的加入提高了沥青胶浆的软化点、复数模量和黏度，降低了沥青胶浆的相位角与温度敏感性。

2019 年，李振霞等[171]将自制的玉米秸秆纤维掺入沥青混合料中。通过路用性能测试、红外光谱等试验系统分析了玉米秸秆纤维在混合料中的作用。研究表明，玉米秸秆纤维对沥青混合料的改善作用与木质素纤维相当。同年，张山钟[172]在木质素纤维与硅藻土复合改性沥青的高温流变特性研究中，发现木质素纤维（1.5%）与硅藻土（9%）的复合掺量为 10.5%（质量分数）时，改性沥青胶浆的高温性能及温度敏感性优于 SBS 改性沥青。

1.3.2　沥青混合料耐久性研究现状

随着交通运输业的迅速发展，沥青路面在道路工程中所占比例日益提高。在对沥青混合料使用性能不断提升的同时，对沥青路面耐久性的要求也不断提高，延长沥青路面使用寿命已成为我国公路交通领域刻不容缓的重要任务。

沥青混合料的耐久性包括老化耐久性、冻融循环耐久性、疲劳耐久性和塑性变形耐久性等几个方面。沥青的老化会对路面耐久性产生严重影响。2005 年，王衡等[173]从沥青与集料之间的相互作用和环境影响因素等方面研究了沥青混合料的老化，从化学方面探讨了沥青混合料的老化机理，指出老化伴随着沥青路面的整个使用过程，也影响着沥青路面路用性能的各个方面。2006 年，魏荣梅[174]通过室内模拟加速老化试验和沥青的组分分析研究了沥青老化机理。结果表明，老化过程中沥青的芳香分含量显著减少，沥青质含量增加，饱和分有少量的挥发衰减；在短期热氧老化和长期光氧老化试验中胶质含量均降低，但在长期热氧老化中胶质含量增加。2009 年，兰承雄[175]通过室内试验模拟沥青老化过程，并对沥青老化前后的路用性能、组分和动态流变进行分析。结果表明，沥青在老化过程中残留针入度下降、残留延度减小、软化点增大、质量损失增大；沥青芳香分和饱和分含量减少，沥青质含量增加，胶质含量先减少后增加；老化沥青剪切流变指标与温度呈指数关系。2014 年，Poulikakos 等[176]采用 0% 和 40% 的废旧沥青混合料（reclaimed asphalt pavement，RAP）的瑞士标准面层和高模量基层，研究了短期老化和长期老化对再生沥青混合料的化学、微观和宏观力学性能的影响。结果表明，由于羟基和羰基引起的光谱峰强度增加，老化中沥青会发生氧化，沥青表面的微观结构也会发生变化，RAP 的加入提高了高温下高模量基层的刚度模量，对沥青的疲劳性能有影响。2018 年，Song 等[177]采用单轴压缩和单轴动态模量试验探究了温拌沥青混合料老化前后力学性能的变化。结果表明，温拌剂的加入改善了沥青混合料的低温性能，减缓了沥青混合料的老化。沥青混合料老化前的弹性模量和动态模量差别不大，但在老化后差别很大。2020 年，梁俊峰[178]采用 AC-13 型与 SMA-16 型两种级配的混合料分析沥青老化对沥青混合料的影响。结果表明，老化温度的升高和老化时间的延长都会对沥青的路用性能产生较大影响。

冻融循环会使沥青路面出现永久性病害，影响其使用寿命。2009 年，Feng 等[179]的研究结果表明，沥青混合料的冻融破坏经历了三个阶段，随着冻融循环次数的增加，混合料劈裂强度逐渐降低，体积逐渐膨胀。级配密实混合料冻融稳定性最好，半开级配混合料冻融稳定性最差。同年，陆学元等[180]采用 AC-13 级配评价了影响沥青混合料冻融劈裂强度的因素。结果表明，集料级配是控制其冻融劈裂强度变化的主要因素，而沥青的影响并不显著。空隙率和原材料质量是影响其水稳定性的又一关键因素。2014 年，Xu 等[181]采用 AC-13 型级配研究了冻融循环对橡胶沥青混合料耐久性的影响，结果表明，随着冻融循环次数的增加，混合料劈裂抗拉强度降低，孔隙率增大。当橡胶粒子含量为 2%时，抗拉强度比达到最佳值。同年，Yi 等[182]建立了黏弹塑性损伤模型评价多孔沥青混合料的冻融损伤效应。结果表明，凝聚力的丧失是多孔沥青混合料冻融破坏的主要原因，冻融破坏还会引起塑性势能面的变化，并诱发较大的体积应变。2017 年，孙娣[183]采用聚酯纤维、玄武岩纤维和木质素纤维进行了纤维沥青混合料冻融劈裂试验。结果表明，随着冻融次数的增加，纤维沥青混合料的劈裂抗拉强度降低。3 种纤维中，玄武岩纤维的改善效果最佳。2018 年，Huang 等[184]提出了 0 次、1 次、3 次、5 次、10 次、15 次和 20 次冻融循环后沥青混合料的三维破坏准则。20 次冻融循环后，混合料多轴强度明显衰减，特别是前 5 个冻融循环期间强度降低明显。与 AC-13 沥青混合料相比，SMA-13 沥青混合料具有较好的抗冻融性能。2020 年，杨野等[185]基于室内试验分析了不同饱水状态下乳化沥青冷再生混合料经历不同冻融循环作用下的空隙率、高温性能和低温性能，发现冻融循环作用使乳化沥青冷再生混合料空隙率提高、高/低温性能下降，复合胶浆损伤。

2008 年，郭扬[186]分别采用聚酯纤维和聚酯纤维代替木质素纤维研究了纤维沥青混合料的疲劳性能，发现聚酯纤维沥青混合料具有更好的疲劳耐久性。纤维降低了混合料疲劳性能对应力水平的依赖，增强了混合料抗变形能力，降低了弯曲蠕变劲度模量的衰减速度。2013 年，陈建荣等[187]研究了短切玄武岩纤维沥青混合料的疲劳性能并分析了纤维增强沥青混合料的作用机理。结果表明，短切玄武岩纤维可有效提高沥青混合料的耐久性能，在沥青混合料中发挥"稳定剂和增强剂"的作用，进而改善沥青路面的耐久性能。2014 年，Zheng 等[188]采用 AC-16 和 AC-13 两种级配的沥青混合料研究了复杂环境下沥青混合料的疲劳性能及玄武岩纤维增强沥青混合料的改善效果。结果表明，氯离子侵蚀与冻融循环耦合作用对沥青混合料的疲劳性能具有显著影响。添加适量玄武岩纤维可大大改善沥青混合料在复杂环境下的低温弯曲性能和抗疲劳性能。同等条件下，密级配沥青混合料具有较强的抗环境影响能力。2016 年，Ma 等[189]研究了沥青混合料中孔隙的含量、分布、大小和方位对疲劳寿命的影响。结果表明，孔隙率越高，沥青混合料疲劳寿命越短。沥青混合料内部孔隙分布的不均匀性对其疲劳寿命具有重要影响，尤其是混合料试件中部、底部孔隙分布的变化。因此，要保证沥青混合料的耐久性能，必须改善沥青混合料中孔隙的含量、分布和微观结构。2019 年，Valdes-Vidal 等[190]采用 3 种类型集料研究了集料类型对沥青混合料疲劳性能的影响，结果表明，细集料的形状和结构与混合料的疲劳性能有较强的相关性，会影响沥青混合料在疲劳损伤期间耗散能量的能力。混合料越厚，其对性能的影响越大。2020 年，张俊等[191]对沥青路面疲劳损伤理论进行了系统总结，建议后续研究应更加关注沥青混合料三维损伤-本构关系以构建体现混合料黏弹性、温度敏感、加载速率敏感等特点的损伤演化方程。

1.3.3 沥青混合料环境与经济成本分析研究现状

随着环境问题的日益严峻，沥青混合料的研究也不再局限于路用性能，沥青路面的能耗与排放成为沥青混合料研究的重要内容，而沥青路面的建设成本也是投资者十分关注的问题。因此，研究沥青路面建设过程中的环境排放与经济成本可以对道路工程建设项目的环境效益与控制资本投入起到积极作用。

1998 年，Horvath 等[192]在对热拌沥青路面与连续配筋水泥路面的研究中，详细分析了路面工程建设过程中的能耗、气态排放、水资源消耗等因素，发现沥青路面建设过程的能耗比水泥路面高 40%，但水泥路面对环境的污染程度更严重。

2001 年，Stripple[193]比较了设置传力杆的水泥路面与热拌、冷拌沥青路面在材料生产阶段、施工阶段、工程使用阶段的环境影响。该研究以能耗、水资源、废气排放、废弃物等指标，得到沥青路面在能耗与 CO_2 的排放上低于水泥路面的结论。

2005 年，Zapata 等[194]对连续配筋水泥路面与热拌沥青路面的研究结果表明，水泥路面在材料生产与施工阶段的能耗高于沥青路面。但由于沥青生产过程中的能耗数据难以准确测量，因此该结论存在一定的质疑。

2007 年，Chan[195]通过对污染的货币化表征，从环境与经济两个方面分析了路面建设对环境的影响。

2008 年，Chui 等[196]等采用生命周期清单分析(life cycle inventory，LCI)研究了再生材料在沥青路面大修中的影响，提出在减少沥青用量的同时降低沥青混合料的生产与施工温度是降低沥青路面环境负荷的有效措施。

2010 年，White 等[197]重点研究了材料生产与路面施工阶段的废气排放，提出了气体排放计算方法。

2012 年，杨博[198]在沥青路面的节能减排研究中，采用定额法、排放因子法、理论法等方法对沥青路面建设阶段的能耗与环境排放进行了详细计算，建立的分析与预估模型为沥青路面工程的量化分析提供了理论基础。

2013 年，孙平平[199]在结合生命周期评估(life cycle assessment，LCA)与生命周期环境成本(life cycle environmental cost，LCEC)分析的基础上，构建了一种适用性更广泛的 LCEC 环境影响评价模型。该模型使每种环境影响负荷单位都得以量化，在计算上更加简便且易于理解，为企业决策提供了可靠的理论依据。同年，和庆[200]计算了沥青混合料的生产、运输施工过程中的碳排放量，为节能减排的措施改进提供了更多的数据基础。蔡日升[201]将沥青混合料的碳排放分为生产、运输、摊铺、碾压四个阶段，并建立了数据指标进行评价。

2014 年，胡如安[202]在沥青混合料能耗分析中发现沥青混合料的加热阶段为能耗最高的环节。

2016 年，徐姣[203]对 SMA、OGFC、AC 三种级配沥青混合料的环境与经济成本进行了分析研究，指出沥青的生产阶段为环境成本最高阶段(三种级配沥青混合料在该阶段的环境排放均占全周期的 65%以上)，采用 SMA 沥青路面为节约经济成本的最优选择。同年，石小培[204]在水泥路面与沥青路面的能耗比较研究中发现水泥路面的铺筑较全厚式沥青路面多 37.4%的能耗。

1.4　存在的问题

1.4.1　生物油改性沥青研究

作为一种新型改性沥青，生物油改性沥青引起了研究人员的广泛关注并取得了大量的研究成果。然而，未来的生物油改性沥青研究中仍然有许多问题亟待解决。

一方面，生物质材料极为多样化，今后的研究应进一步扩大生物质材料的来源。同时，应进一步研究生物油的提取和优化，并根据生物油改性沥青(作为改性剂或再生剂)的要求对生物油进行改性与优化，以真正实现工艺至经济结构的全过程研发。此外，应明确不同生物油的分子结构与化学组成，以满足作为改性剂或再生剂使用的不同要求。

另一方面,应确定不同类型生物油改性沥青的最佳生物油含量,并明确生物油改性/再生沥青结(混)合料的最佳施用时间,即分析在整个路面材料准备阶段中不同阶段引入生物油的潜在影响。此外,应从微观角度探讨生物油对沥青的改性或再生机理,并进一步提高生物油改性沥青结(混)合料的路用性能,尤其是高温性能。应对生物油改性/再生沥青的现场应用进行测试,以跟踪其在路面使用寿命中的行为。在未来的工作中,应评估不同类型生物沥青在全生命周期中对环境的影响。生物质材料应用的潜在风险,即原材料特性、化学结构或理化特性的不确定性将对其铺装性能产生重大影响。因此,有必要建立生物油质量控制的标准程序和规范。

1.4.2 生物质纤维改性沥青研究

纵观国内外对路用生物质纤维的研究现状,可以发现以下问题。

(1)虽然沥青路面用生物质纤维的研究与应用已经取得了较大进展,但研究方向主要集中于生物质纤维改性沥青混合料的路用性能,对生物质纤维沥青胶浆及其混合料的增强机理研究不够深入。

(2)对生物质纤维改性沥青混合料耐久性能缺乏系统研究,鲜有对影响生物质纤维沥青混合料耐久性能影响因素的分析。

(3)虽然沥青路面的环境排放与经济成本的计算方式已有一定的研究基础,但现有研究主要停留在分析水泥路面与沥青路面的环境与经济成本差异上或沥青路面自身的环境排放计算上,不同纤维沥青路面之间的环境与经济成本比较分析较少。

1.5 本书的研究内容与意义

1.5.1 本书主要研究内容

本书在研究中结合了湖南省重点领域研发计划项目"基于生物质材料改性的沥青混合料再生利用关键技术研究与示范"(2019GK2244)和湖南省交通运输科技进步与创新项目"基于速生草的沥青路面用植物纤维开发与应用"(201731),基于界面活性理论和复合材料增强理论,对导致沥青化学老化的分子机制、生物油对老化沥青路用性能恢复的作用机理、沥青老化过程中低温性能劣化机理和再生过程中低温性能再生机制、沥青路面用生物质纤维的研制与应用技术等开展系统的深入研究。具体研究包括以下内容。

(1)木焦油基再生剂的制备及其对老化沥青储存稳定性、物理性能、流变性能的影响及变化规律研究。

（2）木焦油基再生沥青的组分、热性能及高温流变性能。

（3）木焦油基再生沥青的低温抗裂性能与微观结构。

（4）木焦油基再生沥青混合料的路用性能与耐久性。

（5）路用生物质纤维的选择、制备与性能表征。

（6）路用生物质纤维沥青混合料的路用性能与微观结构。

（7）路用生物质纤维沥青混合料的耐久性能。

（8）路用生物质纤维的环境与经济成本对比研究。

（9）生物质材料改性沥青结（混）合料的示范应用。

1.5.2　本书主要研究意义

党的十九大报告指出，建设生态文明是中华民族永续发展的千年大计。将坚持人与自然和谐共生确定为新时代坚持和发展中国特色社会主义的基本方略之一。建设美丽中国是全面建设社会主义现代化国家的重要目标。我国把生态文明建设和生态环境保护提升到前所未有的战略高度。

一方面，我国拥有丰富的竹类资源，竹材产量居世界首位，竹材中的毛竹生长速度极快，峰值速度可达每昼夜 1m，具有较好的应用前景。毛竹或木材类材料在 400～500℃高温下裂解可获得木焦油，木焦油含有烃类、酚类、酸类化合物，在常温下呈黑色，属于流动态液体。木焦油可用作防腐剂或消毒剂，也可作为制备胶黏剂的原料。采用木焦油制备老化沥青再生剂比其他再生剂更环保，且国内外目前对于木焦油基再生剂再生老化沥青研究很少，大多只停留在阐述再生沥青的路用性能表现上，未从微观及组分组成角度分析沥青性能恢复的机制。因此，研究木焦油基再生沥青的性能及机理对促进老化沥青的再生循环应用具有重要意义。

另一方面，工业化利用是破解速生草类废弃物难题的重要方向和有效方式，狼尾草、高羊茅、芦苇、秸秆、毛竹等速生草是典型的廉价碳汇资源，分布广、产量高、廉价易得。较传统的木质素纤维，具有能有效降低对森林资源的消耗、降低工程造价等优势。沥青路面用木质素纤维取材范围局限，开发速生草类植物纤维有利于拓宽现行规范取材范围，是缓解木材资源短缺的重要途径。

我国高速推进的道路基础建设对沥青再生剂和纤维稳定剂有巨大的需求，采用生物质材料开发价格低廉、生态环保的木焦油基再生剂和路用植物纤维及其应用技术对促进我国沥青混合料路面铺装、提高工程性能、降低工程造价、保护生态环境具有十分重要的意义。

参 考 文 献

[1] Shen J N, Amirkhanian S, Tang B M. Effects of rejuvenator on performance-based properties of rejuvenated asphalt binder and mixtures[J]. Construction and Building Materials, 2007, 21(5): 958-964.

[2] Demirbas M F, Balat M. Recent advances on the production and utilization trends of bio-fuels: A global perspective[J]. Energy Conversion and Management, 2006, 47(15-16): 2371-2381.

[3] Goyal H B, Seal D, Saxena R C. Bio-fuels from thermochemical conversion of renewable resources: A review[J]. Renewable and Sustainable Energy Reviews, 2008, 12(2): 504-517.

[4] Seidel J C, Haddock J E. Rheological characterization of asphalt binders modified with soybean fatty acids[J]. Construction and Building Materials, 2014, 53: 324-332.

[5] Zheng J L. Bio-oil from fast pyrolysis of rice husk: Yields and related properties and improvement of the pyrolysis system[J]. Journal of Analytical and Applied Pyrolysis, 2007, 80(1): 30-35.

[6] Wan Azahar W N A, Jaya R P, Hainin M R, et al. Chemical modification of waste cooking oil to improve the physical and rheological properties of asphalt binder[J]. Construction and Building Materials, 2016, 126: 218-226.

[7] Liu S J, Meng H K, Xu Y X, et al. Evaluation of rheological characteristics of asphalt modified with waste engine oil (WEO)[J]. Petroleum Science and Technology, 2018, 36(6): 475-480.

[8] Fini E H, Kalberer E W, Shahbazi A, et al. Chemical characterization of biobinder from swine manure: Sustainable modifier for asphalt binder[J]. Journal of Materials in Civil Engineering, 2011, 23(11): 1506-1513.

[9] Venderbosch R H, Prins W. Fast pyrolysis technology development[J]. Biofuels, Bioproducts and Biorefining, 2010, 4(2): 178-208.

[10] Zhang L, Bahia H, Tan Y Q. Effect of bio-based and refined waste oil modifiers on low temperature performance of asphalt binders[J]. Construction and Building Materials, 2015, 86: 95-100.

[11] Zaumanis M, Mallick R B, Poulikakos L, et al. Influence of six rejuvenators on the performance properties of Reclaimed Asphalt Pavement (RAP) binder and 100% recycled asphalt mixtures[J]. Construction and Building Materials, 2014, 71: 538-550.

[12] Su N Y, Xiao F P, Wang J G, et al. Productions and applications of bio-asphalts—A review[J]. Construction and Building Materials, 2018, 183: 578-591.

[13] Wan Azahar W N A, Bujang M, Jaya R P, et al. Performance of waste cooking oil in asphalt binder modification[J]. Key Engineering Materials, 2016, 700: 216-226.

[14] Sun D Q, Lu T, Xiao F P, et al. Formulation and aging resistance of modified bio-asphalt containing high percentage of waste cooking oil residues[J]. Journal of Cleaner Production,

2017, 161: 1203-1214.

[15] Gao J F, Wang H N, You Z P, et al. Research on properties of bio-asphalt binders based on time and frequency sweep test[J]. Construction and Building Materials, 2018, 160: 786-793.

[16] Chou C P, Lee N. A sensitivity study of RAP cost and performance on its life cycle benefits[J]. Advanced Materials Research, 2013, 723: 567-574.

[17] Samieadel A, Schimmel K, Fini E H. Comparative life cycle assessment (LCA) of bio-modified binder and conventional asphalt binder[J]. Clean Technologies and Environmental Policy, 2018, 20(1): 191-200.

[18] Xiu S N, Shahbazi A. Bio-oil production and upgrading research: A review[J]. Renewable and Sustainable Energy Reviews, 2012, 16(7): 4406-4414.

[19] Zhang L, Liu R H, Yin R Z, et al. Upgrading of bio-oil from biomass fast pyrolysis in China: A review[J]. Renewable and Sustainable Energy Reviews, 2013, 24: 66-72.

[20] Gong M H, Yang J, Zhang J Y, et al. Physical-chemical properties of aged asphalt rejuvenated by bio-oil derived from biodiesel residue[J]. Construction and Building Materials, 2016, 105: 35-45.

[21] 赵永利. 沥青混合料的结构组成机理研究[D]. 南京: 东南大学, 2005.

[22] Chen J S, Lin K Y. Mechanism and behavior of bitumen strength reinforcement using fibers[J]. Journal of Materials Science, 2005, 40(1): 87-95.

[23] Reed B F, James L, Burar J R. Polyster fiber in asphalt paving mixtures[J]. Journal of the Association of Asphalt Paving Technologists, 1995, 65(1): 65-66.

[24] Harris B M, Stuart K D. Analysis of mineral fillers and mastics used in stone. Matrix asphalt[J]. Journal of the Association of Asphalt Paving Technologist, 1995, 64(1): 211-234.

[25] Kizetzeman J H. Performance of asbestos-asphalt pavement surface course with high asphalt contents[J]. Highway Research Record, 1963, 12(14): 153-168.

[26] Panda M, Mazumdar M. Utilization of reclaimed polyethlene in bituminous paving mixes[J]. Journal of Materials in Civil Engineering, 2002, 14(6): 527-530.

[27] 窦乐. 看国外如何处理秸秆[J]. 农家参谋, 2013, (1): 41.

[28] Mohan D, Pittman C U Jr, Steele P H, et al. Pyrolysis of wood/biomass for bio-oil: A critical review[J]. Energy & Fuels, 2006, 20(3): 848-889.

[29] Heo H S, Park H J, Park Y K, et al. Bio-oil production from fast pyrolysis of waste furniture sawdust in a fluidized bed[J]. Bioresource Technology, 2010, 101(S1): S91-S96.

[30] Jung S H, Kang B S, Kim J S. Production of bio-oil from rice straw and bamboo sawdust under various reaction conditions in a fast pyrolysis plant equipped with a fluidized bed and a char separation system[J]. Journal of Analytical and Applied Pyrolysis, 2008, 82(2): 240-247.

[31] Park H J, Dong J I, Jeon J K, et al. Effects of the operating parameters on the production of

bio-oil in the fast pyrolysis of Japanese larch[J]. Chemical Engineering Journal, 2008, 143 (1-3):
124-132.

[32] Zheng J L, Yi W M, Wang N N. Bio-oil production from cotton stalk[J]. Energy Conversion and
Management, 2008, 49 (6): 1724-1730.

[33] Ateş F, Pütün E, Pütün A E. Fast pyrolysis of sesame stalk: Yields and structural analysis of
bio-oil[J]. Journal of Analytical and Applied Pyrolysis, 2004, 71 (2): 779-790.

[34] Alvarez J, Lopez G, Amutio M, et al. Bio-oil production from rice husk fast pyrolysis in a
conical spouted bed reactor[J]. Fuel, 2014, 128: 162-169.

[35] Nurul I M, Zailani R, Nasir A F. Pyrolytic oil from fluidised bed pyrolysis of oil palm shell and
its characterisation[J]. Renewable Energy, 1999, 17 (1): 73-84.

[36] Pütün A E, Özcan A, Pütün E. Pyrolysis of hazelnut shells in a fixed-bed tubular reactor: Yields
and structural analysis of bio-oil[J]. Journal of Analytical and Applied Pyrolysis, 1999, 52 (1):
33-49.

[37] Miao X L, Wu Q Y. High yield bio-oil production from fast pyrolysis by metabolic controlling
of Chlorella protothecoides[J]. Journal of Biotechnology, 2004, 110 (1): 85-93.

[38] Vardon D R, Sharma B K, Scott J, et al. Chemical properties of biocrude oil from the
hydrothermal liquefaction of Spirulina algae, swine manure, and digested anaerobic sludge[J].
Bioresource Technology, 2011, 102 (17): 8295-8303.

[39] Alcantara R, Amores J, Canoira L, et al. Catalytic production of biodiesel from soy-bean oil,
used frying oil and tallow[J]. Biomass and Bioenergy, 2000, 18 (6): 515-527.

[40] Yin S D, Dolan R, Harris M, et al. Subcritical hydrothermal liquefaction of cattle manure to
bio-oil: Effects of conversion parameters on bio-oil yield and characterization of bio-oil[J].
Bioresource Technology, 2010, 101 (10): 3657-3664.

[41] Asli H, Ahmadinia E, Zargar M, et al. Investigation on physical properties of waste cooking
oil-rejuvenated bitumen binder[J]. Construction and Building Materials, 2012, 37: 398-405.

[42] Leng B B, Chen M Z, Wu S P. Effect of waste edible vegetable oil on high temperature
properties of different aged asphalts[J]. Key Engineering Materials, 2014, 599: 135-140.

[43] Demirbas A, Arin G. An overview of biomass pyrolysis[J]. Energy Sources, 2002, 24 (5):
471-482.

[44] Dickerson T, Soria J. Catalytic fast pyrolysis: A review[J]. Energies, 2013, 6 (1): 514-538.

[45] Tsai W T, Lee M K, Chang Y M. Fast pyrolysis of rice husk: Product yields and compositions[J].
Bioresource Technology, 2007, 98 (1): 22-28.

[46] Quo X J, Wang S R, Wang Q, et al. Properties of bio-oil from fast pyrolysis of rice husk[J].
Chinese Journal of Chemical Engineering, 2011, 19 (1): 116-121.

[47] Lu Q, Yang X L, Zhu X F. Analysis on chemical and physical properties of bio-oil pyrolyzed

from rice husk[J]. Journal of Analytical and Applied Pyrolysis, 2008, 82 (2) : 191-198.

[48] Önal E P, Uzun B B, Pütün A E. Steam pyrolysis of an industrial waste for bio-oil production[J]. Fuel Processing Technology, 2011, 92 (5) : 879-885.

[49] Abnisa F, Arami-Niya A, Daud W M A W, et al. Characterization of bio-oil and bio-char from pyrolysis of palm oil wastes[J]. BioEnergy Research, 2013, 6 (2) : 830-840.

[50] Karaosmanoğlu F, Tetik E, Göllü E. Biofuel production using slow pyrolysis of the straw and stalk of the rapeseed plant[J]. Fuel Processing Technology, 1999, 59 (1) : 1-12.

[51] Uzun B B, Apaydin-Varol E, Ateş F, et al. Synthetic fuel production from tea waste: Characterisation of bio-oil and bio-char[J]. Fuel, 2010, 89 (1) : 176-184.

[52] Cardoso C A L, Machado M E, Caramão E B. Characterization of bio-oils obtained from pyrolysis of bocaiuva residues[J]. Renewable Energy, 2016, 91: 21-31.

[53] Xiu S N, Shahbazi A, Shirley V, et al. Hydrothermal pyrolysis of swine manure to bio-oil: Effects of operating parameters on products yield and characterization of bio-oil[J]. Journal of Analytical and Applied Pyrolysis, 2010, 88 (1) : 73-79.

[54] Karagöz S, Bhaskar T, Muto A, et al. Low-temperature catalytic hydrothermal treatment of wood biomass: Analysis of liquid products[J]. Chemical Engineering Journal, 2005, 108 (1-2) : 127-137.

[55] Yuan X Z, Li H, Zeng G M, et al. Sub-and supercritical liquefaction of rice straw in the presence of ethanol-water and 2-propanol-water mixture[J]. Energy, 2007, 32 (11) : 2081-2088.

[56] Lee K H, Kang B S, Park Y K, et al. Influence of reaction temperature, pretreatment, and a char removal system on the production of bio-oil from rice straw by fast pyrolysis, using a fluidized bed[J]. Energy & Fuels, 2005, 19 (5) : 2179-2184.

[57] Fini E H, Al-Qadi I L, You Z P, et al. Partial replacement of asphalt binder with bio-binder: Characterisation and modification[J]. International Journal of Pavement Engineering, 2012, 13 (6) : 515-522.

[58] Qian L L, Wang S Z, Savage P E. Hydrothermal liquefaction of sewage sludge under isothermal and fast conditions[J]. Bioresource Technology, 2017, 232: 27-34.

[59] Xiu S N, Shahbazi A, Croonenberghs J, et al. Oil production from duckweed by thermochemical liquefaction[J]. Energy Sources, Part A: Recovery, Utilization, and Environmental Effects, 2010, 32 (14) : 1293-1300.

[60] Yu G, Zhang Y, Schideman L, et al. Hydrothermal liquefaction of low lipid content microalgae into bio-crude oil[J]. Transactions of the ASABE, 2011, 54 (1) : 239-246.

[61] Zhang D, Chen M Z, Wu P, et al. Analysis of the relationships between waste cooking oil qualities and rejuvenated asphalt properties[J]. Materials, 2017, 10 (5) : 508.

[62] Mousavi M, Pahlavan F, Oldham D, et al. Multiscale investigation of oxidative aging in

biomodified asphalt binder[J]. The Journal of Physical Chemistry C, 2016, 120(31): 17224-17233.

[63] Isahak W N R W, Hisham M W M, Yarmo M A, et al. A review on bio-oil production from biomass by using pyrolysis method[J]. Renewable and Sustainable Energy Reviews, 2012, 16(8): 5910-5923.

[64] Acikgoz C, Kockar O M. Characterization of slow pyrolysis oil obtained from linseed (*Linum usitatissimum* L.) [J]. Journal of Analytical and Applied Pyrolysis, 2009, 85(1-2): 151-154.

[65] Bridgwater A V, Peacocke G V C. Fast pyrolysis processes for biomass[J]. Renewable and Sustainable Energy Reviews, 2000, 4(1): 1-73.

[66] Osmari P H, Aragão F T S, Leite L F M, et al. Chemical, microstructural, and rheological characterizations of binders to evaluate aging and rejuvenation[J]. Transportation Research Record, 2017, 2632(1): 14-24.

[67] Ahmed R B, Hossain K. Waste cooking oil as an asphalt rejuvenator: A state-of-the-art review[J]. Construction and Building Materials, 2020, 230: 116985.

[68] Tayh S, Muniandy R, Hassim S, et al. An overview of utilization of bio-oil in hot mix asphalt[J]. Walia Journal, 2014, 30: 131-141.

[69] Ateş F, Pütün A E, Pütün E. Pyrolysis of two different biomass samples in a fixed-bed reactor combined with two different catalysts[J]. Fuel, 2006, 85(12-13): 1851-1859.

[70] Di Blasi C, Signorelli G, Di Russo C, et al. Product distribution from pyrolysis of wood and agricultural residues[J]. Industrial & Engineering Chemistry Research, 1999, 38(6): 2216-2224.

[71] Mullen C A, Boateng A A, Goldberg N M, et al. Bio-oil and bio-char production from corn cobs and stover by fast pyrolysis[J]. Biomass and Bioenergy, 2010, 34(1): 67-74.

[72] Zanzi R, Sjöström K, Björnbom E. Rapid pyrolysis of agricultural residues at high temperature[J]. Biomass and Bioenergy, 2002, 23(5): 357-366.

[73] Şensöz S, Can M. Pyrolysis of pine (*Pinus brutia* ten.) chips: 1. Effect of pyrolysis temperature and heating rate on the product yields[J]. Energy Sources, 2002, 24(4): 347-355.

[74] Yang X, You Z P, Dai Q L, et al. Mechanical performance of asphalt mixtures modified by bio-oils derived from waste wood resources[J]. Construction and Building Materials, 2014, 51: 424-431.

[75] Zeng M L, Pan H Z, Zhao Y, et al. Evaluation of asphalt binder containing castor oil-based bioasphalt using conventional tests[J]. Construction and Building Materials, 2016, 126: 537-543.

[76] Chen M Z, Xiao F P, Putman B, et al. High temperature properties of rejuvenating recovered binder with rejuvenator, waste cooking and cotton seed oils[J]. Construction and Building Materials, 2014, 59: 10-16.

[77] Yu X K, Zaumanis M, dos Santos S, et al. Rheological, microscopic, and chemical characterization of the rejuvenating effect on asphalt binders[J]. Fuel, 2014, 135: 162-171.

[78] Zhang R, You Z P, Wang H N, et al. The impact of bio-oil as rejuvenator for aged asphalt binder[J]. Construction and Building Materials, 2019, 196: 134-143.

[79] Li J, Zhang F L, Liu Y, et al. Preparation and properties of soybean bio-asphalt/SBS modified petroleum asphalt[J]. Construction and Building Materials, 2019, 201: 268-277.

[80] Ingrassia L P, Lu X H, Ferrotti G, et al. Chemical, morphological and rheological characterization of bitumen partially replaced with wood bio-oil: Towards more sustainable materials in road pavements[J]. Journal of Traffic and Transportation Engineering, 2020, 7(2): 192-204.

[81] Eriskin E, Karahancer S, Terzi S, et al. Waste frying oil modified bitumen usage for sustainable hot mix asphalt pavement[J]. Archives of Civil and Mechanical Engineering, 2017, 17(4): 863-870.

[82] Yan K Z, Peng Y, You L Y. Use of tung oil as a rejuvenating agent in aged asphalt: Laboratory evaluations[J]. Construction and Building Materials, 2020, 239: 117783.

[83] Han Z Q, Sha A M, Tong Z, et al. Study on the optimum rice husk ash content added in asphalt binder and its modification with bio-oil[J]. Construction and Building Materials, 2017, 147: 776-789.

[84] Mills-Beale J, You Z P, Fini E, et al. Aging influence on rheology properties of petroleum-based asphalt modified with biobinder[J]. Journal of Materials in Civil Engineering, 2014, 26(2): 358-366.

[85] Yang X, You Z P, Mills-Beale J. Asphalt binders blended with a high percentage of biobinders: Aging mechanism using FTIR and rheology[J]. Journal of Materials in Civil Engineering, 2015, 27(4): 04014157.

[86] Portugal A C X, de Figueirêdo Lopes Lucena L C, de Figueirêdo Lopes Lucena A E, et al. Rheological performance of soybean in asphalt binder modification[J]. Road Materials and Pavement Design, 2018, 19(4): 768-782.

[87] Yang X, You Z P. High temperature performance evaluation of bio-oil modified asphalt binders using the DSR and MSCR tests[J]. Construction and Building Materials, 2015, 76: 380-387.

[88] Yang S H, Suciptan T. Rheological behavior of Japanese cedar-based biobinder as partial replacement for bituminous binder[J]. Construction and Building Materials, 2016, 114: 127-133.

[89] Xu G J, Wang H, Zhu H Z. Rheological properties and anti-aging performance of asphalt binder modified with wood lignin[J]. Construction and Building Materials, 2017, 151: 801-808.

[90] Sun B, Zhou X X. Diffusion and rheological properties of asphalt modified by bio-oil regenerant derived from waste wood[J]. Journal of Materials in Civil Engineering, 2018, 30(2): 04017274.

[91] Dong Z J, Zhou T, Luan H, et al. Composite modification mechanism of blended bio-asphalt

combining styrene-butadiene-styrene with crumb rubber: A sustainable and environmental-friendly solution for wastes[J]. Journal of Cleaner Production, 2019, 214: 593-605.

[92] Cao W, Wang Y, Wang C. Fatigue characterization of bio-modified asphalt binders under various laboratory aging conditions[J]. Construction and Building Materials, 2019, 208: 686-696.

[93] Wang C, Xue L, Xie W, et al. Laboratory investigation on chemical and rheological properties of bio-asphalt binders incorporating waste cooking oil[J]. Construction and Building Materials, 2018, 167: 348-358.

[94] Wen H F, Bhusal S, Wen B. Laboratory evaluation of waste cooking oil-based bioasphalt as an alternative binder for hot mix asphalt[J]. Journal of Materials in Civil Engineering, 2013, 25(10): 1432-1437.

[95] Hong W, Mo L T, Pan C L, et al. Investigation of rejuvenation and modification of aged asphalt binders by using aromatic oil-SBS polymer blend[J]. Construction and Building Materials, 2020, 231: 117154.

[96] Ingrassia L P, Lu X H, Ferrotti G, et al. Chemical and rheological investigation on the short-and long-term aging properties of bio-binders for road pavements[J]. Construction and Building Materials, 2019, 217: 518-529.

[97] Zhang R, Wang H H, You Z P, et al. Optimization of bio-asphalt using bio-oil and distilled water[J]. Journal of Cleaner Production, 2017, 165: 281-289.

[98] Wang C, Xie T T, Cao W. Performance of bio-oil modified paving asphalt: Chemical and rheological characterization[J]. Materials and Structures, 2019, 52(5): 1-13.

[99] Somé S C, Gaudefroy V, Delaunay D. Effect of vegetable oil additives on binder and mix properties: Laboratory and field investigation[J]. Materials and structures, 2016, 49(6): 2197-2208.

[100] Yang X, Mills-Beale J, You Z P. Chemical characterization and oxidative aging of bio-asphalt and its compatibility with petroleum asphalt[J]. Journal of Cleaner Production, 2017, 142: 1837-1847.

[101] Gong M H, Zhu H R, Pauli T, et al. Evaluation of bio-binder modified asphalt's adhesion behavior using sessile drop device and atomic force microscopy[J]. Construction and Building Materials, 2017, 145: 42-51.

[102] Guarin A, Khan A, Butt A A, et al. An extensive laboratory investigation of the use of bio-oil modified bitumen in road construction[J]. Construction and Building Materials, 2016, 106: 133-139.

[103] Liu S J, Zhou S B, Peng A H, et al. Investigation of physiochemical and rheological properties of waste cooking oil/SBS/EVA composite modified petroleum asphalt[J]. Journal of Applied Polymer Science, 2020, 137(26): e48828.

[104] Cavalli M C, Zaumanis M, Mazza E, et al. Aging effect on rheology and cracking behaviour of reclaimed binder with bio-based rejuvenators[J]. Journal of Cleaner Production, 2018, 189: 88-97.

[105] Aziz M M A, Rahman M T, Hainin M R, et al. An overview on alternative binders for flexible pavement[J]. Construction and Building Materials, 2015, 84: 315-319.

[106] Mohammad L N, Elseifi M A, Cooper S B, et al. Laboratory evaluation of asphalt mixtures that contain biobinder technologies[J]. Transportation Research Record, 2013, 2371(1): 58-65.

[107] Dong Z J, Zhou T, Wang H, et al. Performance comparison between different sourced bioasphalts and asphalt mixtures[J]. Journal of Materials in Civil Engineering, 2018, 30(5): 04018063.

[108] Alamawi M Y, Khairuddin F H, Yusoff N I M, et al. Investigation on physical, thermal and chemical properties of palm kernel oil polyol bio-based binder as a replacement for bituminous binder[J]. Construction and Building Materials, 2019, 204: 122-131.

[109] Pouget S, Loup F. Thermo-mechanical behaviour of mixtures containing bio-binders[J]. Road Materials and Pavement Design, 2013, 14(S1): 212-226.

[110] Sun D Q, Sun G Q, Du Y C, et al. Evaluation of optimized bio-asphalt containing high content waste cooking oil residues[J]. Fuel, 2017, 202: 529-540.

[111] You Z P, Mills-Beale J, Fini E, et al. Evaluation of low-temperature binder properties of warm-mix asphalt, extracted and recovered RAP and RAS, and bioasphalt[J]. Journal of Materials in Civil Engineering, 2011, 23(11): 1569-1574.

[112] Ingrassia L P, Cardone F, Canestrari F, et al. Experimental investigation on the bond strength between sustainable road bio-binders and aggregate substrates[J]. Materials and Structures, 2019, 52(4): 80.

[113] Zhang L, Bahia H, Tan Y Q, et al. Mechanism of low- and intermediate-temperature performance improvement of reclaimed oil-modified asphalt[J]. Road Materials and Pavement Design, 2018, 19(6): 1301-1313.

[114] Teymourpour P, Sillamäe S, Bahia H U. Impacts of lubricating oils on rheology and chemical compatibility of asphalt binders[J]. Road Materials and Pavement Design, 2015, 16(S1): 50-74.

[115] Hill B, Oldham D, Behnia B, et al. Evaluation of low temperature viscoelastic properties and fracture behavior of bio-asphalt mixtures[J]. International Journal of Pavement Engineering, 2018, 19(4): 362-369.

[116] Yang Y, Zhang Y Q, Omairey E, et al. Intermediate pyrolysis of organic fraction of municipal solid waste and rheological study of the pyrolysis oil for potential use as bio-bitumen[J]. Journal of Cleaner Production, 2018, 187: 390-399.

[117] Sang Y, Chen M Z, Wen J, et al. Effect of waste edible animal oil on physical properties of aged asphalt[J]. Key Engineering Materials, 2014, 599: 130-134.

[118] Zargar M, Ahmadinia E, Asli H, et al. Investigation of the possibility of using waste cooking oil as a rejuvenating agent for aged bitumen[J]. Journal of Hazardous Materials, 2012, 233-234: 254-258.

[119] Ingrassia L P, Lu X H, Ferrotti G, et al. Renewable materials in bituminous binders and mixtures: Speculative pretext or reliable opportunity[J]. Resources, Conservation and Recycling, 2019, 144: 209-222.

[120] Chen M Z, Leng B B, Wu S P, et al. Physical, chemical and rheological properties of waste edible vegetable oil rejuvenated asphalt binders[J]. Construction and Building Materials, 2014, 66: 286-298.

[121] Zaumanis M, Mallick R B, Frank R. Evaluation of different recycling agents for restoring aged asphalt binder and performance of 100% recycled asphalt[J]. Materials and Structures, 2015, 48(8): 2475-2488.

[122] Ingrassia L P, Lu X H, Ferrotti G, et al. Investigating the "circular propensity" of road bio-binders: Effectiveness in hot recycling of reclaimed asphalt and recyclability potential[J]. Journal of Cleaner Production, 2020, 255: 120193.

[123] Borghi A, Jiménez del Barco Carrión A, Lo Presti D, et al. Effects of laboratory aging on properties of biorejuvenated asphalt binders[J]. Journal of Materials in Civil Engineering, 2017, 29(10): 04017149.

[124] Zhang R, You Z P, Wang H N, et al. Using bio-based rejuvenator derived from waste wood to recycle old asphalt[J]. Construction and Building Materials, 2018, 189: 568-575.

[125] Ji J, Yao H, Suo Z, et al. Effectiveness of vegetable oils as rejuvenators for aged asphalt binders[J]. Journal of Materials in Civil Engineering, 2017, 29(3): D4016003.

[126] Cao X, Wang H, Cao X, et al. Investigation of rheological and chemical properties asphalt binder rejuvenated with waste vegetable oil[J]. Construction and Building Materials, 2018, 180: 455-463.

[127] Zaumanis M, Mallick R B, Frank R. Determining optimum rejuvenator dose for asphalt recycling based on Superpave performance grade specifications[J]. Construction and Building Materials, 2014, 69: 159-166.

[128] Ziari H, Moniri A, Bahri P, et al. The effect of rejuvenators on the aging resistance of recycled asphalt mixtures[J]. Construction and Building Materials, 2019, 224: 89-98.

[129] Pradhan S K, Sahoo U C. Impacts of recycling agent on superpave mixture containing RAP[C]//International Symposium on Asphalt Pavement & Environment, Cham, 2019: 246-255.

[130] Chen A Q, Liu G Q, Zhao Y L, et al. Research on the aging and rejuvenation mechanisms of asphalt using atomic force microscopy[J]. Construction and Building Materials, 2018, 167: 177-184.

[131] Cai X, Zhang J, Xu G, et al. Internal aging indexes to characterize the aging behavior of two bio-rejuvenated asphalts[J]. Journal of Cleaner Production, 2019, 220: 1231-1238.

[132] Hugener M, Partl M N, Morant M. Cold asphalt recycling with 100% reclaimed asphalt pavement and vegetable oil-based rejuvenators[J]. Road Materials and Pavement Design, 2014, 15(2): 239-258.

[133] Setyawan A, Irfansyah P A, Shidiq A M, et al. Design and properties of asphalt concrete mixtures using renewable bioasphalt binder[J]. IOP Conference, 2017, 176(1): 012028.

[134] Nogueira R L, Soares J B, de Aguiar Soares S. Rheological evaluation of cotton seed oil fatty amides as a rejuvenating agent for RAP oxidized asphalts[J]. Construction and Building Materials, 2019, 223: 1145-1153.

[135] Yang X, You Z P, Dai Q L. Per-formance evaluation of asphalt binder modified by bio-oil generated from waste wood resources[J]. International Journal of Pavement Research and Technology, 2013, 6(4): 431-439.

[136] Zhang R, Wang H N, Jiang X, et al. Thermal storage stability of bio-oil modified asphalt[J]. Journal of Materials in Civil Engineering, 2018, 30(4): 04018054.

[137] Chan Y H, Tan R R, Yusup S, et al. Comparative life cycle assessment(LCA) of bio-oil production from fast pyrolysis and hydrothermal liquefaction of oil palm empty fruit bunch(EFB)[J]. Clean Technologies and Environmental Policy, 2016, 18(6): 1759-1768.

[138] Veeraragavan R K, Mallick R B, Tao M J, et al. Laboratory comparison of rejuvenated 50% reclaimed asphalt pavement hot-mix asphalt with conventional 20% RAP mix[J]. Transportation Research Record, 2017, 2633(1): 69-79.

[139] Serfass J P, Samanos J. Fiber-modified asphalt concrete characteristics, application and behavior[J]. Asphalt Paving Technologies, 1996, 65: 193-230.

[140] Cooley L, Brown E, Watson D. Evaluation of open-graded friction course mixtures containing cellulose fibers[J]. Transportation Research Record, 2000, 17(23): 19-25.

[141] 同济大学交通运输工程学院. 我国公路路面SMA采用纤维之性能比较试验研究[R]. 上海: 同济大学, 2004.

[142] Hassan H F, Al-Oraimi S, Taha R. Evaluation of open-graded friction course mixtures containing cellulose fibers and styrene butadiene rubber polymer[J]. Journal of Materials in Civil Engineering, 2005, 17(4): 416-422.

[143] 常兴文. 掺加纤维的沥青混合料性能研究[J]. 中外公路, 2006, 26(4): 200-204.

[144] 田华, 曾梦澜, 吴超凡, 等. 玻璃纤维和木质素纤维对沥青胶浆老化前后的高温流变性能

影响[J]. 公路工程, 2008, 33（4）: 37-41.

[145] 高鹏. 松散状路用木质纤维制备及其应用研究[D]. 沈阳: 东北大学, 2008.

[146] Ye Q, Wu S. Fiber-modified asphalt concrete characteristics, applications, and behavior[J]. Asphalt Paving Technologies, 2009, 65: 193-230.

[147] Chen H X, Xu Q W. Experimental study of fibers in stabilizing and reinforcing asphalt binder[J]. Fuel, 2010, 89（7）: 1616-1622.

[148] Bao H, Qin F, Mo X, et al. Notice of retraction: Study on the mechanical performance of the sisal fiber concrete for pavement[C]//2010 2nd International Conference on Computer Engineering and Technology, Chengdu, 2010: 5486237.

[149] 郎森. 秸秆复合纤维材料路用性能试验及评价研究[D]. 武汉: 武汉工业学院, 2011.

[150] 吕金永. 剑麻纤维沥青混凝土路用性能数值模拟与试验研究[D]. 武汉: 武汉工业学院, 2011.

[151] 郭锋, 侯曙光. 木质素纤维在高黏沥青混合料中的分散工艺[J]. 公路工程, 2012, 37（6）: 85-88.

[152] Wang H, Liu L P, Sun L J. Characterization of OGFC mixtures containing lignin fibers[J]. Applied Mechanics and Materials, 2012, 174: 775-781.

[153] 吕鹏. 蔗渣纤维沥青混合料抗腐蚀性能试验研究[D]. 柳州: 广西工学院, 2012.

[154] 肖林峻, 魏建军. 纤维素对沥青混合料热老化性能的影响[J]. 四川建筑科学研究, 2012, 38（4）: 200-202, 212.

[155] Hadiwardoyo S P, Sumabrata R J, Jayanti P. Contribution of short coconut fiber to pavement skid resistance[J]. Advanced Materials Research, 2013, 789: 248-254.

[156] He Z Y, Liu F X. Research on anti-fatigue ability of Sisal fiber asphalt mixture pavement[J]. Applied Mechanics and Materials, 2013, 405-408: 1782-1785.

[157] Munda D. The effect of bamboo fiber on the performance of stone matrix asphalt using slag as aggregate replacement[D]. Rourkela: National Institute of Technology Rourkela, 2013.

[158] 李玉龙. 剑麻纤维乳化沥青混凝土路用性能研究[D]. 武汉: 武汉轻工大学, 2013.

[159] do Vale A C, Casagrande M D T, Soares J B. Behavior of natural fiber in stone matrix asphalt mixtures using two design methods[J]. Journal of Materials in Civil Engineering, 2014, 26（3）: 457-465.

[160] 陆宏新, 樊新, 谭波. 剑麻纤维/沥青复合材料界面性能[J]. 桂林理工大学学报, 2014, 34（2）: 283-286.

[161] Wu M M, Li R, Zhang Y Z, et al. Stabilizing and reinforcing effects of different fibers on asphalt mortar performance[J]. Petroleum Science, 2015, 12（1）: 189-196.

[162] 杨茜. 沥青路面用棉秸秆纤维的制备及性能研究[D]. 西安: 长安大学, 2015.

[163] 高庆华. 棉秸秆纤维沥青胶浆路用性能研究[D]. 西安: 长安大学, 2015.

[164] 雷彤, 李祖仲, 刘开平, 等. 棉秸秆纤维沥青混合料路用性能[J]. 公路, 2016, 61（7）: 59-63.

[165] 胡洁琼, 赵国栋, 刘开平, 等. 沥青路面增强用棉秸秆纤维的制备及性能研究[J]. 工程建设与设计, 2016,（16）: 79-81.

[166] 廖欢. 棉秸秆纤维沥青混合料性能研究[J]. 中国建材科技, 2017, 26（1）: 27-29.

[167] 杨彦海, 卞旺奎, 杨野, 等. 不同纤维掺量下 SMA-13 路用性能横向对比研究[J]. 公路, 2017, 62（3）: 18-23.

[168] 艾畅, 阳汉, 吴冷雷, 等. 剑麻纤维对高模量沥青混合料低温性能的改善[J]. 武汉工程大学学报, 2017, 39（1）: 69-73.

[169] 王培恩. 棉秸秆纤维沥青胶浆高低温性能试验研究[J]. 中外公路, 2018, 38（5）: 231-234.

[170] Chen Z N, Yi J Y, Chen Z G, et al. Properties of asphalt binder modified by corn stalk fiber[J]. Construction and Building Materials, 2019, 212: 225-235.

[171] 李振霞, 陈渊召, 周建彬, 等. 玉米秸秆纤维沥青混合料路用性能及机理分析[J]. 中国公路学报, 2019, 32（2）: 47-58.

[172] 张山钟. 木质素纤维与硅藻土复合改性沥青高温流变特性研究[J]. 甘肃科学学报, 2019, 31（4）: 56-60.

[173] 王衡, 王海. 沥青混合料的老化机理分析[J]. 山西建筑, 2005, 9: 120-121.

[174] 魏荣梅. 道路沥青的老化与再生研究[D]. 武汉: 武汉理工大学, 2006.

[175] 兰承雄. 沥青老化和再生机理分析及其再生混合料性能研究[D]. 重庆: 重庆交通大学, 2009.

[176] Poulikakos L D, dos Santos S, Bueno M, et al. Influence of short and long term aging on chemical, microstructural and macro-mechanical properties of recycled asphalt mixtures[J]. Construction and Building Materials, 2014, 51: 414-423.

[177] Song Y L, Qi F, Liu H. Static and dynamic mechanical properties of warm mixed asphalt mixture before and after aging[J]. IOP Conference Series Materials Science and Engineering, 2018, 439: 042052.

[178] 梁俊峰. 沥青老化对沥青混合料性能的影响[J]. 黑龙江交通科技, 2020, 43（5）: 70-71.

[179] Feng D C, Yi J Y, Wang L, et al. Impact of gradation types on freeze-thaw performance of asphalt mixtures in seasonal frozen region[C]//International Conference of Chinese Transportation Professionals, Harbin, 2009: 2336-2342.

[180] 陆学元, 张素云. AC-13 沥青混合料冻融劈裂强度的影响因素[J]. 重庆交通大学学报（自然科学版）, 2009, 28（2）: 222-227.

[181] Xu H Y, Dang S Y, Cui D Y. Durability test research of asphalt mixture with rubber particles under the condition of freeze-thaw cycle[J]. Advanced Materials Research, 2014, 919-921: 1096-1099.

[182] Yi J Y, Shen S H, Muhunthan B, et al. Viscoelastic-plastic damage model for porous asphalt mixtures: Application to uniaxial compression and freeze-thaw damage[J]. Mechanics of Materials, 2014, 70: 67-75.

[183] 孙娣. 纤维沥青混合料冻融劈裂试验及其数值模拟[D]. 淮南: 安徽理工大学, 2017.

[184] Huang T, Qi S, Yang M, et al. Strength criterion of asphalt mixtures in three-dimensional stress states under freeze-thaw conditions[J]. Applied Sciences, 2018, 8(8): 1302-1316.

[185] 杨野, 徐剑, 杨彦海, 等. 冻融循环作用下乳化沥青冷再生混合料损伤分析[J]. 沈阳建筑大学学报(自然科学版), 2020, 36(5): 869-876.

[186] 郭扬. 纤维沥青混凝土耐久性能试验研究[D]. 大连: 大连海事大学, 2008.

[187] 陈建荣, 叶俊, 吴逢春, 等. 短切玄武岩纤维沥青混合料疲劳性能研究[J]. 公路, 2013, 58(11): 188-191.

[188] Zheng Y X, Cai Y C, Zhang G H, et al. Fatigue property of basalt fiber-modified asphalt mixture under complicated environment[J]. Journal of Wuhan University of Technology, 2014, 29(5): 996-1004.

[189] Ma T, Zhang Y, Zhang D Y, et al. Influences by air voids on fatigue life of asphalt mixture based on discrete element method[J]. Construction and Building Materials, 2016, 126(15): 785-799.

[190] Valdes-Vidal G, Calabi-Floody A, Sanchez-Alonso E, et al. Effect of aggregate type on the fatigue durability of asphalt mixtures[J]. Construction and Building Materials, 2019, 224: 124-131.

[191] 张俊, 张晓德, 王文珊. 沥青路面疲劳损伤理论研究综述[J]. 公路交通科技, 2020, 37(10): 1-11.

[192] Horvath A, Hendrickson C. Comparison of environmental implications of asphalt and steel-reinforced concrete pavements[J]. Transportation Research Record: Journal of the Transportation Research Board, 1998, 1626(1): 105-113.

[193] Stripple H. Life cycle assessment of road: A pilot study for inventory analysis[R]. Stockholm: Swedish National Road Administration, 2001.

[194] Zapata P, Gambatese J A. Energy consumption of asphalt and reinforced concrete pavement materials and construction[J]. Journal of Infrastructure Systems, 2005, 11(1): 9-20.

[195] Chan W C. Economic and environmental evaluations of life cycle cost analysis practice: A case study of michigan DOT pavement projects[D]. Ann Arbor: University of Michigan, 2007.

[196] Chui T C, Tus T H, Yang W F. Life cycle assessment on using recycled materials for rehabilitating asphalt pavements[J]. Resources, Conservation and Recycling, 2008, 52(3): 545-556.

[197] White P, Golden J S, Biligrik P, et al. Modeling climate change impacts of pavement production

and construction[J]. Resources, Conservation and Recycling, 2010, 54 (11): 776-782.

[198] 杨博. 沥青路面节能减排量化分析方法及评价体系研究[D]. 西安: 长安大学, 2012.

[199] 孙平平. 再生混凝土环境影响 LCEC 评价模型的构建[D]. 杭州: 浙江大学, 2013.

[200] 和庆. 沥青混合料碳排放计算模型与评价体系研究[D]. 西安: 长安大学, 2013.

[201] 蔡日升. 沥青混合料能耗与碳排放量化分析体系研究[D]. 西安: 长安大学, 2013.

[202] 胡如安. 沥青混合料能耗与碳排放分析及节能减排技术研究[D]. 西安: 长安大学, 2014.

[203] 徐姣. 基于 LCA-LCC 的沥青混合料环境排放评价研究[D]. 重庆: 重庆交通大学, 2016.

[204] 石小培. 沥青路面全寿命周期能耗研究[D]. 北京: 北京工业大学, 2016.

第2章 木焦油基再生沥青的制备与储存稳定性分析

2.1 木焦油基再生沥青的制备

2.1.1 基质原样沥青

采用广东茂名正诚石油化工有限公司生产的高富 70#石油沥青和 SBS 改性沥青，其基本性能见表 2.1。

表 2.1 沥青基本性能

性能	单位	基质原样沥青	SBS 改性沥青
针入度(25℃)	0.1mm	64	62
软化点	℃	48	69
延度(15℃)	cm	117	98
黏度(135℃)	Pa·s	0.34	1.80

2.1.2 制备老化沥青

分别按照《公路工程沥青及沥青混合料试验规程》(JTG E20—2011)中沥青薄膜加热试验(T 0609—2011)所采用的 TFOT 和压力老化容器(pressure aging vessel, PAV)加速沥青老化试验(T 0630—2011)制备 70#基质原样沥青和 SBS 改性沥青的短期老化沥青结合料以及长期老化沥青结合料[1]。TFOT 是在 163℃的温度下，将沥青老化 5h，模拟沥青在拌和和压实过程中的老化效果。PAV 试验是在 100℃温度、2.1MPa 气压下将 TFOT 短期老化沥青再次老化 20h，模拟实际沥青路面使用过程中沥青的老化效果。

2.1.3 木焦油基再生剂原材料

采用木焦油、生物质纤维、增塑剂、增容剂和稳定剂为基本组分制备木焦油基沥青再生剂。木焦油产自湖南省株洲市攸县某环保木炭厂，其原料为毛竹，其基本性能见表2.2。毛竹基木焦油甲酚含量大于10%(质量分数)，含水量小于5%[2]。生物质纤维为实验室内自制的毛竹和木材的茎秆或树皮制成的改性絮状纤维，长度 400～2000μm，相对密度 0.91～0.95，含水量<3%。增塑剂(邻苯二甲酸二辛酯)、增容剂(顺丁烯二酸酐)、稳定剂(月桂基丙撑二胺)均购自长沙吉瑞化玻仪器设备

有限公司，分析纯。

表 2.2　毛竹的基本性能

类别		含量（质量分数）/%
物理性能	水分	7.0
	挥发物	90.9
	固定碳	0.2
	灰分	1.9
元素组成	C	46.90
	H	5.84
	N	0.22
	S	0.03
	O	47.01
组成成分	纤维素	41.0
	半纤维素	25.7
	木质素	26.1

　　木焦油基再生剂的组分包括木焦油、生物质纤维、增塑剂、增容剂、稳定剂。其中，木焦油按老化沥青质量的 5%、10%、15% 和 20% 添加，生物质纤维按老化沥青质量的 0.3%、0.4%、0.5% 和 0.6% 添加，增塑剂按老化沥青质量的 2%、3%、4% 和 5% 添加。基于室内测试结果，增容剂的掺量为老化沥青质量的 0.3%（质量分数），稳定剂的掺量为老化沥青质量的 1%。因此，上述再生剂组分包含木焦油、增塑剂、生物质纤维 3 个因素变量，每个变量对应 4 个掺量水平。由于木焦油基再生剂的原材料组成及其掺量变化较大，若同时完成各组分所有掺量的试验，需要制备 4^3=64 种试样，为了在不影响测试结果的情况下简化试验，采用正交试验法设计试验以确定木焦油基再生剂的最优配合比。

2.1.4　正交试验

　　正交试验法是一种依据伽罗瓦理论（Galois theory）研究多因素多水平的设计方法，可在几乎不影响试验结论的情况下简化试验[3]。本节选用的因素变量为 3 因素 4 水平，因此采用 L16 正交表进行试验。以木焦油、生物质纤维和增塑剂的掺量为变量因素，每个变量因素取 4 个变化水平，因此采用 16 种组合制备木焦油基再生剂，并分别进行再生沥青的针入度、软化点、延度和黏度测试。将木焦油、生物质纤维和增塑剂分别编号为 A、B 和 C，4 种掺量水平分别编号为 1、2、3 和 4[3]。极差分析法可用于对正交试验结果的分析。单项性能指标最大值与最小值的差称为极差，极差值可用于确定最大影响因素；极差值越大，表明该因素对某一性能指标的影响越大。针入度、软化点、延度、黏度试验按照《公路工程沥青及沥青混合料试验规程》(JTG E20—2011)中的步骤进行,各组合组成及测试结果见表 2.3。

表 2.3　木焦油基再生剂组成及其再生沥青性能测试结果

序号	因素及水平/%			性能测试结果			
	木焦油	生物质纤维	增塑剂	针入度(25℃)/0.1mm	软化点/℃	延度(15℃)/cm	黏度(135℃)/(Pa·s)
S-1	5	0.3	2	43	65	60	0.52
S-2	5	0.4	3	42	67	72	0.53
S-3	5	0.5	4	46	68	83	0.55
S-4	5	0.6	4	43	69	95	0.56
S-5	10	0.3	3	60	54	72	0.51
S-6	10	0.4	2	59	57	75	0.53
S-7	10	0.5	5	62	58	81	0.54
S-8	10	0.6	4	64	61	84	0.55
S-9	15	0.3	4	73	49	103	0.40
S-10	15	0.4	5	68	51	110	0.43
S-11	15	0.5	3	59	54	117	0.47
S-12	15	0.6	3	60	56	120	0.48
S-13	20	0.3	5	78	46	121	0.34
S-14	20	0.4	4	64	48	113	0.38
S-15	20	0.5	3	61	54	119	0.39
S-16	20	0.6	2	60	56	122	0.40

1. 针入度测试结果

按照《公路工程沥青及沥青混合料试验规程》(JTG E20—2011)中沥青针入度试验(T 0604—2011)的方法测试不同老化状态沥青在 25℃下的针入度,调试总重为 100g±0.5g 的带有测试针、针连杆、砝码的组合装置,以标准测试针贯入沥青时间为 5s 时的深度为沥青的针入度。针入度表征沥青的软硬程度,针入度越高,表明沥青越软;反之则越硬。如图 2.1 所示,为不同因素和水平下再生沥青 25℃下针入度的变化规律。

(1)随着木焦油掺量的增加,再生沥青的针入度呈提高的趋势。木焦油掺量每增加 5%(质量分数),再生沥青的针入度相应提高 0.1～1.8mm。这是由于木焦油属于油分材料,可与沥青良好相容,与木焦油相容后的老化沥青会被软化[4]。木焦油掺量为 10%(质量分数)时,再生沥青针入度的变化曲线斜率最大,意味着虽然木焦油的掺量在不断增加,但针入度的增长速率显著减缓。15%的木焦油可将老化沥青针入度恢复至原样沥青水平。

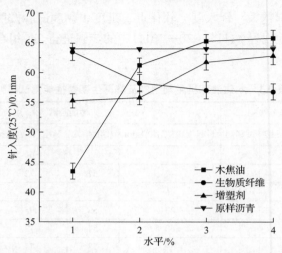

图 2.1　不同因素和水平下再生沥青 25℃针入度的变化规律

（2）随着生物质纤维掺量的增加，再生沥青的针入度逐渐减小。生物质纤维每增加 0.1%，再生沥青的针入度相应降低 0.1～0.5mm。这是由于再生沥青体系中存在大量且均匀分布的生物质纤维，整个沥青胶浆体系较为浓稠，因而针入度降低。生物质纤维掺量为 0.3%（质量分数）时，再生沥青的针入度与原样沥青最为接近。

（3）随着增塑剂掺量的增加，沥青的针入度呈增大的趋势。因为增塑剂分布在沥青大分子链之间，可降低分子间作用力，起到软化老化沥青的作用[5]。增塑剂掺量为 5%（质量分数）时，再生沥青的针入度基本接近原样沥青水平，且符合规范要求（6～8mm）。

（4）比较三个影响因素的极差可知，影响再生沥青针入度的各因素主次排序由大到小为 A>C>B，其中组合 $A_3B_1C_4$ 可使再生沥青的针入度达到原样沥青的水平，即 15%木焦油、0.3%生物质纤维、5%增塑剂。

2. 软化点测试结果

按照《公路工程沥青及沥青混合料试验规程》（JTG E20—2011）中沥青软化点试验（环球法）（T 0606—2011）的方法测试不同老化状态下沥青的软化点。首先将流动态沥青浇注在试样环上，试样在室温下冷却 30min 后，用热刮刀刮平；然后将装有试样的试样环、试样底板、金属支架、钢球及定位环放在 5℃水浴中养护15min，套上定位环，放上标准质量钢球，置于 5℃水环境中开始升温试验，升温速率为 5℃/min。当试样受热软化下坠至恰好与下层底板接触时的温度，即为沥青的软化点。沥青的软化点表征其温度敏感性程度，软化点越高，沥青的温度敏感性越低，高温稳定性越好；反之，较低的软化点表示沥青的温度敏感性较高，高温稳定性较差。图 2.2 所示为不同因素和水平下再生沥青软化点的变化规律。

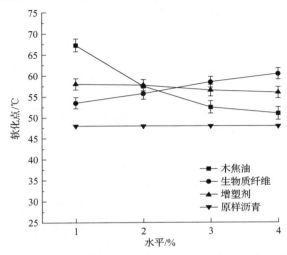

图 2.2　不同因素和水平下再生沥青软化点的变化规律

（1）随着木焦油掺量的增加，再生沥青的软化点呈降低的趋势。这是由于木焦油本身具有较强的温度敏感性，随着温度上升，流动性显著提高，导致老化沥青的软化点下降[6]。木焦油掺量每增加 5%（质量分数），再生沥青的软化点相应降低 1.5～10.2℃。木焦油掺量为 5%（质量分数）时，再生沥青具有最高的软化点（67.3℃）。

（2）生物质纤维的加入可提高再生沥青的软化点。这是因为生物质纤维在沥青中的交错分布提升了沥青结构的整体稳定性，随着生物质纤维掺量的增加，沥青内部结构会被逐渐加固，温度敏感性减弱，高温稳定性增强[7]。生物质纤维掺量为 0.6%（质量分数）时，再生沥青具有最高的软化点（60.5℃）。

（3）增塑剂能减弱沥青分子之间的作用，促进分子链的滑移，因此会降低沥青的软化点[8]。增塑剂每增加 1%，再生沥青的软化点相应降低 0.2～1.3℃。增塑剂掺量为 2%（质量分数）时，再生沥青具有最高的软化点（58℃）。

（4）比较不同掺量下再生沥青软化点变化的极差，可知影响再生沥青软化点的各因素主次排序由大到小为 A>B>C。各组合下的软化点均满足规范要求（>46℃）。以基质原样沥青软化点为基准，三种添加剂的最佳配合比为 $A_1B_1C_1$，即满足规范要求的最低掺量分别为 5% 木焦油、0.3% 生物质纤维、2% 增塑剂。

3. 延度测试结果

按照《公路工程沥青及沥青混合料试验规程》（JTG E20—2011）中沥青延度试验（T 0605—2011）的方法测试不同老化状态沥青的 15℃ 延度。首先将流动态沥青浇注到试模内，室温下养护 1.5h，然后将试样置于 15℃ 水浴中养护 1.5h 后开始试验，设置拉伸速率为 5cm/min，试样断裂时的拉伸长度即为沥青的延度。沥青的延度表征其低温延展性，延度越大，沥青的低温延展性越好；反之，较小的沥青延度表示沥青的低温延展性较差。图 2.3 为不同因素和水平下再生沥青 15℃延度的变化规律。

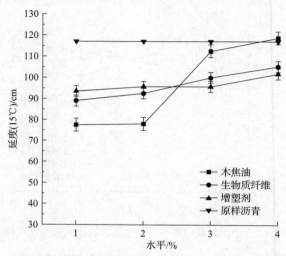

图 2.3　不同因素和水平下再生沥青 15℃延度的变化规律

（1）由于木焦油中含有大量轻质组分，对沥青中的重质组分起稀释和溶解作用，再生沥青的柔韧性会随着轻质组分的增多而增强[9]。随着木焦油掺量的增加，沥青的延度不断上升，当木焦油掺量为 10%～15%时，沥青的延度上升较快。木焦油掺量每提高 5%（质量分数），再生沥青的延度相应提高 0.5～34.5cm。当木焦油掺量为 15%（质量分数）时，再生沥青延度值与原样沥青基本相似。当木焦油掺量为 20%时，再生沥青延度略高于原样沥青。

（2）生物质纤维对沥青延度的提升起到了积极作用。纤维与沥青拌和后会与沥青中的酸性树脂成分发生充分的吸附作用，有时也伴随着化学键作用。这些作用可使沥青呈单分子状排列在纤维上，形成稳定的纤维-沥青混合结构[10]。同时，生物质纤维具有较大的比表面积，能充分吸附木焦油中的油分，增强纤维的韧性，纤维与沥青、木焦油的协同作用可使沥青延展性增强。

（3）随着增塑剂掺量的增加，沥青的延度逐渐上升。这是因为增塑剂可减弱分子间的范德瓦耳斯力，使分子链间的移动性变强，进而使老化沥青的塑性增强[11]。当增塑剂掺量为 5%时，再生沥青延度达到最大（101.8cm），满足规范要求（>100cm）。

（4）比较不同掺量下再生沥青延度变化的极差可知，影响再生沥青延度的各因素主次排序由大到小为 A>B>C。各因素最佳配合比为 $A_4B_4C_4$，即 20%木焦油、0.6%生物质纤维、5%增塑剂。

4. 黏度测试结果

黏度测试按照《公路工程沥青及沥青混合料试验规程》（JTG E20—2011）中沥

青布氏旋转黏度试验(布洛克菲尔德黏度计法)(T 0625—2011)的方法进行。首先将流动态沥青浇注到盛样容器内并适当搅拌,然后将黏度计转子和装有沥青试样的盛样容器放置于135℃的恒温烘箱中保温1.5h,恒温保存后将转子安装好并插入沥青中,使沥青试样在135℃恒温容器中保温不低于15min。转子转速为20r/min,每间隔60s读数一次,取三次的平均值作为沥青135℃下的动力黏度。图2.4为不同因素和水平下再生沥青135℃黏度的变化规律。

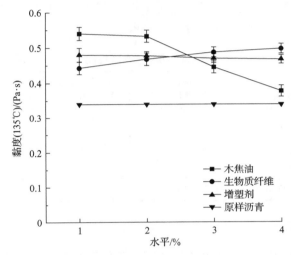

图 2.4 不同因素和水平下再生沥青135℃黏度的变化规律

(1)随着木焦油的加入,再生沥青的黏度显著下降,且下降速度越来越快,这是由于木焦油相对于老化沥青具有较小的黏度[12]。由于两者间具有较好的相容性,木焦油与再生沥青拌和后可快速与沥青相融,降低沥青黏度。木焦油掺量每增加5%(质量分数),再生沥青的黏度降低0.015~0.0825Pa·s。

(2)随着生物质纤维的加入,再生沥青的黏度逐渐增加。这是因为纤维在沥青中的均匀分布会形成纵横交错的网状结构,使沥青的流动性降低,黏度升高。纤维掺量每增加0.1%(质量分数),再生沥青的黏度提高0.0125~0.0225Pa·s。

(3)再生沥青的黏度随着增塑剂的增加而降低。可能是因为增塑剂可促进沥青内部的大分子或链段间的相对运动,进而起到润滑剂的作用,沥青的黏度降低也表现为流动性增强[13]。

(4)通过比较极值大小可得,对再生沥青黏度影响的主次因素由大到小依次是A>B>C,最佳掺量组合为$A_3B_1C_1$,即15%木焦油、0.3%生物质纤维、2%增塑剂。

2.1.5 木焦油基再生沥青的组成

由正交试验结果可知,对于再生沥青,采用含大量轻质组分的油类作为再生剂可补充老化沥青缺失的轻质组分，降低老化沥青黏度，进而起到再生的效果。进一步地，采用其他添加剂(生物质纤维、增塑剂、增容剂等)可重塑再生沥青的性能，使其满足规范要求[14,15]。因此，确定木焦油基再生剂的最佳掺量组合为$A_3B_1C_4$，即占老化沥青15%(质量分数)的木焦油、0.3%(质量分数)的生物质纤维和5%(质量分数)的增塑剂。后续所有研究的木焦油基再生剂均采用这一组成。

为进行对比研究，选用江苏苏博特新材料股份有限公司提供的 RA-102 再生剂作为再生剂对照组，木焦油基再生剂和 RA-102 再生剂的基本性能见表 2.4。由表可知，各再生剂所有性能均符合规范要求。

表 2.4　再生剂基本性能

类型	黏度 (60℃)/(Pa·s)	闪点 /℃	饱和分含量 (质量分数)/%	芳香分含量 (质量分数)/%	TFOT 前后 黏度比	TFOT 前后质量 变化/%
木焦油基 再生剂	5820	298	18.7	59.6	1.4	0.3
RA-102 再生剂	5370	241	20.3	64.2	1.3	0.5
规范要求	50～60000	> 220	≤ 30	—	≤ 3	[−3,3]

2.1.6　再生剂施工安全性

在实际工程应用中，再生剂需要在高温条件下与老化沥青拌和，因此其施工安全性值得关注。闪点是指液体汽化而着火的最低温度，也是再生剂的重要安全性控制指标，较低的闪点意味着较低的施工安全性。比较表 2.4 中木焦油基再生剂和 RA-102 再生剂的闪点可知，木焦油基再生剂的闪点高于 RA-102 再生剂，具有较高的施工安全性，满足规范要求。

2.1.7　再生剂热稳定性

再生剂的热稳定性是指其在高温环境下不发生化学反应及质量恒定的能力[16]，较高的热稳定性可保证再生沥青具有更好的使用性能和耐久性。表 2.4 中 TFOT 前后的黏度比结果表明，木焦油基再生剂在高温作用后的黏度增幅大于 RA-102 再生剂。TFOT 前后的质量变化率结果表明，木焦油基再生剂的质量稳定性更强，即在高温下不易发生物理变化和化学分解，且能满足规范要求。

2.1.8　制备再生沥青

采用高速剪切仪混合老化沥青、基质原样沥青、木焦油基再生剂或商用再生剂 RA-102，再生沥青制备流程及工艺参数如图 2.5 所示，再生沥青制备设备如图 2.6 所示。

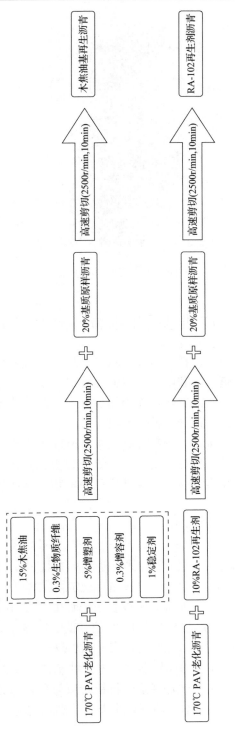

图2.5　再生沥青制备流程及工艺参数

图 2.6　再生沥青制备设备

2.2　木焦油基再生沥青的储存稳定性

沥青路面是以沥青为黏结料，搭配集料与外加剂形成的具有优异路用性能的路面形式。再生沥青在施工拌和阶段若热储存稳定性不足，易导致沥青会离析老化，混合料性能不均一，从而影响路面使用性能。因此，关于沥青热储存稳定性能的研究已经越来越受到道路研究者的重视。

本节以木焦油基再生沥青为研究对象，原样沥青和 RA-102 再生沥青为对照组，采用软化点试验、动态剪切流变试验、组分分析试验和红外光谱试验评价木焦油基再生沥青的热储存稳定性，研究结果可为生物质材料基再生剂的推广应用奠定基础。

2.2.1　试样制备

根据《公路工程沥青及沥青混合料试验规程》(JTG E20—2011)中聚合物改性沥青离析试验(T 0661—2011)的方法制备储存稳定性试样[16]。将原样沥青、木焦油基再生沥青和 RA-102 再生沥青分别放置于铝管中，在 163℃温度下分别放置 8h、16h、32h 和 48h，取出后置于冷柜中 4h 使其变为固体。从冷柜取出后，待稍软化，取铝管上部 1/3 和下部 1/3 的沥青作为测试试样。

为便于表达，将热储存前的原样沥青、木焦油基再生沥青和 RA-102 再生沥青分别标记为 A_O、A_W 和 A_R。热储存后，将铝管顶部和底部的原样沥青分别标记为 A_{OT} 和 A_{OB}，顶部和底部的木焦油基再生沥青分别标记为 A_{WT} 和 A_{WB}，顶部和底部的 RA-102 再生沥青分别标记为 A_{RT} 和 A_{RB}，共计 3 种沥青、9 种试样。

2.2.2　试验方法

1. 软化点试验

根据《公路工程沥青及沥青混合料试验规程》(JTG E20—2011)中沥青软化点试验(环球法)(T 0606—2011)，分别测试各沥青试样的软化点。计算每种沥青顶部与底部软化点差值的绝对值 α，见式(2.1)，α 值越小，沥青热储存稳定性越好[17]。

$$\alpha = \left| S_{顶} - S_{底} \right| \tag{2.1}$$

2. 动态剪切流变试验

根据《公路工程沥青及沥青混合料试验规程》(JTG E20—2011)中沥青流变性质试验(动态剪切流变仪法)(T 0628—2011)，采用动态剪切流变仪分别测试各沥青试样 65℃下的复数模量 G^* 和相位角 δ。顶部沥青与底部沥青的复数模量和相位角的偏差因子分别为 β 和 ε，计算公式分别见式(2.2)和式(2.3)，β 与 ε 越接近零，沥青热储存稳定性越好。

$$\beta = \left| G^*_{顶} - G^*_{底} \right| \tag{2.2}$$

$$\varepsilon = \left| \delta_{顶} - \delta_{底} \right| \tag{2.3}$$

3. 组分分析试验

根据《公路工程沥青及沥青混合料试验规程》(JTG E20—2011)中沥青化学组分试验(四组分法)(T 0618—1993)，分别测试各沥青试样中沥青质、饱和分、芳香分和胶质的含量，采用凝胶指数 I_C 评价沥青胶体结构状态。I_C 为沥青质和饱和分的质量和与芳香分和胶质的质量和之比。顶部沥青与底部沥青的 I_C 差值 γ 计算公式见式(2.4)。γ 值越小，沥青热储存稳定性越好。

$$\gamma = \left| I_{C顶} - I_{C底} \right| \tag{2.4}$$

4. 红外光谱试验

采用岛津 IRAffinity-1S 型红外光谱仪测试沥青的芳香分组分(C—H)及羰基(C=O)、亚砜基(S=O)的特征官能团峰值面积比。测试中将沥青试样与二硫化碳按 1:20 的质量比制备混合溶液，振荡均匀后将溶液滴至溴化钾压片上并置于 45℃

的真空干燥箱中干燥 30min 后取出进行测试。测试波数范围为 400~2000cm^{-1}，分辨率为 4cm^{-1}，扫描次数为 32。顶部沥青与底部沥青的 C—H 及 C=O、S=O 官能团峰值面积比的差值 θ 越小，沥青热储存稳定性越好[18]。

2.2.3　储存稳定性测试结果

1. 软化点试验

3 种沥青的软化点试验结果如图 2.7 所示。

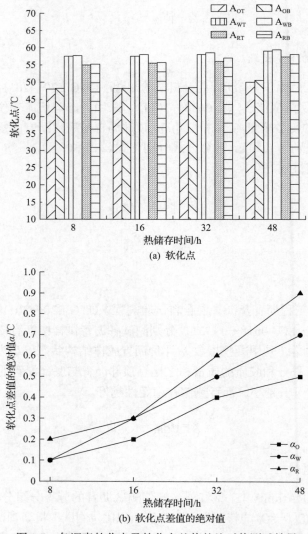

(a) 软化点

(b) 软化点差值的绝对值

图 2.7　各沥青软化点及软化点差值的绝对值测试结果

　　由图 2.7 可知，随着热储存时间的延长，3 种沥青的软化点逐渐提高。同时，顶部沥青和底部沥青的软化点差值越来越大。这是由于温度升高加速了沥青轻质分子的聚集，促进了沥青大分子团的产生，使沥青发生老化，重质分子沉降至沥青底部，导致沥青软化点及其差值的绝对值上升[19]。

　　对于沥青软化点差值的绝对值 α，由于原样沥青内部分子分布更均一，高温条件下具有更稳定的结构，其顶部沥青和底部沥青的软化点相差不大。对于木焦油基再生沥青，高温条件下木焦油可充分浸润生物质纤维，在加强沥青分子运动能力的同时使纤维均匀分布在沥青中，但是由于重力作用及液体分子的布朗运动[20]，少量纤维沉降在沥青底部，使沥青底部的软化点略高于顶部。进一步地，在稳定剂的作用下，再生沥青顶部与底部的软化点差值的绝对值可维持在较小的范围内（不超过 0.7℃）。对于 RA-102 再生沥青，高温条件下再生剂中大量的轻质组分上浮使顶部沥青软化，底部沥青硬化，因而沥青底部的软化点明显高于顶部，最大可达 0.9℃。

　　综上所述，3 种沥青的顶部软化点均低于底部，原样沥青软化点差值最小，然后依次为木焦油基再生沥青和 RA-102 再生沥青。以上结果表明，随着热储存时间的延长，沥青的性态会变得不稳定。各沥青热储存稳定性由高到低排序为原样沥青>木焦油基再生沥青>RA-102 再生沥青。

　　2. 动态剪切流变试验

　　3 种沥青的复数模量 G^* 及相位角 δ 测试结果如图 2.8 和图 2.9 所示。

　　由图 2.8 和图 2.9 可知，热储存时间的延长提高了沥青的复数模量，降低了相位角。这是由于沥青在加热及储存的过程中发生了老化，老化使沥青变硬，具有

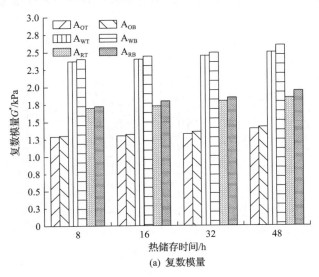

(a) 复数模量

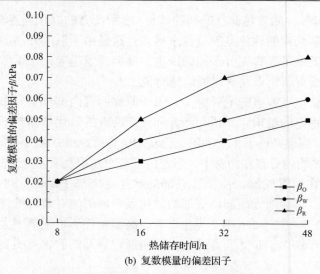

(b) 复数模量的偏差因子

图 2.8　各沥青复数模量及其偏差因子测试结果

更大的刚度和更好的抗变形能力，以及更微弱的变形滞后效应[21]。与原样沥青和 RA-102 再生沥青相比，木焦油基再生沥青具有更大的 G^* 值和更小的 δ 值，这是因为木焦油、生物质纤维及增塑剂之间较好的协同强化作用增强了木焦油基再生沥青的抗变形能力，沥青表现出更大的弹性及更小的黏性特征。

　　各沥青的 β 和 ε 值随着热储存时间的延长而增大。对于原样沥青，高温使沥青内部的分子运动迅速加快，部分轻质分子上浮至顶部，其他轻质分子聚合成重质分子沉淀在底部，顶部沥青与底部沥青性能差异逐渐增大，但由于原样沥青中分子分布较为均匀，偏差因子 β 和 ε 值上升的幅度较小。木焦油基再生沥青在 4

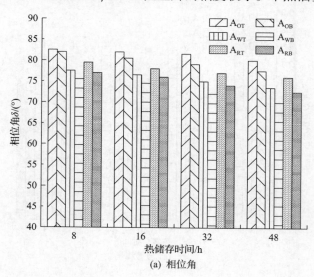

(a) 相位角

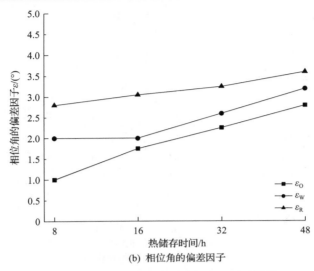

(b) 相位角的偏差因子

图 2.9　各沥青相位角及其偏差因子测试结果

种热储存时间下的偏差因子都小于 RA-102 再生沥青而大于原样沥青，表明其热储存稳定性居于两者之间。木焦油基再生沥青中的稳定剂和增塑剂可使沥青内部分子结合得更加牢固，同时木焦油对纤维的浸润作用提升了纤维的韧性，使纤维在沥青中起到"轻骨架"的作用，进而提升了整个沥青体系的稳定性[22]。

3. 组分分析试验

3 种沥青的组分分析试验结果如图 2.10 所示。

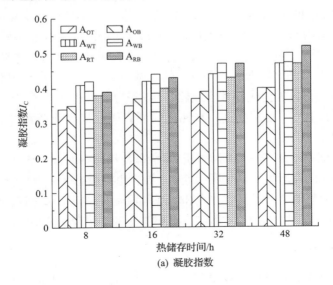

(a) 凝胶指数

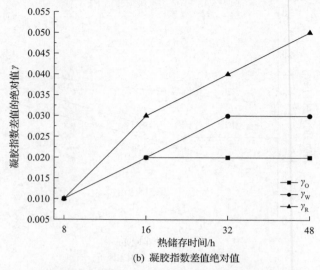

(b) 凝胶指数差值绝对值

图 2.10　各沥青凝胶指数及其差值绝对值测试结果

由图 2.10 可知，热储存时间的延长会使沥青的凝胶指数升高。这是由于沥青受热时，内部的饱和分和芳香分聚集成胶质和沥青质，其胶体状态逐渐由溶胶态转变为溶胶-凝胶态，表现为热储存后的沥青与原样沥青相比流动性降低，更脆更硬[23]。

对于原样沥青，当储存时间为 8h 时，γ 值为 0.01。当热储存时间继续延长时，γ 值上升至 0.02 后不再增加，这是因为沥青内部的组分已趋于稳定，胶体状态不再发生显著变化[24]。木焦油基再生沥青的 γ 值与热储存时间成正比，当热储存时间大于 32h 时，γ 值为 0.03 且不再增加，这是因为高温环境下木焦油基再生剂中的稳定剂使沥青内部分子的分布更均匀，顶部与底部的沥青性能差异性不再扩大。相比之下，RA-102 再生沥青的 γ 值变化较大（最大可达 0.050）。这是由于 RA-102 中的主要组分为芳香化合物，芳香分中的烷基与苯环相连，在高温和氧气的作用下烷基比苯环更易被氧化成极性官能团（以羧基为主），进而形成极性芳香烃（构成胶质的重要物质）[25]，胶质会进一步转化为沥青质，最终使沥青内部的胶质和沥青质含量增大。

组分分析试验结果表明，沥青的胶体状态与热储存时间有较大关联，热储存时间的延长会使沥青产生一定程度的老化，沥青由溶胶态转变为溶胶-凝胶态。3 种沥青凝胶指数偏差值的结果与软化点和动态剪切流变试验结果一致，即原样沥青具有较好的高温储存稳定性，其后依次为木焦油基再生沥青和 RA-102 再生沥青。

4. 红外光谱试验

采用热储存 48h 的沥青试样进行红外光谱试验，结果如图 2.11 所示。其中，代表芳香分的 C—H 键位于波长为 720～885cm^{-1} 的范围内，代表亚砜基的 S=O 键位于 955～1100cm^{-1} 范围内，代表羰基的 C=O 键位于 1650～1800cm^{-1} 范围内。值得注意的是，木焦油基再生沥青在 1760cm^{-1} 处有明显的 C=O 键峰，这是木焦油本身的 C=O 键在此处重叠的结果[26]。

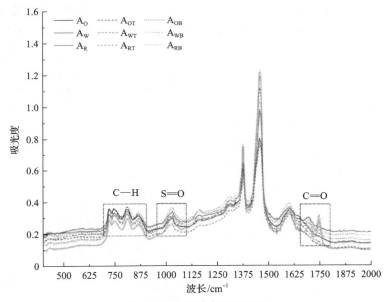

图 2.11　各沥青红外光谱图

3 种特征官能团的峰值面积比 $I_{C—H}$、$I_{S=O}$ 和 $I_{C=O}$ 分别按式(2.5)～式(2.7)计算[27]。各沥青特征官能团的 I 值与 θ 值计算结果如图 2.12 所示。

$$I_{C—H}=\frac{峰值面积\left(\sum 720\sim 885\text{cm}^{-1}\right)}{峰值面积\left(\sum 600\sim 2000\text{cm}^{-1}\right)} \tag{2.5}$$

$$I_{S=O}=\frac{峰值面积\left(\sum 955\sim 1100\text{cm}^{-1}\right)}{峰值面积\left(\sum 600\sim 2000\text{cm}^{-1}\right)} \tag{2.6}$$

$$I_{C=O}=\frac{峰值面积\left(\sum 1650\sim 1800\text{cm}^{-1}\right)}{峰值面积\left(\sum 600\sim 2000\text{cm}^{-1}\right)} \tag{2.7}$$

由 θ 值计算结果可知，对于 C—H 键，木焦油基再生沥青的 θ 值最小，然后依次为原样沥青和 RA-102 再生沥青。表明热储存时间达到一定程度时(48h 以上)，原样沥青中一定数量的芳香分转化为胶质和沥青质。在生物质纤维、增容剂与稳定剂的协同作用下，木焦油与沥青间具有良好的相容性，使木焦油基再生沥青表现出较好的热稳定性，内部组分变化较小。RA-102 再生沥青的芳香分含量较高，高温条件下 C—H 键易发生氧化反应，生成胶质和沥青质的特征官能团 C=O 键等重质组分，这与组分分析试验结果一致，即 RA-102 再生沥青内部组分含量变化较为明显，热稳定性相对较差。S=O 键和 C=O 键峰值面积比的差值变化与 C—H 键相似，即木焦油基再生沥青的 θ 值小于原样沥青和 RA-102 再生沥青。

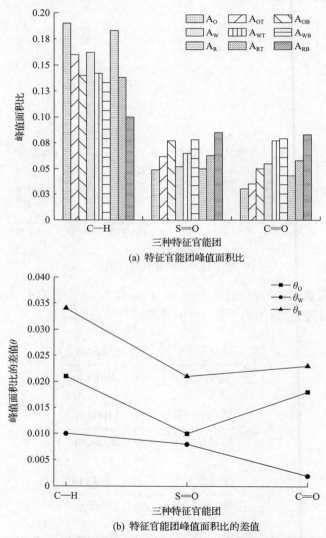

图 2.12　各沥青特征官能团峰值面积比及其差值测试结果

综上所述，热储存作用会促进沥青自身的氧化反应，导致沥青内部组分发生变化。沥青各特征官能团峰强度的差值表明木焦油基再生沥青具有较好的热储存稳定性。换言之，与 RA-102 再生沥青相比，木焦油基再生沥青的再生剂相不易与沥青相产生分离，在搅拌均匀的前提下，木焦油基再生沥青的可储存时间更长，使用性能更稳定。

2.3　本　章　小　结

（1）明确了原样沥青、木焦油基再生剂原材料的技术指标，通过正交试验法确定了木焦油基再生剂各组分的组成为 15% 木焦油、0.3% 生物质纤维、5% 增塑剂、0.3% 增容剂、1% 稳定剂。

（2）基于正交试验结果制备了木焦油基再生剂，并引入 RA-102 再生剂作为对照组，两种再生剂的施工安全性和热稳定性均能满足规范要求，木焦油基再生剂的施工安全性和质量稳定性均优于 RA-102 再生剂。

（3）提出了采用动态剪切流变仪制备再生沥青的具体流程和工艺参数。

（4）沥青的软化点及其顶、底部软化点差随热储存时间的延长而增大。热储存作用降低了沥青的稳定性。木焦油基再生沥青的热储存稳定性弱于原样沥青，强于 RA-102 再生沥青。

（5）热储存可提高沥青的复数模量并降低其相位角。木焦油、生物质纤维及增塑剂的协同强化作用可提高木焦油基再生沥青的抗变形能力，进而表现出较好的弹性。

（6）热储存作用会促使沥青发生氧化反应，导致其内部组分发生变化。沥青的凝胶指数随热储存时间延长而升高，导致流动性降低，使得沥青更硬、更脆。

（7）与 RA-102 再生沥青相比，木焦油基再生沥青的再生剂相不易与沥青相产生分离，在搅拌均匀的前提下，木焦油基再生沥青的可储存时间更长，使用性能更稳定。

（8）热储存对再生沥青使用性能有一定程度的削弱作用，在实际应用中应尽可能缩短再生沥青的高温储存时间，并在拌制混合料前搅拌均匀。

参 考 文 献

[1] 中华人民共和国交通运输部. JTG E20—2011 公路工程沥青及沥青混合料试验规程[S]. 北京: 人民交通出版社, 2011.

[2] Jung S H, Kang B S, Kim J S. Production of bio-oil from rice straw and bamboo sawdust under various reaction conditions in a fast pyrolysis plant equipped with a fluidized bed and a char separation system[J]. Journal of Analytical and Applied Pyrolysis, 2008, 82（2）: 240-247.

[3] 冯新军, 解明卫, 陈安迪. TS 高黏度改性沥青的制备和 OGFC 混合料的路用性能[J]. 公路交

通科技, 2019, 36（1）: 8-15.

[4]　Sukumar V, Manieniyan V, Sivaprakasam S. Bio oil production from biomass using pyrolysis and upgrading—A review[J]. International Journal of ChemTech Research, 2015, 8（1）: 196-206.

[5]　傅珍, 申万青, 孔志峰, 等. 增塑剂改性沥青路用性能试验研究[J]. 郑州大学学报（工学版）, 2017, 38（3）: 15-19.

[6]　史永宏. 掺加纤维对高模量沥青混合料柔韧性及路用性能的影响[J]. 新型建筑材料, 2019, 46（3）: 82-87.

[7]　傅珍, 林萌蕾, 邢海鹏, 等. 增塑剂对沥青混合料路用性能的影响[J]. 广西大学学报（自然科学版）, 2018, 43（4）: 1625-1631.

[8]　Li J, Zhang F L, Liu Y, et al. Preparation and properties of soybean bio-asphalt/SBS modified petroleum asphalt[J]. Construction and Building Materials, 2019, 201: 268-277.

[9]　Hong W, Mo L T, Pan C L, et al. Investigation of rejuvenation and modification of aged asphalt binders by using aromatic oil-SBS polymer blend[J]. Construction and Building Materials, 2020, 231: 117154.

[10]　张海涛, 李尚涛, 丁卫, 等. 基于等延度的增塑沥青老化耐久性的对比研究[J]. 公路, 2019, 64（5）: 232-236.

[11]　Mills-Beale J, You Z P, Fini E, et al. Aging influence on rheology properties of petroleum-based asphalt modified with biobinder[J]. Journal of Materials in Civil Engineering, 2014, 26（2）: 358-366.

[12]　Erickson M D, Kaley R G. Applications of polychlorinated biphenyls[J]. Environmental Science and Pollution Research, 2011, 18（2）: 135-151.

[13]　Elkashef M, Williams R C, Cochran E W. Thermal and cold flow properties of bio-derived rejuvenators and their impact on the properties of rejuvenated asphalt binders[J]. Thermochimica Acta, 2019, 671: 48-53.

[14]　Sun D Q, Lu T, Xiao F P, et al. Formulation and aging resistance of modified bio-asphalt containing high percentage of waste cooking oil residues[J]. Journal of Cleaner Production, 2017, 161: 1203-1214.

[15]　Ma J M, Sun G Q, Sun D Q, et al. Rubber asphalt modified with waste cooking oil residue: Optimized preparation, rheological property, storage stability and aging characteristic[J]. Construction and Building Materials, 2020, 258: 120372.

[16]　Gao J F, Wang H N, You Z P, et al. Rheological behavior and sensitivity of wood-derived bio-oil modified asphalt binders[J]. Applied Sciences, 2018, 8（6）: 919.

[17]　徐国其, 翟博超, 胡力群, 等. 高黏度改性沥青储存稳定性试验研究[J]. 公路, 2019, 64（7）: 246-251.

[18]　Kuang D L, Yu J Y, Chen H X, et al. Effect of rejuvenators on performance and microstructure

of aged asphalt[J]. Journal of Wuhan University of Technology（Materials Science Edition），2014, 29（2）：341-345.

[19] Luo W H, Zhang Y H, Cong P L. Investigation on physical and high temperature rheology properties of asphalt binder adding waste oil and polymers[J]. Construction and Building Materials, 2017, 144: 13-24.

[20] 常琨, 王选仓. SBS 改性沥青 RTFOT 老化黏附性量化评价方法研究[J]. 公路交通科技, 2019, 36（12）：29-36.

[21] Chen H X, Xu Q W. Experimental study of fibers in stabilizing and reinforcing asphalt binder[J]. Fuel, 2010, 89（7）：1616-1622.

[22] dos Salomé D S, Partl M N, Poulikakos L D. From virgin to recycled bitumen: A microstructural view[J]. Composites Part B: Engineering, 2015, 80: 177-185.

[23] Menapace I, Garcia C L, Kaseer F, et al. Effect of recycling agents in recycled asphalt binders observed with microstructural and rheological tests[J]. Construction and Building Materials, 2018, 158: 61-74.

[24] 张皓. SBS 改性沥青再生性能研究[D]. 西安: 长安大学, 2019.

[25] Hofko B, Eberhardsteiner L, Füssl J, et al. Impact of maltene and asphaltene fraction on mechanical behavior and microstructure of bitumen[J]. Materials and Structures, 2016, 49（3）：829-841.

[26] Abdullah A M, Wahhab H I A A, Dalhat M A. Comparative evaluation of waste cooking oil and waste engine oil rejuvenated asphalt concrete mixtures[J]. Arabian Journal for Science and Engineering, 2020, 45（10）：7987-7997.

[27] Gong M H, Yang J, Zhang J Y, et al. Physical-chemical properties of aged asphalt rejuvenated by bio-oil derived from biodiesel residue[J]. Construction and Building Materials, 2016, 105: 35-45.

第 3 章　木焦油基再生沥青的组分、 热性能与高温流变性能

3.1　试验材料及方法

3.1.1　试验材料

本章试验材料为 70#基质原样沥青（A_O）、70#PAV 老化沥青（A_P）、10%RA-102 再生 70#沥青（A_R）和 15%木焦油基再生 70#沥青（A_W）。

3.1.2　试验方法

1. 组分分析

沥青是一种组分复杂的混合物，为便于研究，可按照分子量大小将沥青分为沥青质、饱和分、芳香分、胶质四种组分[1]。各组分含量的测试根据《公路工程沥青及沥青混合料试验规程》（JTG E20—2011）中沥青化学组分试验（四组分法）（T 0618—1993）进行试验，首先将一定量的沥青溶于正庚烷中，高温抽提得到沥青质；然后将剩余的溶液倒入装有活化后氧化铝粉末的玻璃吸附柱中，采用甲苯、正庚烷(已脱芳)、乙醇作为冲洗剂，依次得到沥青质、饱和分、芳香分、胶质四种组分。

沥青胶体理论认为沥青是由胶质包裹着的相对分子质量很大的沥青质均匀分散在相对分子质量较小的基质油分中组成的混合物，根据沥青胶体结构的不同，不同状态的沥青大致可分为溶胶态、溶胶-凝胶态及凝胶态[2]。溶胶态沥青的基质油分和胶质含量相对较高，有较好的黏性，但温度敏感性高。凝胶态沥青的沥青质含量较高，沥青质间不断靠拢形成骨架结构，使沥青温度敏感性降低，但流动性变差[3]。溶胶-凝胶态沥青的性质介于以上两者之间。通过凝胶指数 I_C 可以判断沥青的胶体状态[4]。

2. 热性能

采用德国耐驰（NETZSCH）STA 449F3 型同步热分析仪测试各沥青的低温热性能，升温速率为 10℃/min，测试温度区间为–60～100℃。测试过程中采用 20mL/min 的 N_2 作为氛围气体。

3. 高温流变性能

沥青的高温流变性能测试按照《公路工程沥青及沥青混合料试验规程》(JTG E20—2011)中沥青流变性质试验(动态剪切流变仪法)(T 0628—2011)进行，采用动态剪切流变仪测试，流变仪主要由测试主机和电控箱两部分组成。流变仪的温控系统包括 Peltier 温控单元、电热温控单元和液体循环温控单元。流变仪的核心技术参数如下：振荡最小扭矩为 10nN·m，旋转最小扭矩为 20nN·m，最大扭矩为 150mN·m，最大角速度为 300rad/s，轴向力范围为 0.01~50N，工作温度范围为 −40~120℃。

采用平行板夹具对测试样品进行加载，常用的平行板尺寸为 8mm 和 25mm，当测试温度为 0~30℃时，采用 8mm 平行板；当测试温度大于 30℃时，采用 25mm 平行板。动态剪切流变测试样品制备步骤如下：①烘箱加热沥青样品至流动状态，基质原样沥青和再生沥青的加热温度分别为 135℃和 170℃；②加热过程中不断搅拌以赶走气泡，使沥青足够均匀以避免离析；③将加热至熔融状态的沥青盛入不锈钢杯中，浇入 8mm 和 25mm 的硅胶模具中，沥青占模具体积 2/3 即可，冷却后备用。本试验温度区间为 30~72℃，振荡板直径为 25mm，沥青膜厚度为 1mm，振荡频率为 10Hz，升温速率为 2℃/min，测试沥青的复数模量 G^* 和相位角 δ。

3.2　结　果　分　析

3.2.1　组分分析

已有研究表明，沥青性能的变化与其组分具有较大关联，沥青各组分的分子结构及分析试样如图 3.1 和图 3.2 所示[5]。饱和分为无色，由烷烃组成，含有大量 C—C 键，所含键能较低，化学性能较为稳定。芳香分为深黄色，含有大量 C=C 键，所含键能较高，在适宜条件下易发生加成反应变为 C—C 键结构。胶质为深棕色，既含有 C=C 键，也含有 C—C 键，易发生聚合及氧化反应生成沥青质。沥青质为黑色，是含有羟基和羰基的聚合物，性质稳定[6]。

(a) 饱和分　　　　　　　　　　　　　　　(b) 芳香分

(c) 胶质　　　　　　　　　　　　　　　　(d) 沥青质

图 3.1　沥青组分基本分子结构

(a) 四组分(旋转蒸发前)　　　　　　　　(b) 四组分(旋转蒸发后)

图 3.2　沥青组分分析试样

不同老化状态下各沥青组分分析结果见表 3.1。对于基质原样沥青，老化后沥青质和胶质含量分别增加了 48.05%和 23.30%，饱和分和芳香分的含量分别减少了 0.42%和 21.12%，饱和分的含量变化小于芳香分，这是由于饱和分的化学性质比芳香分更稳定，老化作用对饱和分含量的影响不大。芳香分发生氢的加成反应使 C═C 键变为饱和的 C—C 键结构，饱和分和芳香分及芳香分内部之间发生聚合反应生成胶质。进一步地，胶质在高温、荷载、氧气等因素的作用下发生氢取代反应，生成羟基、羰基等含氧官能团，最终产物为沥青质[7]。因此，与基质原样沥青相比，老化沥青的宏观性能表现为流动性降低，高温复数模量增大，低温延度减小，沥青变得硬脆。经 RA-102 再生剂再生后，沥青中饱和分含量由 14.25%增至 14.30%，芳香分含量由 38.14%增至 44.87%，但饱和分和芳香分的含量均略小于基质原样沥青。这是因为 RA-102 再生剂中的轻质组分能稀释胶质并溶解团聚的沥青质，使胶质和沥青质的含量降低。木焦油基再生沥青的组分变化规律与

RA-102 再生沥青相似，但其饱和分含量高于 RA-102 再生沥青，芳香分含量低于 RA-102 再生沥青，说明木焦油基再生剂对老化沥青胶质和沥青质的稀释溶解作用不如 RA-102 再生剂明显，但可恢复和调节沥青组分。

表 3.1　沥青组分分析结果

沥青类型	组分含量(质量分数)/%				凝胶指数 I_C
	沥青质	饱和分	芳香分	胶质	
A_O	11.01	14.31	48.35	25.37	0.34
A_P	16.30	14.25	38.14	31.28	0.44
A_R	12.40	14.30	44.87	24.37	0.39
A_W	12.79	15.18	43.25	26.71	0.40

比较表 3.1 中沥青老化/再生前后的凝胶指数 I_C 可以看出，70#沥青老化后的 I_C 增大，表明老化后沥青的流动性变差，温度稳定性增强，这与物理性能试验结果一致。与两种再生剂混合后，老化沥青凝胶指数均减小，表明再生剂轻质油分的加入使沥青体系中的极性沥青质分子团溶解，促进了沥青分子的布朗运动，沥青体系向溶胶-凝胶态转变，沥青的流动性和延展性增强[8]。

3.2.2　热性能

采用差示扫描量热法(differential scanning calorimetry，DSC)试验研究各沥青的低温热性能，测试沥青在不同温度下的聚集状态及其随温度的变化情况，获取结晶度 F_c 和玻璃化转变温度 T_g，进而评价沥青的低温性能。

结晶度 F_c 表征沥青分子链从高温向低温转变时折叠形成片晶的量值[9]，F_c 值越大，沥青脆性越大。F_c 值可按式(3.1)确定。

$$F_c = \frac{\Delta H_f}{\Delta H} \times 100\%　　　　(3.1)$$

式中，ΔH_f 为共混物的熔融焓，J/g；ΔH 为 100%结晶聚合物的熔融焓(固定值)，J/g。

沥青是典型的温度敏感性材料，其力学性能直接依赖于外界环境。不同温度下沥青可表现为三种相态，即高温时的黏流态、中温时的黏弹态和低温时的玻璃态[10]。通常将沥青材料由黏弹态转变为玻璃态时的临界温度称为玻璃化转变温度 T_g。研究发现，沥青的物理性能和化学性能在玻璃化转变温度发生了急剧的变化。从分子性能来看，沥青的玻璃化转变温度是高分子从冻结到运动的转变温度。在玻璃化转变温度以下，沥青分子链段的运动处于冻结状态，外力作用下的变形难以快速恢复和有效松弛，容易引起沥青材料开裂。因此，目前普遍认为，沥青的玻璃化转变温度与其低温性能密切相关，理想的状态是沥青的玻璃化转变温度低于其最低服役温度，从而保证其在使用过程中可以保持良好的变形性能，松弛掉内部集聚的应力，避免路面产生开裂。研究沥青的玻璃化转变温度具有重要的工程意义，在实际应用中沥青的玻璃化转变温度(T_g)越低，低温性能越好。各沥青的低温热性能测试结果见表 3.2。

表 3.2　各沥青的低温热性能测试结果

技术指标	A_O	A_P	A_W	A_R
T_g/℃	−16.17	−10.31	−15.32	−15.80
ΔH_f/(J/g)	4.01	8.25	5.36	4.89
F_c/%	55.27	91.1	71.6	68.3

再生剂的加入使沥青的脆性减小。由表 3.2 可知，老化沥青的结晶度较高，而结晶会使沥青的微观结构变得规整、致密，分子链排列紧密，分子间运动受阻，从而导致沥青的脆性增大。与老化沥青相比，木焦油基再生沥青和 RA-102 再生沥青的结晶度显著降低，表明再生剂可在低温下抑制沥青结晶，减小脆性，从而改善沥青的低温性能。

根据分子结构理论，沥青分子间的作用力及分子链间的柔韧性是影响 T_g 的主要因素，分子间相互作用越弱，分子链间柔韧性越高，沥青的 T_g 越低[10]。由表 3.2 可知，老化作用使沥青的 T_g 显著升高，即老化限制了沥青分子间的相互作用，降低了分子链间的柔韧性。与老化沥青相比，木焦油基再生沥青和 RA-102 再生沥青的 T_g 值分别降低了 5.01℃和 5.49℃，表明再生剂的加入提高了沥青分子链低温下的柔韧性，减弱了分子间作用力，增大了沥青的应力松弛，提高了延度，从而改善了低温性能。

3.2.3　高温流变性能

沥青高温流变性能测试结果如图 3.3 所示。由图 3.3 可知，随着温度升高，沥青的复数模量逐渐减小，相位角逐渐增大。这是由于温度升高使沥青内部分子运动加快，沥青由弹性向黏弹性转变，导致沥青的流动性增强，复数模量减小，且由于黏性成分增多，沥青的变形滞后效应增强，相位角增大。在同一温度水平下，沥青复数模量的排序为老化沥青>木焦油基再生沥青>RA-102 再生沥青>基质原样沥青，相位角的排序则刚好相反。这是因为沥青老化后大分子物质数量增加，沥青分子链段数目增多，分子间的摩擦力增强，沥青在高温和外部荷载应力作用下不易产生形变，因此具有较强的高温抗变形能力和较弱的变形滞后效应[11]。加入再生剂后，大量的小分子量组分(含芳香分)补充到老化沥青中，且芳香分具有润滑作用，能促进分子链段的相对移动，使沥青的流动性增强，硬度降低，复数

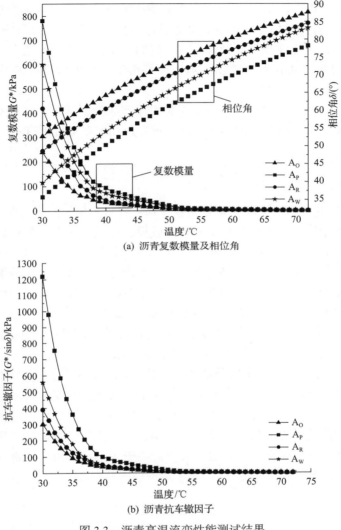

(a) 沥青复数模量及相位角

(b) 沥青抗车辙因子

图 3.3　沥青高温流变性能测试结果

模量减小，变形滞后效应增强[12]。由于木焦油基再生剂中含有的芳香分含量没有
RA-102 再生剂丰富，加上生物质纤维与沥青的浸润强化作用，木焦油基再生沥青
的高温稳定性略强于 RA-102 再生沥青。

　　复数模量和相位角正弦值的比值为抗车辙因子 $G^*/\sin\delta$，引入抗车辙因子可以
更全面客观地描述沥青高温流变性能的特性。抗车辙因子表征沥青的变形恢复能
力，其值越大，沥青不可恢复累积变形越小，即抗车辙性能越好[12]。从图 3.3（b）
可以看出，四种沥青的 $G^*/\sin\delta$ 值随温度升高而减小，这是由于高温增强了沥青的
流动性，使沥青弹性组分减少，更多地表现出黏性，导致大量不可恢复变形的产

生。在同一温度下，$G^*/\sin\delta$ 值由大到小的排序为老化沥青、木焦油基再生沥青、RA-102 再生沥青、基质原样沥青，即老化沥青抗永久变形能力最好。与 RA-102 再生沥青相比，木焦油基再生沥青具有较好的抗累积永久变形能力，这是因为生物质纤维与增塑剂共同作用增强了木焦油基再生沥青的弹性，使其高温变形恢复能力增强。

综上所述，两种再生沥青的高温性能均优于基质原样沥青，木焦油基再生沥青由于生物质纤维和增塑剂的加入，高温抗变形和抗车辙性能有了明显的提升。

3.3 本 章 小 结

（1）沥青老化过程中发生热氧及聚合反应，饱和分和芳香分的含量减少，沥青质和胶质的含量增加，芳香分发生聚合向胶质转化，胶质发生氧化聚合反应向沥青质转化。沥青老化后凝胶指数提高，沥青由溶胶-凝胶态向凝胶态转化，表现为流动性减弱、弹性增强。两种再生剂均能提升老化沥青饱和分和芳香分的含量并降低胶质和沥青质的含量。再生沥青的凝胶指数减小，沥青的流动性增强，木焦油基再生剂对沥青组分的调节效果略差于 RA-102 再生剂。

（2）木焦油基再生剂可显著降低老化沥青的脆性与结晶度，且可在低温下抑制沥青结晶并提高分子链的柔韧性，进而改善应力松弛效应，提高低温时的延展性。

（3）沥青老化后大分子量组分增加，沥青分子链段数目增多，分子间的接触摩擦力增强，沥青在高温和外部荷载应力作用下不易产生形变，因而具有较大的复数模量和较小的相位角，即较强的高温抗变形能力及较弱的变形滞后效应。再生剂可减小老化沥青的复数模量并增大相位角，由于木焦油基再生剂具有生物质纤维的加筋作用，其再生沥青的高温复数模量高于 RA-102 再生沥青，相位角小于 RA-102 再生沥青。

参 考 文 献

[1] Elkashef M, Williams R C, Cochran E W. Thermal and cold flow properties of bio-derived rejuvenators and their impact on the properties of rejuvenated asphalt binders[J]. Thermochimica Acta, 2019, 671: 48-53.

[2] Al-Sabaeei A M, Napiah M B, Sutanto M H, et al. A systematic review of bio-asphalt for flexible pavement applications: Coherent taxonomy, motivations, challenges and future directions[J]. Journal of Cleaner Production, 2020, 249: 119357.

[3] Hettiarachchi C, Hou X D, Wang J Y, et al. A comprehensive review on the utilization of reclaimed asphalt material with warm mix asphalt technology[J]. Construction and Building Materials, 2019, 227: 117096.

[4] Guo P, Cao Z G, Chen S X, et al. Application of design-expert response surface methodology for the optimization of recycled asphalt mixture with waste engine oil[J]. Journal of Materials in Civil Engineering, 2021, 33(5): 04021075.

[5] Yang T Y, Chen M Z, Zhou X X, et al. Evaluation of thermal-mechanical properties of bio-oil regenerated aged asphalt[J]. Materials, 2018, 11(11): 2224.

[6] Zhao M Y, Shen F, Ding Q J. Micromechanism of the dispersion behavior of polymer-modified rejuvenators in aged asphalt material[J]. Applied Sciences, 2018, 8(9): 1591.

[7] Long Z W, You L Y, Tang X Q, et al. Analysis of interfacial adhesion properties of nano-silica modified asphalt mixtures using molecular dynamics simulation[J]. Construction and Building Materials, 2020, 255: 119354.

[8] Zou G L, Xu J, Wu C. Evaluation of factors that affect rutting resistance of asphalt mixes by orthogonal experiment design[J]. International Journal of Pavement Research and Technology, 2017, 10(3): 282-288.

[9] Naskar M, Chaki T K, Reddy K S. Effect of waste plastic as modifier on thermal stability and degradation kinetics of bitumen/waste plastics blend[J]. Thermochimica Acta, 2010, 509(1-2): 128-134.

[10] Zaumanis M, Mallick R B, Frank R. Evaluation of different recycling agents for restoring aged asphalt binder and performance of 100% recycled asphalt[J]. Materials and Structures, 2015, 48(8): 2475-2488.

[11] Wu S P, Pang L, Mo L L, et al. Influence of aging on the evolution of structure, morphology and rheology of base and SBS modified bitumen[J]. Construction and Building Materials, 2009, 23(2): 1005-1010.

[12] Zhang D D, Zhang H L, Zhu C Z. Effect of different rejuvenators on the properties of aged SBS modified asphalt[J]. Petroleum Science and Technology, 2017, 35(1): 72-78.

第4章 木焦油基再生沥青的低温抗裂性能与微观结构

低温抗裂性能是影响再生沥青推广应用(尤其是寒冷地区和高掺量 RAP 工况下)的核心问题之一。然而，当前的再生沥青低温性能研究大多停留在宏观性能或混合料层面上，对再生沥青结合料低温抗裂性能的微观尺度分析和评价指标研究还不够完善，特别是老化沥青再生过程中低温性能恢复机制尚未进行系统的深入研究。为了更全面地评价再生沥青的性能，促进木焦油基再生沥青的实际应用，本章采用宏观和微观试验相结合的方法研究再生剂对老化沥青低温抗裂性能的影响，并分析其性能恢复机理。

4.1 低温抗裂性能

4.1.1 试验方法

1. 延度

按照《公路工程沥青及沥青混合料试验规程》(JTG E20—2011)中沥青延度试验(T 0605—2011)的方法测试不同老化状态沥青的15℃延度。首先将流动态沥青浇注至试模内，室温下养护 1.5h，然后将试样置于 15℃水浴中养护 1.5h 后开始试验。设置拉伸速率为 5cm/min，试样断裂时的拉伸长度即为沥青的延度。沥青的延度表征其低温延展性，延度越大，其低温延展性越好。

2. 低温蠕变特性

沥青的低温性能测试按照《公路工程沥青及沥青混合料试验规程》(JTG E20—2011)中沥青弯曲蠕变劲度试验(弯曲梁流变仪法)(T 0627—2011)的方法进行。首先将流动态沥青浇注到金属模具中，然后在室温下冷却 1h，用热刮刀刮平表面后将金属模具置于–5℃±5℃的恒温水浴中冷却 5～10min，最后拆模得到尺寸为 125mm×12.5mm×6.25mm 的梁式试样。将试样置于试验温度下的恒温无水乙醇溶液中养护 60min±5min，然后安装在试验装置上，开始测试，记录弯曲蠕变劲度模量 S 值和蠕变速率 m 值。较大的蠕变速率和较小的弯曲蠕变劲度模量意味着沥青在低温条件下具有较好的抗裂性能。图 4.1 为低温弯曲梁流变仪(BBR)及试样。

(a) 低温BBR

(b) BBR测试试样

图 4.1　低温弯曲梁流变仪及试样

3. 分子量测试

为明确沥青老化/再生前后分子量的变化情况，采用美国沃特世 (Waters) 公司生产的 1515 型凝胶渗透色谱仪 (gel permeation chromatography，GPC) 测试沥青在不同老化状态下的分子量。色谱柱温度为 30℃，柱压 329psi[①]，采用四氢呋喃作为沥青试样的溶剂和流动相，流动相流速为 1mL/min。

4. 化学官能团测试

采用岛津 IRAffinity-1S 型红外光谱仪 (图 4.2) 测试沥青的亚砜基 (S＝O)、羰基 (C＝O) 的特征官能团峰值面积比，各官能团峰值面积比计算如式 (4.1)、式 (4.2) 所示。

$$I_{S＝O} = \frac{峰值面积\left(\sum 1030\mathrm{cm}^{-1}\right)}{峰值面积\left(\sum 600\sim 2000\mathrm{cm}^{-1}\right)} \tag{4.1}$$

---

① 1psi=1lbf/in^2=6.89476×10^{3}Pa。

$$I_{C=O} = \frac{\text{峰值面积}\left(\sum 1700\text{cm}^{-1}\right)}{\text{峰值面积}\left(\sum 600 \sim 2000\text{cm}^{-1}\right)} \tag{4.2}$$

图 4.2　红外光谱测试

4.1.2　试验结果

1. 延度

各沥青延度测试结果见表 4.1。

表 4.1　各沥青延度测试结果

项目	基质原样沥青	PAV 老化沥青	木焦油基再生沥青	RA-102 再生沥青	规范要求
延度(15℃)/cm	117	21	108	113	≥100

由表 4.1 可知，老化会显著削弱沥青的低温抗裂性能，PAV 老化可使基质原样沥青延度降低 82%。木焦油基再生剂及 RA-102 再生剂均可将老化沥青延度提升至接近基质原样沥青水平，表明两种再生剂可有效恢复老化沥青低温抗裂性能。

2. 低温蠕变特性

弯曲蠕变劲度模量 S 与蠕变速率 m 可作为评价沥青低温性能的指标，S 值越小或 m 值越大表示沥青具有较好的低温性能。各沥青 BBR 测试结果如图 4.3 所示。

由图 4.3 可知，再生剂的加入可有效降低 PAV 老化沥青的弯曲蠕变劲度模量并提高其蠕变速率。以−12℃为例，8%、10% 和 12% 掺量(质量分数)的木焦油基再生沥青和 RA-102 再生沥青的 S 值分别比基质原样沥青低 6.2%、33.1%、50.7%和 18.3%；8% 掺量的木焦油基再生沥青和 RA-102 再生沥青的 m 值分别比基质原样沥青低 9.5% 和 4.96%，而 10% 和 12% 掺量木焦油基再生沥青的 m 值比基质原样沥青高 7.8% 和 22.0%。因此，不同再生剂对 PAV 老化沥青的低温性能恢复效果差

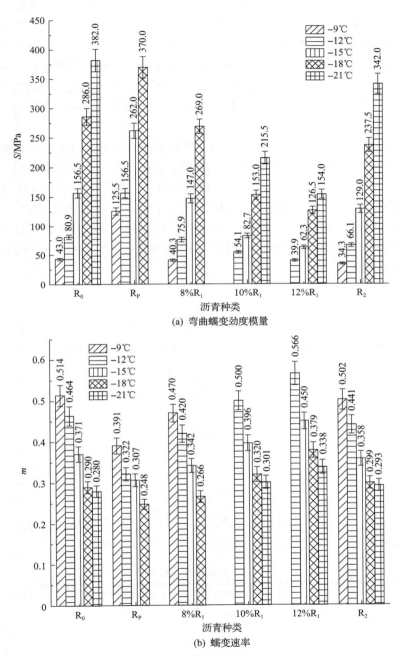

(a) 弯曲蠕变劲度模量

(b) 蠕变速率

图 4.3　各沥青 BBR 测试结果

基质原样沥青、PAV 老化沥青、木焦油基再生沥青和 RA-102 再生沥青分别以 R_0、R_P、R_1 和 R_2 表示

异较大，较低掺量(不超过 10%)的木焦油基再生剂对低温性能的再生效果与 10% 掺量 RA-102 再生剂相当。此外，两种再生剂均可显著提高 PAV 老化沥青的低温性能，且低温性能恢复程度随木焦油基再生剂掺量的增加而提高。当气温急剧下降，沥青路面内产生收缩应变时，木焦油基再生沥青内部的温度应力随再生剂掺量的增加而减小，应力松弛能力随之提高。这是因为木焦油基再生剂的加入使 PAV 老化沥青低温下的流动性能增强，改善了低温蠕变性能，达到了恢复沥青低温性能的效果。

另外，与基质原样沥青相比，木焦油基再生沥青的 S 值在各温度下的变化率较小，且其对 S 值的降低作用随温度的降低而逐渐减弱；而 m 值在各温度下均随再生剂掺量的增加而显著提高，且在不同的温度下，再生剂掺量的变化对 m 值的增幅影响差异较大，表明再生剂对 PAV 老化沥青的 S 与 m 值恢复效果差异显著。这一结果印证了耿韩等[1]关于单纯采用 S 或 m 值评价再生沥青的低温性能过于片面的研究结论，故需建立 Burgers 模型，采用不同流变学指标进一步分析再生沥青的低温抗裂性能。

3. 分子量

已有研究表明，沥青的分子量分布与其性能密切相关，故采用 GPC 分析各沥青的数均分子量 M_n、重均分子量 M_w 和分散系数 d。各参数计算公式如下[2]:

$$M_n = \frac{\sum N_i \times M_i}{\sum N_i} \tag{4.3}$$

$$M_w = \frac{\sum W_i \times M_i}{\sum W_i} \tag{4.4}$$

$$d = \frac{M_w}{M_n} \tag{4.5}$$

式中，M_i 为分子量；N_i 为 M_i 的分子数量；W_i 为 M_i 的组分质量。沥青分子量分布分析结果见表 4.2。沥青老化/再生前后重均分子量分布如图 4.4 所示。

表 4.2　各沥青分子量分布

分子量分布	基质原样沥青	PAV 老化沥青	木焦油基再生沥青	RA-102 再生沥青
M_w	2501	4530	3100	3266
M_n	650	853	724	745
d	3.848	5.311	4.282	4.384

重均分子量 M_w 表示沥青按质量统计的分子量。一般情况下，M_w 值越大，分子间作用力越强[2]，沥青的流动性减弱，其低温抗裂性能减弱。由表 4.2 可知，各

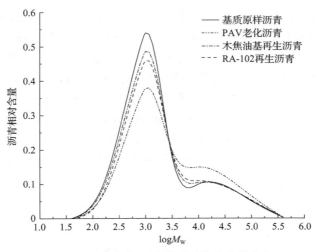

图 4.4　沥青老化/再生前后重均分子量分布

沥青 M_w 值由大到小的排序为：PAV 老化沥青>RA-102 再生沥青>木焦油基再生沥青>基质原样沥青。4 种沥青中，PAV 老化沥青的分散系数 d 值最大，表明 PAV 老化沥青的分子量分布范围最宽，分子量分布最为分散，分子相变化更加平缓，因而黏度增大，流动性差[3]。与 PAV 老化沥青相比，木焦油基再生沥青和 RA-102 再生沥青的 M_w 值和 d 值显著降低，即再生剂充当了溶剂和润滑作用，有效增强了沥青分子的运动能力，从而增强了低温抗裂性能。

根据沥青分子量分布的研究[3]，图 4.4 大致可分为三个部分：低分子量范围 ($\log M_w < 3.602$)、中分子量范围 ($3.602 \leqslant \log M_w \leqslant 3.903$) 和高分子量范围 ($\log M_w > 3.903$)。在低分子量范围内，4 种沥青的沥青相对含量由高到低排序为基质原样沥青>木焦油基再生沥青>RA-102 再生沥青>PAV 老化沥青，表明再生剂的加入可提高小分子物质的相对含量，而小分子物质间的相互作用力较小，其相对含量越高，沥青在低温下越能更好地相对移动，使其能在较低的温度下保持足够的流动性，从而具有较好的低温延展性。另外，小分子物质间的内聚力较小，沥青的延度较大[3]。在高分子量范围内，4 种沥青的沥青相对含量由高到低排序为 PAV 老化沥青>RA-102 再生沥青>木焦油基再生沥青>基质原样沥青，大分子物质在沥青中相对含量的增加意味着分子间的相互作用增强，沥青分子间的内聚力增强，分子间相对运动减弱，在宏观上表现为延度和蠕变速率下降，弯曲蠕变劲度模量上升。从图 4.4 可以看出，木焦油基再生剂可降低 PAV 老化沥青中大分子物质的相对含量，使各物质相对含量趋于基质原样沥青，从而恢复老化沥青的低温抗裂性能。

4. 化学官能团

各再生剂红外光谱测试结果如图 4.5 所示。由图 4.5 (a) 可知，RA-102 再生剂红外光谱波数为 1030cm^{-1} 处对应亚砜基 S=O 吸收峰，720～885cm^{-1} 和 1600cm^{-1} 处分别对应芳香族化合物 C—H 及烯烃 C=C 吸收峰，1400～1500cm^{-1} 处对应芳香族硝基化合物 N=O 吸收峰，2870cm^{-1} 处为醛基的 O=C—H 吸收峰，2975cm^{-1} 处为烷烃类 CH$_2$ 吸收峰，以上峰值说明 RA-102 再生剂中含有芳香族化合物及醛类等含氧化合物[4]。木焦油基再生剂的红外光谱图（图 4.5(b)）在 600～885cm^{-1} 范围内也有较强的 C—H 吸收峰，表明木焦油基再生剂中也含有轻质芳香分；在 1100cm^{-1} 处存在明显的亚砜基 S=O 吸收峰，在 1160cm^{-1} 和 1760cm^{-1} 处有明显的 C=O 吸收峰，表明木焦油的化学官能团中存在羰基，1400～1500cm^{-1} 处存在芳

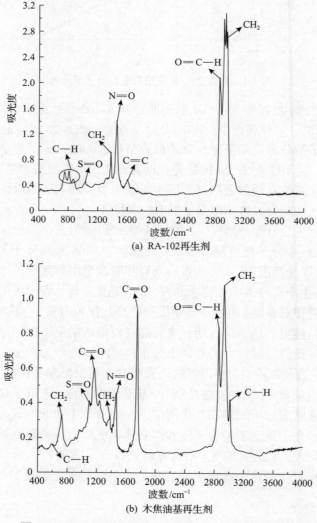

(a) RA-102再生剂

(b) 木焦油基再生剂

图 4.5　RA-102 再生剂与木焦油基再生剂红外光谱图

香族硝基化合物 N=O 吸收峰, 2870cm^{-1} 和 2975cm^{-1} 处分别对应醛基化合物及烷烃类组分[5]。

图 4.6 为各沥青不同老化状态下的红外光谱测试结果。对于基质原样沥青, 沥青中含较强的 C—H(720～885cm^{-1})吸收峰和 N=O(1400～1500cm^{-1})吸收峰, 表明基质原样沥青中含有较多芳香族化合物[6]。1030cm^{-1} 处为亚砜基的 S=O 吸收峰, 1600cm^{-1} 处为 C=C 吸收峰, 2870cm^{-1} 处为醛基的 O=C—H 吸收峰, 2975cm^{-1} 处为烷烃类 CH$_2$ 吸收峰, 说明基质原样沥青中含有较多烷烃、烯烃和醛类等物质, 且沥青的化学组分与两种再生剂的组成成分较为接近。按照材料相似相溶的特点, 可以推断沥青和再生剂之间有较好的相容性[7]。基质原样沥青 PAV 老化后在 1700cm^{-1} 处产生新的 C=O 吸收峰, 720～885cm^{-1} 范围内的芳香族化合物吸收峰有所减弱, 1030cm^{-1} 处和 1700cm^{-1} 处 S=O 和 C=O 吸收峰有所增强。RA-102 再生剂的加入并未改变 PAV 老化沥青的吸收峰数量, 但代表芳香分、亚砜基及羰基的吸收峰强度发生变化。木焦油基再生剂的加入使 C—H、C=C 和 N=O 官能团的吸收峰强度明显增强, 且在 1760cm^{-1} 处出现了新的 C=O 吸收峰, 这可能是由于木焦油中的氧化产物与 PAV 老化沥青发生了物理共混, 两种再生剂均不能消除 1700cm^{-1} 处的 C=O 吸收峰, 说明再生剂并没有与 PAV 老化沥青发生还原反应[8]。

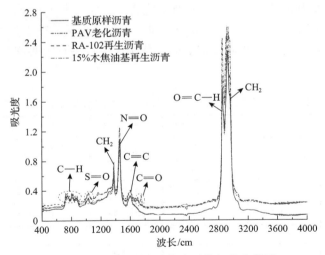

图 4.6　沥青不同老化状态下的红外光谱图

单凭峰值强度无法定量判断沥青中特征官能团的相对强度, 可采用峰值面积比来评价沥青老化和再生过程中特征官能团的变化情况[9]。各沥青特征官能团峰值面积比的计算结果见表 4.3。

对于基质原样沥青, PAV 老化后羰基 C=O 键及亚砜基 S=O 键的峰值面积

表 4.3　各沥青特征官能团的峰值面积比计算结果

沥青类型	$I_{C=O}$	$I_{S=O}$
基质原样沥青	0.0001	0.0480
PAV 老化沥青	0.0068	0.0596
RA-102 再生沥青	0.0062	0.0493
木焦油基再生沥青	0.0050	0.0510

比均明显增大，表明沥青老化过程中会生成羰基和亚砜基，导致两种基团含量增加。这是由于在热氧作用下硫元素的化学活性较高，易与氧元素发生反应生成 S=O 键。同时，芳香分中的 C=C 双键断裂与氧结合发生氧化反应生成 C=O 键，使 C=O、S=O 等极性官能团数量明显增加。极性官能团之间具有较强的永久偶极，可使官能团间产生较大的静电作用[10]，增强分子间的吸附力，促进大分子间的聚合，减弱沥青的流动性，使沥青变硬。

5. 灰色关联度分析

为评价沥青各性能指标与低温抗裂性能之间的相关性，采用灰色关联度来分析各指标间的关联程度。选取试验得到的−12℃蠕变速率 m 值、弯曲蠕变劲度模量 S 值和延度作为向量的母序列，各沥青玻璃化转变温度 T_g、结晶度 F_c、凝胶指数 I_C、沥青质含量、胶质含量、饱和分含量、芳香分含量、重均分子量 M_w、分散系数 d、亚砜基指数 $I_{S=O}$ 和羰基指数 $I_{C=O}$ 作为子序列进行关联度分析，分析结果见表 4.4。

表 4.4　沥青弯曲蠕变劲度模量、蠕变速率和延度的影响因素关联度分析结果

影响 m 的参数	灰色关联度	影响 S 的参数	灰色关联度	影响延度的参数	灰色关联度
芳香分含量	0.9761	沥青质含量	0.9189	芳香分含量	0.9185
$I_{C=O}$	0.6713	I_C	0.9166	$I_{C=O}$	0.7119
$I_{S=O}$	0.6499	胶质含量	0.9002	$I_{S=O}$	0.6730
F_c	0.6205	F_c	0.8977	饱和分含量	0.6720
I_C	0.6145	T_g	0.8964	F_c	0.6434
M_w	0.6019	d	0.8734	I_C	0.6323
d	0.6008	M_w	0.8687	M_w	0.6270
沥青质含量	0.5990	$I_{S=O}$	0.8623	d	0.6261
胶质含量	0.5870	$I_{C=O}$	0.8243	沥青质含量	0.6233
饱和分含量	0.5717	饱和分含量	0.6606	胶质含量	0.6210
T_g	0.5657	芳香分含量	0.5824	T_g	0.6057

由表 4.4 可知，与各沥青低温抗裂性能指标关联度最大的指标分别为芳香分含量、沥青质含量、$I_{C=O}$、$I_{S=O}$ 和 I_C，表明这些参数可较好地反映沥青低温抗裂性能。具体而言，蠕变速率 m 与芳香分含量的关联度可达 0.9761，延度与芳香分含量的关联度为 0.9185，表明芳香分有利于改善沥青的蠕变速率和延度，能很好地反映沥青的低温性能，这一结论与已有的研究相一致[11]。结合沥青组分测试结果，木焦油基再生沥青中含有较多的芳香分，而芳香分有利于提升沥青的相容性，且从溶解度参数的角度来看，芳香分与沥青质有相似的溶解度参数和溶解其他组分的能力[12]，可显著降低 PAV 老化沥青中溶质与溶剂的溶解度参数差，从而使沥青维持均匀稳定的状态。

羰基指数 $I_{C=O}$ 和亚砜基指数 $I_{S=O}$ 与各低温指标间的关联度均在 0.64 以上，表明这两个指标均可在一定程度上反映沥青的低温性能。结合红外光谱测试结果，木焦油基再生剂可与 PAV 老化沥青发生化学反应，抑制碳键和硫键的氧化，降低沥青的老化程度，使得沥青在低温下的应力松弛能力和流动性得到恢复，从而恢复沥青的低温性能。

弯曲蠕变劲度模量 S 与沥青质含量、凝胶指数 I_C、胶质含量和结晶度 F_c 有较高的关联度，表明沥青质和胶质含量的提高会影响沥青的弯曲蠕变劲度模量。沥青质和胶质在低温下呈脆性，其极性官能团对沥青分子间的排列起支配作用[13]，结合组分分析结果可以判断，沥青质和胶质含量的提高使沥青分子间的作用力增强，流动性减弱，进而削弱了沥青的低温抗裂性能。综合 DSC 测试结果，PAV 老化沥青中加入再生剂后 T_g 显著降低，沥青分子在低温下“冻结”的温度也随之降低，其变形能力增强，从而降低了沥青在低温下开裂的风险。而 S 与 F_c 间较高的关联度验证了 F_c 作为评价低温性能指标的可行性，且沥青分子在低温下结晶，导致分子间运动受阻，温度应力不可分散，进而导致温度应力较大，沥青的弯曲蠕变劲度模量也随之增大。

4.2　基于黏弹性流变学的低温抗裂性能分析

为避免单纯采用 BBR 测试评价再生沥青的低温性能过于片面，基于黏弹性流变学方法建立 Burgers 模型，采用弯曲蠕变劲度模量、蠕变速率、松弛时间、耗散能比和蠕变柔度导数等流变学指标，对比分析不同低温条件下基质原样沥青、木焦油基再生沥青和 RA-102 再生沥青的低温抗裂性能。

4.2.1　Burgers 模型建立

作为典型的黏弹性材料，沥青不仅具有蠕变特性，还具有应力松弛特性。综合 Maxwell 和 Kelvin 模型可组成 Burgers 模型，该模型可有效说明黏弹性材料的蠕变恢复和应力松弛等力学行为[14]。

如图 4.7 所示，Burgers 模型由两个弹簧和两个缓冲器组成，其总应变为

$$\varepsilon = \varepsilon_E + \varepsilon_{DE} + \varepsilon_V \tag{4.6}$$

式中，ε_E 为弹性应变；ε_{DE} 为延迟弹性应变；ε_V 为黏性应变。三种应变的计算公式如下：

$$\varepsilon_E = \frac{\sigma_0}{E_0} \tag{4.7}$$

$$\varepsilon_{DE} = \frac{\sigma_0}{E_1}\left(1 - e^{\frac{E_1 t}{\eta_1}}\right) \tag{4.8}$$

$$\varepsilon_V = \frac{\sigma_0 t}{\eta_0} \tag{4.9}$$

式中，σ_0 为恒定荷载，MPa；E_0、η_0 分别为 Maxwell 模型的瞬时弹性模量(MPa)和黏度系数；E_1、η_1 分别为 Maxwell 延迟弹性模量(MPa)和黏度系数。

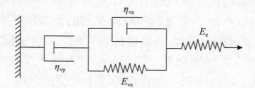

图 4.7　Burgers 模型

E_e 为瞬时弹性模量(Pa)，E_{ve} 为延时弹性模量(Pa)，η_{vp} 为纯黏性系数，η_{ve} 为 Voigt 系数

在静态蠕变条件下，由上述公式可得出蠕变柔度(MPa⁻¹)的计算公式：

$$J(t) = \frac{1}{E_0} + \frac{t}{\eta_0} + \frac{1}{E_1}\left(1 - e^{-\frac{E_1 t}{\eta_1}}\right) \tag{4.10}$$

4.2.2　储能和耗散能

储能和耗散能可通过 BBR 测试所得的 Burgers 模型参数确定，Burgers 模型中的弹簧和缓冲器分别代表储能和耗散能，两者可分别根据如下公式进行计算[15]：

$$W_S(t) = \sigma_0^2\left[\frac{1}{E_0} + \frac{1}{2E_1}\left(1 - e^{-\frac{E_1 t}{\eta_1}} + e^{-\frac{2E_1 t}{\eta_1}}\right)\right] \tag{4.11}$$

$$W_{d}(t) = \sigma_0^2 \left[\frac{t}{\eta_0} + \frac{1}{2E_1} \left(1 - e^{-\frac{2E_1 t}{\eta_1}} \right) \right] \tag{4.12}$$

式中，$W_S(t)$ 为单位体积储能，J；$W_d(t)$ 为单位体积耗散能，J；t 为加载时间，s；σ_0 为跨中最大弯拉应力，MPa。σ_0 可通过公式 $\sigma_0 = \frac{3PL}{2bh^2}$ 计算得到，施加的荷载 P=980mN，BBR 试样长度 L=102mm，BBR 试样宽度 b=12.7mm，BBR 试样高度 h=6.35mm。

4.2.3　蠕变柔度导数的推导

为研究弯曲蠕变劲度模量随时间变化的规律，采用双对数坐标系 $\lg[S(t)]$-$\lg t$ 分析弯曲蠕变劲度模量的变化率[15]。在双对数坐标系下，$\lg[S(t)]$ 随 $\lg t$ 的增大逐渐减小，具体表示为

$$\lg S(t) = A + B \lg t + C (\lg t)^2 \tag{4.13}$$

式中，$S(t)$ 为沥青结合料的弯曲蠕变劲度模量，MPa；t 为加载时间，s；A、B、C 为回归系数，可根据 BBR 测试中 8s、15s、30s、60s、120s 和 240s 的试验结果确定。

蠕变速率 $m(t)$ 可用来表示弯曲蠕变劲度模量随时间变化的快慢，其在双对数坐标系下表示为斜率，如式(4.14)所示：

$$m(t) = \left| \frac{d[\lg S(t)]}{d(\lg t)} \right| = |B + 2C \lg t| \tag{4.14}$$

则

$$M_1(t) = 10^{A + B \lg t + C(\lg t)^2} \times \frac{B \lg t + 2C \lg t}{t} \tag{4.15}$$

式中，$M_1(t)$ 为 $S(t)$ 坐标系内任意时刻弯曲蠕变劲度模量与时间的斜率系数[15,16]。由于 $\lg[S(t)]$-$\lg t$ 在双对数坐标系第二象限中表现为开口向下的抛物线，故 $B + 2C \lg t < 0$，进而可得

$$-m(t) = B + 2C \lg t \tag{4.16}$$

结合式(4.13)、式(4.15)和式(4.16)，可得

$$M_1(t) = \frac{-S(t) \times m(t)}{t} \tag{4.17}$$

则

$$M_2(t) = -\frac{\dfrac{1}{\eta_0} + \dfrac{1}{\eta_1}\mathrm{e}^{\frac{E_1 t}{\eta_1}}}{\left[\dfrac{1}{E_0} + \dfrac{t}{\eta_0} + \dfrac{1}{E_1}\left(1 - \mathrm{e}^{-\frac{E_1 t}{\eta_1}}\right)\right]^2} = -\left[S(t)\right]^2 \times \frac{1}{\eta_0} + \frac{1}{\eta_1}\mathrm{e}^{\frac{E_1 t}{\eta_1}} \qquad (4.18)$$

式中，$M_2(t)$ 为 $S(t)$ 坐标系下任意时刻 Burgers 模型中弯曲蠕变劲度模量曲线的斜率系数[15,16]。

$M_1(t)$ 与 $M_2(t)$ 的物理意义相同，即它们都是 $S(t)$ 坐标系下弯曲蠕变劲度模量曲线的斜率系数，故

$$\frac{-S(t) \times m(t)}{t} \approx -\left[S(t)\right]^2 \times \frac{1}{\eta_0} + \frac{1}{\eta_1}\mathrm{e}^{\frac{E_1 t}{\eta_1}} \qquad (4.19)$$

可推断出

$$J'(t) = \frac{1}{\eta_0} + \frac{1}{\eta_1}\mathrm{e}^{\frac{E_1 t}{\eta_1}} \qquad (4.20)$$

由式 (4.20) 可知，蠕变柔度导数 $J'(t)$ 的变化表示蠕变速率与弯曲蠕变劲度模量比值的大小。在单位时间内，$m(t)$ 越大、$S(t)$ 越小则表示沥青结合料的低温抗裂性能越好，即在固定时间下，$J'(t)$ 越大，沥青结合料低温抗裂性能越好。

4.2.4　低温抗裂性能的理论分析

1. Burgers 模型验证

采用 MATLAB 软件进行多重非线性回归，基于 4.2 节低温蠕变特性测试结果 (8~240s) 计算得到 Burgers 模型的四个参数值，其中两个为弹性模量 E_0、E_1，两个为黏度系数 η_0、η_1，各沥青参数值计算结果见表 4.5。

表 4.5　各沥青 Burgers 模型参数计算结果

沥青类型	温度/℃	E_0/MPa	E_1/MPa	η_0/(MPa·s)	η_1/(MPa·s)	松弛时间$\left(\lambda = \dfrac{\eta_0}{E_0}\right)$/s
	−9	194.3	81.9	7521	2716	38.7081832
基质原样沥青	−12	275.6	181.7	15070	5292	54.6806967
	−15	400.7	325.4	43120	11160	107.6116796

续表

沥青类型	温度/℃	E_0/MPa	E_1/MPa	η_0/(MPa·s)	η_1/(MPa·s)	松弛时间$\left(\lambda = \dfrac{\eta_0}{E_0}\right)$/s
基质原样沥青	−18	625.0	721.3	96890	16150	155.0240000
	−21	709.7	891.4	161900	37880	228.1245597
PAV 老化沥青	−9	350.8	304.7	27900	7409	79.5324972
	−12	363.8	338.5	51670	10550	142.0285871
	−15	527.2	617.6	93640	22900	177.6176024
	−18	700.3	944.7	166800	27070	238.1836356
10% RA-102 再生沥青	−9	147.1	68.4	5955	2178	40.4826649
	−12	208.2	106.3	16630	4892	79.8751201
	−15	362.4	292.4	41860	9729	115.5077263
	−18	510.3	550.2	78470	16400	153.7722908
	−21	700.3	836.3	126000	26010	179.9228902
8%木焦油基再生沥青	−9	145.5	75.6	8953	2384	61.53264605
	−12	249.6	191.9	18390	5900	73.6778846
	−15	354.2	385.6	43310	11420	122.2755505
	−18	541.5	721.5	85330	22310	157.5807941
10%木焦油基再生沥青	−12	188.7	139.4	9203	5146	48.7705352
	−15	241.4	184.9	19040	6406	78.8732394
	−18	361.6	350.5	41300	12060	114.2146018
	−21	453.7	455.1	76410	19070	168.4152524
12%木焦油基再生沥青	−12	156.6	140.8	4882	3299	31.1749680
	−15	182.8	121.4	15280	4238	83.5886214
	−18	304.1	280.7	33160	10240	109.0430779
	−21	372.2	330.8	46790	10430	125.7119828

　　采用−12℃下的 S 与 m 值作为基准数据代入式(4.19)验证模型的准确性,验证结果见表4.6。为使计算公式左右侧时间一致,采用 60s 的数据。根据表4.5数据计算得到式(4.19)左右两侧数据误差很小[15],且误差主要来源于 Burgers 模型参数非线性回归及计算中存在的精确系数,因此建立的 Burgers 模型能够较好地反映再生沥青的低温蠕变与应力松弛特征。

表 4.6　Burgers 模型误差

类别	基质原样沥青	PAV 老化沥青	8%木焦油基再生沥青	10%木焦油基再生沥青	12%木焦油基再生沥青	10% RA-102 再生沥青
左侧	0.00573548	0.00205751	0.00552701	0.00924214	0.01418546	0.00667171
右侧	0.00542635	0.00199074	0.00470729	0.00882546	0.01369492	0.00693797
误差/%	−0.030913	−0.006677	−0.081972	−0.041668	−0.049054	0.026626

2. 松弛时间

松弛时间λ可用于表征沥青中应力随时间变化的大小。松弛时间越短，沥青的应力松弛速率越大，应力消散越快，低温抗裂性能越好[17]。各沥青松弛时间计算结果如图4.8所示。

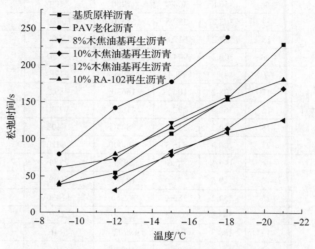

图 4.8　各沥青松弛时间计算结果

再生剂的加入可解决PAV老化沥青低温下应力松弛能力不足的问题。由图4.8可知，各沥青的松弛时间λ随温度的降低而逐渐提高。究其原因，沥青内部黏弹性性能占主导的地位发生了改变。在较高温度下，沥青中黏性占主导地位；随着温度的降低，弹性性能不断增强，应力松弛能力逐渐降低，导致其松弛时间延长，低温抗裂性能降低。

为量化分析，以–12℃为例，在此温度下基质原样沥青λ=54.68s、10% RA-102再生沥青λ=79.87s、8%木焦油基再生沥青λ=73.67s、10%木焦油基再生沥青λ=48.77s、12%木焦油基再生沥青λ=31.17s。可见，随着再生剂掺量的提高，沥青松弛时间缩短，松弛性能不断改善，低温性能可达到甚至超越基质原样沥青的水平。一方面，木焦油基再生剂的加入使PAV老化沥青的流动性能得到改善，弹性性能减弱，温度应力作用后应力松弛速率增大，松弛时间缩短；另一方面，再生剂使PAV老化沥青中的轻质组分得到补充，调和了老化沥青各组分间的比例，从而恢复了其低温抗裂性能。

3. 耗散能比

对于具有黏弹属性的沥青材料，外力所做的功以如下形式存在：①弹性应变能的形式储存（储能）；②材料流动引起的能量耗散（耗散能）；③裂缝发展引起的表面能[18]。BBR 测试中施加的荷载为恒载且其量值很小，试样在黏弹性变化范围内不会断裂[19]。因此，BBR 试验中外力所做的功均被转化为储能和耗散能。此外，热应力的发展和松弛过程是能量储存和耗散过程的度量，因此可用耗散能法评估再生沥青低温性能。耗散能比(耗散能与储能之比)越大意味着沥青内部的流动性越好，即沥青拥有较好的低温抗裂性能。

由式(4.11)和式(4.12)可得，当加载时间 t 趋向于无限大时，储能趋向于一个定值，而耗散能随着时间的延长而增长。采用 t=60s 计算各沥青的储能和耗散能，计算结果如图 4.9 和图 4.10 所示。

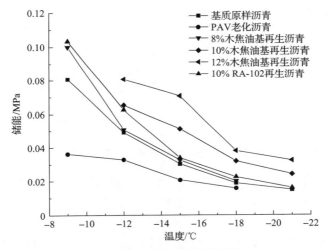

图 4.9　各沥青储能计算结果

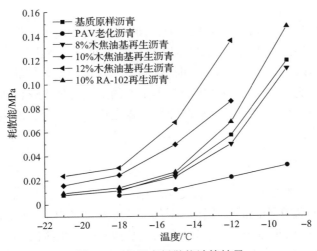

图 4.10　各沥青耗散能计算结果

由图 4.9 和图 4.10 可知，再生沥青在各温度区间内均具有较高的储能和耗散能，因而难以采用单一指标评价其低温性能，采用耗散能比综合评价各沥青的低温抗裂性能，计算结果如图 4.11 所示。

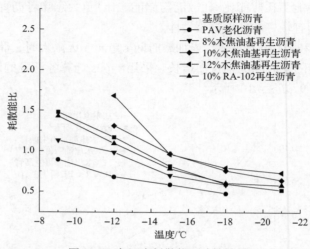

图 4.11　各沥青耗散能比计算结果

由图 4.11 可知，各沥青的耗散能比随温度的降低而不断下降，这归因于沥青的耗散能相对于储能而言降低的速度更快，且耗散能比在–9～–15℃下的衰减速度快于–15～–21℃。表明温度的降低使沥青的应力松弛性能变差，即温度下降的过程中沥青不断硬化且弹性性能不断增强。当温度降低至某一程度(如–15℃)时，沥青已接近完全弹性体，其内部的耗散能达到较小值，储能达到相对最高值，沥青的低温抗裂性能大幅削弱。

进一步分析可知，当温度为–12℃时，10%和12%掺量木焦油基再生沥青的耗散能比分别比基质原样沥青高 12.11%和 43.87%；而当温度达到–21℃时，对应的数据分别为 23.48%和 40.60%。表明在低温下，木焦油基再生沥青的耗散能比随再生剂掺量的提高而增大，即木焦油基再生剂的加入可使老化沥青的低温抗裂性能得到显著恢复，但随着温度的逐渐降低，再生剂掺量的变化对老化沥青的低温性能恢复效果逐渐减弱。

4. 蠕变柔度导数 $J'(t)$

1)蠕变柔度导数 $J'(t)$ 随时间的变化规律

各沥青 $J'(t)$ 值在不同温度下随时间的变化规律如图 4.12 所示。由图 4.12 可知，各沥青 $J'(t)$ 值随时间的变化可分为两个阶段：第一个阶段(0～60s)内 $J'(t)$ 值迅速减小，曲线较陡；而第二个阶段(60～240s)内 $J'(t)$ 值降低缓慢，曲线较平稳。

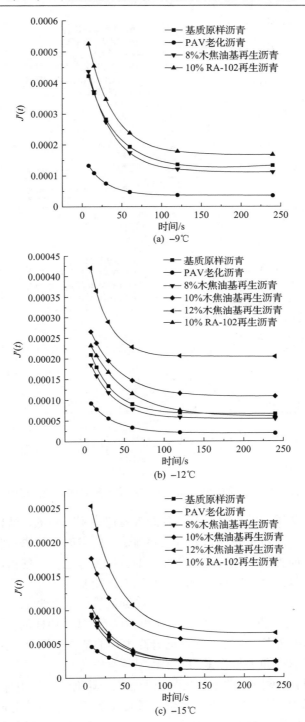

(a)　−9℃

(b)　−12℃

(c)　−15℃

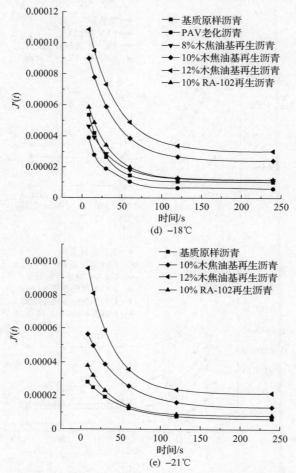

图 4.12　各沥青 $J'(t)$ 值在不同温度下随时间的变化规律

这是因为随着加载时间的推移，各沥青的蠕变速率不断降低，弯曲蠕变劲度模量不断上升，在第一阶段中黏性组分占主导地位。随着时间的进一步推移，沥青中的黏性成分不断向弹性组分转化，弹性逐渐占据主导地位，使得由温度应力产生的应变越来越难以消除，导致沥青的低温抗裂性能变差。

　　同一加载时间下，各沥青的 $J'(t)$ 值由高到低排序依次为 12%木焦油基再生沥青>10%木焦油基再生沥青>10% RA-102 再生沥青>基质原样沥青>8%木焦油基再生沥青>PAV 老化沥青，且随着温度的升高木焦油基再生沥青 $J'(t)$ 值增大的趋势最为明显。说明 10%和 12%掺量的木焦油基再生沥青在低温下表现出良好的抗蠕变变形能力，可将温度应力产生的变形及时松弛，避免应力集中导致的低温开裂，低温抗裂性能较好。在−21℃下，木焦油基再生沥青的黏性成分随着时间的推移占比逐渐减小而显现出弹性形变特征，加上木焦油中蜡晶体的物理硬化作用[20]，低温柔韧性及抗裂性能变差。

2) $J'(t)$ 随温度的变化规律（60s）

各沥青在加载时间为 60s 时 $J'(t)$ 值随温度的变化规律如图 4.13 所示。

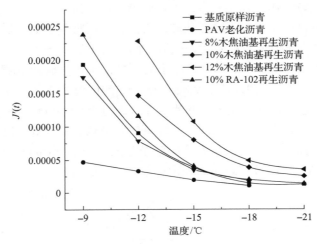

图 4.13　各沥青在加载时间为 60s 时 $J'(t)$ 值随温度的变化规律

由图 4.13 可知，随着温度的降低，各沥青的 $J'(t)$ 曲线呈下降趋势，且再生剂掺量的增加对 $J'(t)$ 终值的影响不大。木焦油基再生剂的加入改善了 PAV 老化沥青的低温流动性并提高了其蠕变速率，但在较低温度下（如–21℃），沥青的黏性组分转变为弹性组分，弹性形变占主导地位使低温蠕变性能接近于无，因而 $J'(t)$ 值随温度的变化趋向于一定值。

虽然温度的降低影响了再生剂对 PAV 老化沥青低温性能的恢复效果，但在不同的温度下随着木焦油基再生剂掺量的增加，再生沥青低温抗裂性能显著提升。同一温度下，各沥青的 $J'(t)$ 值由高到低排序依次为 12%木焦油基再生沥青>10%木焦油基再生沥青>10% RA-102 再生沥青>基质原样沥青>8%木焦油基再生沥青>PAV 老化沥青，这与随时间的变化规律及耗散能比变化趋势相似。说明在老化沥青中加入木焦油基再生剂对其低温变形能力有明显的改善作用，可较大程度削弱低温对老化沥青的不利影响，从而验证了木焦油基再生剂对老化沥青低温抗裂性能的恢复效果。

4.3　微　观　结　构

4.3.1　试验方法

已有文献表明，除了使沥青化学成分产生变化外，老化和再生过程还会改变沥青的表面形貌特征。因此，可通过微观测试手段探究沥青表面形貌变化导致的宏观性能变化的规律。

采用原子力显微镜评价基质原样沥青、PAV 老化沥青、再生沥青的表面形貌。沥青试样采用载玻片作为载体制作，先将沥青加热至流动态，采用热滴法使沥青在重力的作用下自然滴落至干净的载玻片表面，然后将装有沥青试样的载玻片置于 100℃烘箱中，养护至沥青表面无气泡。测试所用的原子力显微镜仪器型号为 Bruker 公司研发的 Dimension Icon 型原子力显微镜，扫描探针刚度系数 2.8N/m，试样扫描频率 0.977Hz，扫描范围 25μm×25μm，测试温度 20℃。主要测试沥青的表面形貌特征，包括蜂状结构面积和粗糙度。通过 Image-Pro Plus 软件对表面形貌图进行色彩处理，得到二值化图形，计算蜂状结构面积及蜂状结构占总图形面积的比值。采用算术平均粗糙度 R_a 和均方根粗糙度 R_q 评价沥青表面粗糙程度，R_a 和 R_q 的计算如式(4.21)和式(4.22)所示。

$$R_a = \frac{1}{N} \sum Z_i \tag{4.21}$$

$$R_q = \sqrt{\sum Z_i^2 / N} \tag{4.22}$$

式中，N 为提取的峰值点个数，个；Z_i 为某一点对应的峰值高度，nm，i 为数据点的序号。采用 NanoScope Analysis 软件计算得到沥青表面的 R_a 和 R_q 值。原子力显微镜测试设备及试样如图 4.14 所示。

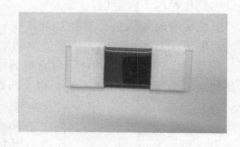

(a) 原子力显微镜　　　　　　　　　　　　　　　(b) 测试试样

图 4.14　原子力显微镜测试

4.3.2　试验结果

作为高分子聚合物，不同化学组成的沥青在微纳尺度可形成不同的微观结构并具有不同的力学特性。因此，可通过观察沥青表面微观特性并结合其化学组成分析宏观路用性能，进而深入探究沥青老化/再生作用机理。采用原子力显微镜观测各沥青表面形貌特征，并采用蜂状结构面积及表面粗糙度作为评价指标分析沥青微观特性。

1. 蜂状结构

各沥青原子力显微镜表面形貌测试结果如图 4.15 所示。沥青的表面形貌呈现出明显的三相结构，分别为蜂形相、分散相和连续相，在图 4.15 中分别以Ⅰ、Ⅱ和Ⅲ表示[21]。沥青的蜂形相是由许多高低不平的峰形组成的，由于和蜜蜂尾部很像，所以称为蜂形相。蜂形相是一种含有饱和分的蜡晶，呈蜂形相的沥青成分具有模量高、变形小、黏附力弱和耗散能小的特点。连续相是远离蜂形相的表面结构，其表面较为平坦，主要由芳香分构成，具有模量低、变形大、黏附力强和耗散能大的特点。分散相紧紧分布在蜂形相四周，力学性能介于蜂形相和连续相之

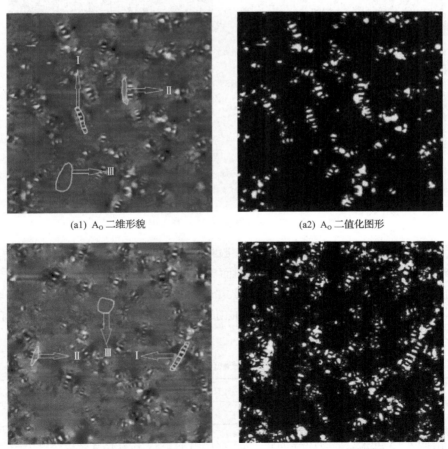

(a1) A_O 二维形貌　　　　　　　　　　　　(a2) A_O 二值化图形

(b1) A_P 二维形貌　　　　　　　　　　　　(b2) A_P 二值化图形

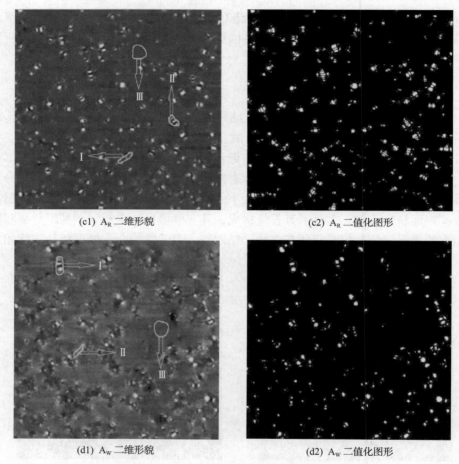

(c1) A_R 二维形貌　　　　　　　(c2) A_R 二值化图形

(d1) A_W 二维形貌　　　　　　　(d2) A_W 二值化图形

图 4.15　不同老化状态下各沥青的表面形貌

间[22]。采用 NanoScope Analysis 软件自带的 Flatten 功能对沥青表面形貌图进行二阶修正，以消除样品和探针之间因倾斜而导致的误差以及扫描管在样品表面产生的曲面误差[23]。修正后的图形通过 Image-Pro Plus 软件进行色彩处理，得到图 4.15 中图（a2）、图（b2）、图（c2）和图（d2）的二值化图形，计算蜂状结构面积占总面积的比值，结果见表 4.7。

表 4.7　沥青蜂状结构面积占比

沥青类型	A_O	A_P	A_R	A_W
蜂状结构面积占比/%	4.31	7.57	2.75	1.80

　　由图 4.15 可知，基质原样沥青 PAV 老化后的蜂状结构数量减少，单个蜂状结构的平均面积变大，蜂状结构面积占总面积比变大，表明 PAV 老化使沥青蜂状结

构得到发育。两种再生剂均可使 PAV 老化沥青的蜂状结构数目增加，并减小单个蜂状结构的面积，使蜂状结构面积占比减小。RA-102 再生剂对 PAV 老化沥青蜂状结构数目的恢复作用及单个蜂状结构面积的减小效果比木焦油基再生剂明显，木焦油基再生剂对 PAV 老化沥青蜂状结构面积占比的降低效果优于 RA-102 再生剂。

　　沥青中的蜂状结构是由蜡分子和沥青质、胶质等大分子的长链烷基共晶作用形成的蜡晶组成，蜡晶的生成可分为出现、生长和聚集三个阶段，沥青蜂状结构发生变化的原因在于石油沥青中蜡晶的含量改变[24]。在沥青 PAV 老化过程中，胶质向沥青质转化，沥青质含量不断提高且相互聚集，导致作为蜡晶核心且不能被轻组分稀释的沥青质体积不断扩大，单个沥青质数量的减少使得蜡晶数量减少，因此 PAV 老化沥青的蜂状结构数量变少，但单个蜂状结构面积增大[25]。加入木焦油基再生剂后，木焦油中的轻质组分稀释了团聚的沥青质，使沥青质均匀分散在沥青体系中，减弱了蜡晶的聚集作用，较大的蜂状结构分解为多个小的蜂状结构，蜂状结构数目变多但单个面积减小。RA-102 再生剂含有较多的轻质组分，因此对蜂状结构有更好的稀释和溶解作用。

　　2. 粗糙度

　　采用算术平均粗糙度 R_a 和均方根粗糙度 R_q 来评价沥青表面粗糙度，并分别计算二阶平滑处理前后各沥青的 R_a 和 R_q，计算结果如图 4.16 所示。

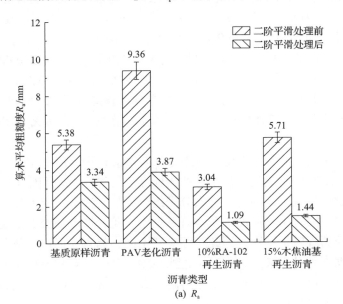

(a) R_a

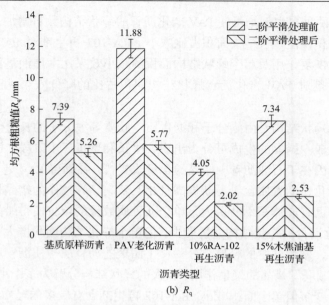

(b) R_q

图 4.16　沥青表面粗糙度计算结果

由图 4.16 可知，二阶平滑处理前，PAV 老化沥青的 R_a 值比基质原样沥青提高了 74.0%，10% RA-102 再生沥青和 15%木焦油基再生沥青的 R_a 值分别比 PAV 老化沥青降低了 67.5%和 39.0%，10% RA-102 再生沥青的 R_a 值小于基质原样沥青，15%木焦油基再生沥青的 R_a 值略大于基质原样沥青。PAV 老化沥青的 R_q 值比基质原样沥青提高了 60.8%，10% RA-102 再生沥青和 15%木焦油基再生沥青的 R_q 值分别比 PAV 老化沥青降低了 65.9%和 38.2%，且 10% RA-102 再生沥青和 15%木焦油基再生沥青的 R_q 值均小于基质原样沥青。二阶平滑处理后，PAV 老化沥青的 R_a 值与 R_q 值分别比基质原样沥青提高了 15.9%和 9.7%，10% RA-102 再生沥青和 15%木焦油基再生沥青的 R_a 值分别比 PAV 老化沥青降低了 71.8%和 62.8%，R_q 值的相应降幅分别为 65.0%和 56.2%，两种再生沥青的 R_a 值和 R_q 值均小于基质原样沥青。

相对于基质原样沥青，无论是否进行二阶平滑处理，PAV 老化后的 R_a 和 R_q 值均会增加，表明 PAV 老化会使沥青的粗糙度显著提高，这是因为 PAV 老化导致沥青中小分子组分减少，沥青质等大分子组分增加，大分子之间发生絮凝作用而无规则地分布在沥青中，使沥青胶体体系发生变化，沥青质分布的无规则性导致沥青组分间的劲度模量不同，因此收缩应变不同，沥青表面产生隆起或下凹，因而 PAV 老化后的沥青粗糙度增加。再生剂对 PAV 老化沥青粗糙度具有显著的降低效果，这是因为再生剂中的轻质组分溶解了部分沥青质并改善了沥青胶体体系的均匀性，因此表面更平整。

4.4　本　章　小　结

（1）木焦油基再生剂和 RA-102 再生剂均可显著提高 PAV 老化沥青的低温抗裂性能，且随着木焦油基再生剂掺量的增加，PAV 老化沥青低温性能恢复程度也随之提高。单纯采用 S 或 m 值评价再生沥青的低温性能过于片面，采用 Burgers 模型能够较好地反映再生沥青的低温蠕变与应力松弛特征。

（2）沥青的松弛时间随温度的降低而逐渐提高。随着木焦油基再生剂掺量的提高，PAV 老化沥青松弛时间缩短，松弛性能不断改善，低温性能可达到甚至超越基质原样沥青的水平。

（3）温度的降低使沥青的应力松弛性能变差，沥青不断硬化且弹性性能不断增强。木焦油基再生沥青的耗散能比随再生剂掺量的提高而增大，但其对老化沥青低温性能的恢复效果随温度的降低逐渐减弱。

（4）10% 和 12% 掺量的木焦油基再生沥青在低温下表现出良好的蠕变变形能力，可将温度应力产生的变形及时松弛，避免应力集中导致的低温开裂，低温抗裂性能良好。

（5）木焦油基再生剂可调和 PAV 老化沥青组分并调节其胶体结构，有效改善沥青分子量的集中程度，减弱分子间的作用力，降低大分子物质的相对含量。

（6）70# 沥青在热氧作用下硫元素的化学活性较高，易与氧元素发生反应生成 S═O 键，且 C═C 键易被氧化为 C═O 键，导致老化后的 S═O 键及 C═O 键强度增加，RA-102 再生剂和木焦油基再生剂均能使沥青的 S═O 键及 C═O 键强度减弱。

（7）再生沥青各性能参数与其低温性能间的关联度差异较大，因此未来需建立再生剂类型与性能、再生沥青配合比和再生沥青低温性能恢复间的多参数综合评价体系及指标，以实现对不同再生沥青低温抗裂性能的定向调控。

（8）PAV 老化后，沥青蜂状结构数量减少，单个蜂状结构面积增大，粗糙度增大，表明 PAV 老化沥青表面过于粗糙，存在应力集中，导致沥青与集料在承受荷载时发生剥离的病害现象。再生剂可较好地恢复 PAV 老化沥青的表面形貌，促进蜂状结构的分解，减小蜂状结构面积占比，增加分散相和连续相的含量，降低沥青表面的粗糙度。

参 考 文 献

[1] 耿韩, 李立寒, 张磊, 等. 高模量沥青低温抗裂性能的评价指标[J]. 建筑材料学报, 2018, 21(1): 98-103.

[2] 董元彦, 路福绥, 唐树戈, 等. 物理化学[M]. 8 版. 北京: 科学出版社, 2016.

[3] Peng C, Guo C, You Z P, et al. The effect of waste engine oil and waste polyethylene on UV aging resistance of asphalt[J]. Polymers, 2020, 12（3）: 602.

[4] Cheng Y C, Li L D, Zhou P L, et al. Multi-objective optimization design and test of compound diatomite and basalt fiber asphalt mixture[J]. Materials, 2019, 12（9）: 1461.

[5] Gu X L, Ma X, Li L X, et al. Pyrolysis of poplar wood sawdust by TG-FTIR and Py-GC/MS[J]. Journal of Analytical and Applied Pyrolysis, 2013, 102: 16-23.

[6] Gu X L, Liu C, Jiang X J, et al. Thermal behavior and kinetics of the pyrolysis of the raw/steam exploded poplar wood sawdust[J]. Journal of Analytical and Applied Pyrolysis, 2014, 106: 177-186.

[7] Ma Y T, Hu W, Polaczyk P A, et al. Rheological and aging characteristics of the recycled asphalt binders with different rejuvenator incorporation methods[J]. Journal of Cleaner Production, 2020, 262: 121249.

[8] Baqersad M, Ali H. Rheological and chemical characteristics of asphalt binders recycled using different recycling agents[J]. Construction and Building Materials, 2019, 228: 116738.

[9] Lv S T, Liu J, Peng X H, et al. Rheological and microscopic characteristics of bio-oil recycled asphalt[J]. Journal of Cleaner Production, 2021, 295: 126449.

[10] Hou X, Lv S, Chen Z, et al. Applications of Fourier transform infrared spectroscopy technologies on asphalt materials[J]. Measurement, 2018, 121: 304-316.

[11] 马晓燕, 陈华鑫, 张星宇, 等. SBS 改性沥青低温流变性与原材料性能相关性研究[J]. 材料导报, 2018, 32（22）: 3885-3890.

[12] 张永兴, 熊出华, 凌天清. 再生剂与老化沥青微观作用机理[J]. 土木建筑与环境工程, 2010, 32（6）: 55-59.

[13] Petersen J C, Glaser R. Asphalt oxidation mechanisms and the role of oxidation products on age hardening revisited[J]. Road Materials and Pavement Design, 2011, 12（4）: 795-819.

[14] Wu Y T. Low-temperature rheological behavior of ultraviolet irradiation aged matrix asphalt and rubber asphalt binders[J]. Construction and Building Materials, 2017, 157: 708-717.

[15] Liu S T, Cao W D, Shang S J, et al. Analysis and application of relationships between low-temperature rheological performance parameters of asphalt binders[J]. Construction and Building Materials, 2010, 24（4）: 471-478.

[16] Aflaki S, Hajikarimi P. Implementing viscoelastic rheological methods to evaluate low temperature performance of modified asphalt binders[J]. Construction and Building Materials, 2012, 36: 110-118.

[17] Tsantilis L, Baglieri O, Santagata E. Low-temperature properties of bituminous nanocomposites for road applications[J]. Construction and Building Materials, 2018, 171: 397-403.

[18] Ashish P K, Singh D, Jain R. Evaluating the effect of carbon nanotube on low temperature

property of asphalt binder through dissipated energy-based approach[J]. Journal of Materials in Civil Engineering, 2020, 32(3): 04019376.

[19] Zhou J H, Chen X, Xu G, et al. Evaluation of low temperature performance for SBS/CR compound modified asphalt binders based on fractional viscoelastic model[J]. Construction and Building Materials, 2019, 214: 326-336.

[20] 丁海波, 邱延峻, 王文奇, 等. 废机油底渣对沥青的不利影响及机理初探[J]. 建筑材料学报, 2017, 20(4): 646-650.

[21] Liu K F, Zhang K, Shi X M. Performance evaluation and modification mechanism analysis of asphalt binders modified by graphene oxide[J]. Construction and Building Materials, 2018, 163: 880-889.

[22] Zhao M Y, Shen F, Ding Q J. Micromechanism of the dispersion behavior of polymer-modified rejuvenators in aged asphalt material[J]. Applied Sciences, 2018, 8(9): 1591.

[23] Liu K F, Zhu J C, Zhang K, et al. Effects of mixing sequence on mechanical properties of graphene oxide and warm mix additive composite modified asphalt binder[J]. Construction and Building Materials, 2019, 217: 301-309.

[24] Wu S P, Pang L, Mo L T, et al. Influence of aging on the evolution of structure, morphology and rheology of base and SBS modified bitumen[J]. Construction and Building Materials, 2009, 23(2): 1005-1010.

[25] Gordeeva I V, Naumova Y A, Nikolskii V G, et al. A study of the aging process of bituminous binders by IR-Fourier spectroscopy[J]. Polymer Science, Series D, 2020, 13(3): 274-281.

第5章　木焦油基再生沥青混合料的
路用性能与耐久性

基于前期沥青结合料的研究成果，本章对木焦油基再生沥青混合料的路用性能进行试验研究。以木焦油基再生沥青为研究对象，以基质原样沥青和 RA-102 再生沥青为对照组，对比研究了 3 种沥青混合料的路用性能，最后评估木焦油基再生沥青混合料的适用性，研究结果对改善现有再生沥青体系、进一步提高木焦油基再生沥青混合料循环再生利用技术具有重要意义。

5.1　试验用沥青混合料及其制备

5.1.1　试验材料

1. 沥青

本章试验材料为基质原样沥青、15%木焦油基再生 70#沥青和 10%RA-102 再生 70#沥青。

2. 集料和矿粉

采用的粗集料为石灰岩(湖南新化生产)，其基本性能见表 5.1。细集料为石灰岩石屑(湖南新化生产)，其基本性能见表 5.2。填料为石灰岩矿粉(湖南衡阳生产)，其基本性能见表 5.3。

表 5.1　粗集料技术指标

技术指标		测试结果	技术要求
压碎值/%		10.0	≤20
洛杉矶磨耗损失/%		11.3	≤24
磨光值/%		51	≥42
表观相对密度	9.5～16mm	2.899	≥2.6
	4.75～9.5mm	2.947	
吸水率/%	9.5～16mm	0.57	≤2.0
	4.75～9.5mm	0.78	
针片状颗粒含量(质量分数)/%	9.5～16mm	4.6	≤10
	4.75～9.5mm	11.4	≤15

表 5.2　细集料技术指标

项目	表观相对密度	砂当量/%	棱角性/s
测试结果	2.875	74	45
规范要求	≥2.5	≥60	≥40

表 5.3　矿粉技术指标

项目	表观相对密度	含水量/%	塑性指数/%	亲水系数
测试结果	2.816	0.38	3.6	0.6
规范要求	≥2.5	<1	<4	<1

5.1.2　混合料配合比

采用 AC-13C 型密集配沥青混合料，设计级配参照《公路沥青路面施工技术规范》(JTG F40—2004)[1]。粗集料、细集料及矿粉比例为石灰岩(9.5~16mm)：石灰岩(4.75~9.5mm)：石屑：矿粉的质量比为 24%：33%：41%：2%，最终合成级配曲线如图 5.1 所示。按照 4%的设计空隙率，在马歇尔试验结果下确定该级配基质原样沥青混合料、RA-102 再生沥青混合料和木焦油基再生沥青混合料的最佳油石比分别为 5.0%、5.6%和 6.0%[2]。

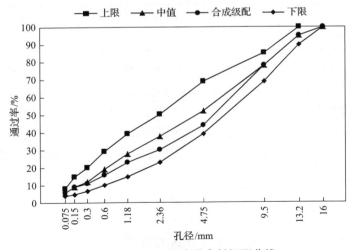

图 5.1　AC-13C 沥青混合料级配曲线

5.2　再生沥青混合料路用性能

5.2.1　高温性能

1. 高温性能测试方法

采用车辙试验评价沥青混合料的高温性能。测试温度为 60℃，轮压为 0.7MPa。评价指标为动稳定度（dynamic stability，DS），动稳定度为混合料产生 1mm 车辙变形试验轮所需要的行走次数，其数值可按式（5.1）计算：

$$DS = \frac{42(t_2 - t_1)}{d_2 - d_1} \times c_1 \times c_2 \tag{5.1}$$

式中，42 为每分钟试验轮行走的次数；t_1、t_2 为试验时间，通常取 t_1=45min, t_2=60min；d_1 和 d_2 分别为 t_1、t_2 对应的混合料试件表面的变形量，mm；c_1 和 c_2 分别为试验仪器和试样的修正系数[3]。

2. 高温性能测试结果

3 种沥青混合料的高温性能试验结果见表 5.4。

表 5.4　沥青混合料车辙试验结果

项目	基质原样沥青混合料	木焦油基再生沥青混合料	RA-102 再生沥青混合料
动稳定度/(次/mm)	1863	2237	2105

由表 5.4 可知，与基质原样沥青混合料相比，木焦油基再生沥青混合料和 RA-102 再生沥青混合料的动稳定度分别增大了 20.1% 和 13.0%，表明高温下木焦油基再生沥青混合料具有良好的抗变形能力和高温稳定性。究其原因，木焦油基再生沥青混合料中的生物质纤维通过吸附充足的油分强化了纤维韧性，沥青结合料与粗集料、细集料间的黏结力变强，混合料整体的稳定性得到较大提升[4,5]。

5.2.2　低温性能

1. 低温性能测试方法

采用低温弯曲试验评价沥青混合料的低温性能，在 −10℃ 的条件下，以 50mm/min 的加载速率对沥青混合料小梁试件（35mm×30mm×250mm，跨径为 200mm）的跨中施加集中荷载至断裂破坏，计算试样破坏时的抗弯拉强度（R_B，MPa）、最大弯拉应变（ε_B）及弯曲蠕变劲度模量（S_B，MPa）作为低温性能的评价指标[3]。3 个指标的关系如式（5.2）所示：

$$S_B = \frac{R_B}{\varepsilon_B} \qquad (5.2)$$

2. 低温性能测试结果

3 种沥青混合料的低温性能测试结果见表 5.5。

表 5.5　沥青混合料低温弯曲试验结果

混合料类别	老化状态	R_B/MPa	ε_B/$\mu\varepsilon$	S_B/MPa
基质原样沥青混合料	未老化	11.34	2563.4	4423.8
	老化	8.13	1854.4	4384.2
木焦油基再生沥青混合料	未老化	10.82	2430.3	4452.1
	老化	7.14	1686.6	4233.4
RA-102 再生沥青混合料	未老化	10.37	2217.7	4676.0
	老化	6.37	1457.0	4372.0

由表 5.5 可知，未老化状态下，基质原样沥青混合料的抗弯拉强度最大，分别比木焦油基再生沥青混合料和 RA-102 再生沥青混合料高 0.52MPa 和 0.97MPa。这是因为基质原样沥青混合料中的沥青结合料具有较好的流动性，能充分浸润粗集料、细集料，集料间的黏附性更强，沥青混合料可充分利用集料骨架的强度形成稳定的结构[6]。

对于 ε_B 值，在未老化状态下，木焦油基再生沥青混合料比基质原样沥青混合料小 5.19%，RA-102 再生沥青混合料小 13.49%。对于 S_B 值，未老化状态下，木焦油基再生沥青混合料比基质原样沥青混合料大 0.64%，RA-102 再生沥青混合料大 5.70%。基质原样沥青混合料抗裂性能最好，其次是木焦油基再生沥青混合料和 RA-102 再生沥青混合料。究其原因，基质原样沥青结合料的黏度较低，流动性最好，有较好的低温应力松弛性能，因此具有较大的弯拉应变和相对较小的弯曲蠕变劲度模量。木焦油基再生沥青混合料中的生物质纤维可充分吸收木焦油以及沥青中的油分，韧性强化后的生物质纤维与集料产生协同强化效应的同时提升了混合料的劲度，增强了低温下抵御开裂的能力，改善了混合料的低温韧性[7]。

5.2.3　水稳定性

1. 水稳定性测试方法

采用浸水马歇尔试验和冻融劈裂试验评价沥青混合料的水稳定性。首先将马歇尔试件分成两组：一组在 60℃的水浴中养护 0.5h，然后测试试件的马歇尔稳定度（S_1，kN）；另一组在 60℃的水浴中养护 48h，然后测试试件的马歇尔稳定度（S_2，kN），两者的比值即为混合料的残留稳定度比 S_0，其计算式如式（5.3）所示：

$$S_0 = \frac{S_2}{S_1} \times 100\%$$ (5.3)

冻融劈裂试验先将试件按规范要求成型两组试件：一组试件在 25℃水浴中浸泡 2h 后测定劈裂抗拉强度（R_1，MPa）；另一组先在 25℃水浴中浸泡 2h，随后在 0.09MPa 气压下浸水抽真空 15min，然后在–18℃的冷冻箱中放置 16h，在 60℃的恒温水浴中养护 24h，最后置于 25℃的水浴中浸泡 2h 后测定其劈裂抗拉强度（R_2，MPa）[3]。R_1 和 R_2 的比值即为冻融劈裂抗拉强度比 R_0，其计算式如式（5.4）所示：

$$R_0 = \frac{R_2}{R_1} \times 100\%$$ (5.4)

2. 水稳定性测试结果

3 种沥青混合料的水稳定性测试结果见表 5.6。

表 5.6　沥青混合料水稳定性测试结果

混合料类别	老化状态	MS/kN	MS₁/kN	RS/%	R_{T1}/MPa	R_{T2}/MPa	TSR/%
基质原样沥青混合料	未老化	10.42	9.46	90.79	0.87	0.75	86.21
	老化	11.80	10.17	86.19	1.04	0.86	82.69
木焦油基再生沥青混合料	未老化	10.79	9.91	91.84	1.21	1.07	88.43
	老化	12.13	11.54	95.14	1.46	1.32	90.41
RA-102 再生沥青混合料	未老化	9.03	8.12	89.92	0.77	0.65	84.42
	老化	10.11	8.73	86.35	0.98	0.82	83.67

注：MS 为未浸水马歇尔稳定度；MS₁ 为浸水马歇尔稳定度；RS 为浸水马歇尔残留稳定度；R_{T1} 为未进行冻融循环的第一组单个试件的劈裂抗拉强度；R_{T2} 为未进行冻融循环的第二组单个试件的劈裂抗拉强度；TSR 为冻融劈裂抗拉强度比。

由测试结果可知，在未老化状态下：

（1）对于浸水马歇尔试验，木焦油基再生沥青混合料的 MS 值分别比基质原样沥青混合料和 RA-102 再生沥青混合料高 3.55%和 19.49%，表明木焦油和生物质纤维的协同作用可提高沥青的内聚力，进而增强其刚度。木焦油基再生沥青混合料的残留稳定度分别比基质原样沥青混合料和 RA-102 再生沥青混合料高 1.05 个百分点和 1.92 个百分点，说明木焦油基再生沥青混合料具有较好的水稳定性。

（2）对于冻融劈裂试验，各沥青混合料的劈裂抗拉强度变化趋势与浸水马歇尔稳定度一致，但变化幅度更大，表明冻融循环对沥青混合料的影响更大，更能有效反映沥青混合料抗水损害能力。木焦油基再生沥青混合料的 TSR 值分别比基质原样沥青混合料和 RA-102 再生沥青混合料高 2.22 个百分点和 4.01 个百分点，说明木焦油基再生沥青混合料具有较强的抗水损害能力，水稳定性良好。这是因为木焦油基再生剂中存在的生物质纤维在混合料中呈屈曲和缠绕状态，可有效吸附沥青和木焦油以增加混合料的内聚力，因而削弱了冻胀应力的影响[8]。此外，生物质纤维可填充细小孔隙，减少水分的渗入，进而提高了水分剥离附着在集料表面的沥青膜所需的界面能[9]。

5.2.4　抗老化性能

1. 抗老化性能测试方法

采用烘箱加速老化进行沥青混合料的老化试验。对于短期老化，首先将沥青混合料按 $21\sim22\text{kg/m}^2$ 的范围均匀摊铺于搪瓷盘中，然后将装有混合料的瓷盘置于 135℃±3℃的烘箱中，在强制通风的条件下加热 4h，其中每小时翻拌一次混合料，4h 后即得短期老化沥青混合料[3]。对于长期老化，首先将短期老化沥青混合料成型为 $\phi101.6\text{mm}\times63.5\text{mm}$ 的试样，然后将成型的试样置于 85℃±3℃的烘箱中，在强制通风的条件下加热 5 天，冷却 16h 至室温，即得长期老化沥青混合料[3]。

2. 抗老化性能测试结果

沥青混合料抗老化性能测试结果见表 5.5 和表 5.6。

比较表 5.5 中老化状态下 3 种沥青混合料的低温性能可知，老化作用使基质原样沥青混合料、木焦油基再生沥青混合料和 RA-102 再生沥青混合料的 R_B 分别降低了 28.3%、34.0%和 38.6%，对应的 ε_B 值分别降低了 27.7%、30.6%和 34.3%，表明老化可显著减弱沥青混合料的低温抗裂性能。其主要原因是老化作用使沥青结合料中的轻质组分挥发和氧化，导致其与集料间的黏结力显著降低，进而整体抗弯拉强度显著降低[10]。对于再生沥青混合料，其部分沥青结合料属二次老化，因而混合料再次老化后的低温抗裂性能低于基质原样沥青混合料。相比之下，木焦油基再生沥青混合料二次老化后的低温抗裂性能优于 RA-102 再生沥青混合料，这是因为生物质纤维在吸附木焦油和新沥青的轻质组分后韧性显著增强，因此其老化后仍具有一定的强度储备[11,12]，低温抗裂性能退化程度与 RA-102 再生沥青混合料相比较不明显。

比较表 5.6 中老化状态下 3 种沥青混合料的水稳定性可知，老化后基质原样沥青混合料、木焦油基再生沥青混合料和 RA-102 再生沥青混合料的 MS 值分别提高了 13.24%、12.42%和 11.96%，对应的 MS_1 值增幅分别为 7.51%、16.45%和

7.51%，证明老化使沥青混合料中的沥青刚度增大，致使其变硬、变脆。此外，老化后基质原样沥青混合料和 RA-102 再生沥青混合料的 RS 值分别降低了 4.6 个百分点和 3.57 个百分点，而木焦油基再生沥青混合料的 RS 值提高了 3.3 个百分点；老化作用使基质原样沥青混合料和 RA-102 再生沥青混合料的 TSR 值分别降低了 3.52 个百分点和 0.75 个百分点，而木焦油基再生沥青混合料的 TSR 值提高了 1.98 个百分点。说明木焦油基再生剂不仅改善了再生沥青混合料的水稳定性，还可增强其抗老化性能，延长道路使用寿命[2]。

整体而言，木焦油基再生沥青混合料的抗老化性能明显优于 RA-102 再生沥青混合料。

5.2.5　路用性能评价汇总

再生沥青各项性能均能满足规范要求(表 5.7)，具备应用价值。

表 5.7　AC-13 沥青混合料路用性能评价汇总

混合料类别	技术指标	DS/(次/mm)	S_0/%	R_0/%	ε_B/%
	技术要求	≥1000	≥80	≥75	≥2000
基质原样沥青混合料	试验结果	1863	90.79	86.21	2563.4
	说明	√	√	√	√
木焦油基再生沥青混合料	试验结果	2237	91.84	88.43	2430.3
	说明	√	√	√	√
RA-102 再生沥青混合料	试验结果	2105	89.92	84.42	2217.7
	说明	√	√	√	√

注：①技术要求参照热拌普通沥青混合料要求。②"√"表示性能满足规范要求。

5.3　再生沥青混合料耐久性

5.3.1　疲劳耐久性

1. 试验方法

首先，采用轮碾法成型沥青混合料板式试件，待试件成型后将试件切割为 380mm×63mm×50mm 的小梁试样；然后将试样置于 15℃的保温箱中养生 4h 以上。采用 MTS-810 型万用材料试验机进行四点弯曲疲劳测试，加载波形为连续正弦波，加载频率 10Hz，测试温度 15℃。设置四个不同的应力比，分别为 0.2、0.3、0.4 和 0.5，各应力比取 3 个平行试件进行测试，测试结果取平均值。

2. 试验结果

各沥青混合料疲劳性能测试结果见表 5.8。

表 5.8　各沥青混合料疲劳性能测试结果

混合料 类别	老化 状态	应力比							
		0.2		0.3		0.4		0.5	
		应力 /MPa	疲劳寿命 /次	应力 /MPa	疲劳寿命 /次	应力 /MPa	疲劳寿命 /次	应力 /MPa	疲劳寿命 /次
基质原样 沥青混合料	未老化	2.047	49939	2.756	25876	3.381	15451	3.854	8190
	老化	1.553	38103	1.868	18682	2.361	10584	2.395	5004
木焦油基再生 沥青混合料	未老化	1.928	58541	2.539	33654	3.036	17675	3.479	8864
	老化	1.342	41915	1.657	22111	1.892	10746	1.859	4778
RA-102 再生沥青混合料	未老化	1.973	55300	2.639	29045	3.285	16674	3.677	8730
	老化	1.362	38433	1.645	18269	1.770	9121	1.607	3963

由表 5.8 可知，随着应力比的增大，沥青混合料的疲劳寿命逐渐降低，即沥青混合料的抗疲劳性能与应力比呈负相关关系。各混合料在 0.2~0.5 的应力比下疲劳寿命降幅呈先急速下降再趋于缓和的趋势。在同一应力比下，木焦油基再生沥青混合料具有最长的疲劳寿命，其次为 RA-102 再生沥青混合料和基质原样沥青混合料，表明再生剂可有效提升老化沥青的抗疲劳性能，且木焦油基再生沥青混合料的抗疲劳性能优于 RA-102 再生沥青混合料。这是由于木焦油基再生剂中的生物质纤维可起到强化沥青结合料与骨料间黏结的作用，且因为纤维长短不一，可填充混合料内部的空隙。同时，生物质纤维可吸附游离的油分和自由沥青而形成“结构沥青”，在提高沥青层厚度的同时使整个混合料具有更强的整体性，因而表现出更优良的抗疲劳性能[13]。

5.3.2　冻融循环耐久性

1. 试验方法

每种沥青混合料按规范要求制备 6 组、每组 3 个试件。一组试件在 25℃水浴中浸泡 2h 后测定劈裂抗拉强度（R_{T1}，MPa）。每一冻融循环的条件为：先将试件在 25℃水浴中浸泡 2h，浸泡后在 0.09MPa 的气压下浸水抽真空 15min，放置在–18℃的冷冻箱中 16h 后再在 60℃的恒温水浴中养护 24h，最后置于 25℃水浴中浸泡 2h，之后测定其劈裂抗拉强度（R_{T2}，MPa）。R_{T2} 与 R_{T1} 的比值即为冻融劈裂抗拉强度比 TSR。分别测试各沥青混合料冻融循环 0 次、1 次、2 次、3 次、4 次和 5 次后的 TSR。

2. 试验结果

各沥青混合料冻融劈裂测试结果见表 5.9。

表 5.9　各沥青混合料冻融劈裂测试结果

混合料类别	老化状态	冻融循环次数											
		0	1		2		3		4		5	
		R_{T1} /MPa	R_{T2} /MPa	TSR /%	R_{T2} /MPa	TSR /%	R_{T2} /MPa	TSR /%	R_{T2} /MPa	TSR /%	R_{T2} /MPa	TSR /%
基质原样沥青混合料	未老化	1.09	0.956	87.7	0.856	78.5	0.780	71.6	0.712	65.3	0.649	59.5
	老化	1.12	0.968	86.4	0.833	74.4	0.743	66.3	0.647	57.8	0.552	49.3
木焦油基再生沥青混合料	未老化	1.22	1.075	88.1	0.985	80.7	0.909	74.5	0.844	69.2	0.786	64.4
	老化	1.27	1.087	85.6	0.982	77.3	0.885	69.7	0.806	63.5	0.706	55.6
RA-102 再生沥青混合料	未老化	1.01	0.861	85.2	0.769	76.1	0.690	68.3	0.620	61.4	0.556	55.0
	老化	1.03	0.864	83.9	0.729	70.8	0.636	61.7	0.541	52.5	0.435	42.2

由表 5.9 可知：①沥青混合料的劈裂抗拉强度随冻融循环次数的增加而显著降低。未老化状态下，与未冻融的混合料相比，基质原样沥青混合料经 1 次、2 次、3 次、4 次和 5 次冻融循环后的 TSR 值分别降低了 12.3 个百分点、21.5 个百分点、28.4 个百分点、34.7 个百分点和 40.5 个百分点。②3 种沥青混合料中，各冻融循环次数下木焦油基再生沥青混合料具有最高的劈裂抗拉强度和冻融劈裂抗拉强度比，其次为基质原样沥青混合料，RA-102 再生沥青混合料最差。表明木焦油基再生沥青混合料具有较强的抗水损害性能，水稳定性良好。③随着冻融循环次数的增加，木焦油基再生沥青混合料的劈裂抗拉强度和残留强度比降幅最小。表明木焦油基再生剂有利于减缓冻融循环对沥青混合料性能的劣化作用，沥青混合料的冻融循环耐久性增强。

究其原因，木焦油基再生剂中的生物质纤维可在沥青混合料中形成空间网络结构，从而发挥阻裂和限缩作用，有效提高混合料的力学强度和抗渗性能。不仅如此，生物质纤维还可起到填充剂的作用，减小沥青混合料的孔隙率，提升沥青路面的致密性，有效降低了水分的渗透率[14]，部分弯曲和缠绕状态的纤维在吸附沥青和木焦油后，与沥青集料之间的黏附性增强，进而提高水分剥离附着在集料表面的沥青膜所需的界面能，对混合料形成有效保护，最终提升其冻融循环耐久性[9]。

5.3.3　老化耐久性

1. 试验方法

按照《公路工程沥青及沥青混合料试验规程》(JTG E20—2011)中的规定，在烘箱中模拟沥青混合料的加速老化过程,沥青混合料依次在 135℃下短期老化 4h,然后在 85℃下长期老化 10d。

2. 试验结果

各沥青混合料老化前后疲劳性能及冻融劈裂抗拉强度比衰减规律如图 5.2 所示。

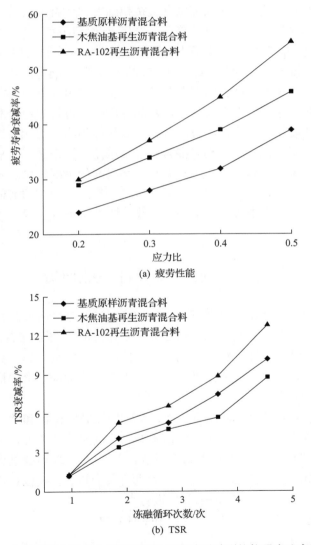

(a) 疲劳性能

(b) TSR

图 5.2　各沥青混合料老化前后疲劳性能及冻融劈裂抗拉强度比衰减规律

由表 5.8 和图 5.2(a)可知,老化作用会降低各沥青混合料的疲劳寿命,随着应力比的升高，沥青混合料的疲劳寿命衰减率也逐渐增大。各应力比下，3 种沥青混合料因老化作用而引起的疲劳寿命衰减程度从高到低依次为 RA-102 再生沥青混合料>木焦油基再生沥青混合料>基质原样沥青混合料，表明基质原样沥青混合料具有最优的抗老化性能，其次是木焦油基再生沥青混合料，最后是 RA-102 再生沥青混合料。

由表 5.9 和图 5.2(b)可知，在相同的冻融循环次数下，老化作用可显著降低各沥青混合料的劈裂抗拉强度和冻融劈裂抗拉强度比，且冻融劈裂抗拉强度比衰减率随冻融循环次数的增加而显著提高。经历老化作用后，木焦油基再生沥青混合料冻融劈裂抗拉强度比衰减率最小，基质原样沥青混合料居中，RA-102 再生沥青混合料最大。说明木焦油基再生剂可有效抑制老化对沥青混合料水稳定性的影响，具有优良的老化耐久性，因而有助于延长道路使用寿命。

实际上，基质原样沥青自身具有良好的分散性，可均匀地分散在集料表面，其较强的黏附性能使基质原样沥青混合料具有较好的耐久性能，老化后抗疲劳性能衰减较小[13]。木焦油基再生沥青混合料优良的耐久性来源于木焦油与生物质纤维的协同作用，这一作用可有效缓和沥青与集料间的黏附失效。随着沥青结合料的老化与疲劳，混合料内部开始产生细小裂纹，搭接在裂纹两端的纤维可起到桥接作用，削弱了应力集中程度，减小了裂纹扩张的可能性，提升了抗老化与疲劳性能[9]。

5.4　路面结构设计参数研究

根据《公路沥青路面设计规范》(JTG D50—2017)，沥青混合料与路面结构设计参数包括 20℃抗压回弹模量、15℃抗压回弹模量与 15℃劈裂抗拉强度。其中20℃抗压回弹模量用于计算路面弯沉，15℃抗压回弹模量、15℃劈裂抗拉强度用于验算层底拉应力。抗压回弹模量通过单轴压缩试验确定，劈裂抗拉强度通过劈裂试验确定。

按照本章中沥青混合料的制备方法，单轴压缩试验试件和劈裂试验试件分别采用静压法与马歇尔击实法制作。单轴压缩试验按照《公路工程沥青及沥青混合料试验规程》(JTG E20—2011)中沥青混合料单轴压缩试验(圆柱体法)(T 0713—2000)进行，劈裂试验按照《公路工程沥青及沥青混合料试验规程》(JTG E20—2011)中沥青混合料劈裂试验(T 0716—2011)进行[3]。

混合料级配类型为 AC-13、AC-20 和 SMA-13。

5.4.1　抗压回弹模量

各级配类型的沥青混合料单轴压缩试验结果见表 5.10～表 5.12。

表 5.10　AC-13 沥青混合料单轴压缩试验结果

试验温度 /℃	沥青类别	木焦油基再生剂掺量（质量分数）/%	抗压强度 /MPa	抗压回弹模量/MPa		
				平均值	90%保证率	95%保证率
20	基质原样沥青	0	4.649	2206	1993	1942
	木焦油基再生沥青	8	6.797	2810	2604	2531
		10	4.588	2119	2070	1986
		12	3.824	1898	1865	1774
15	基质原样沥青	0	6.519	2757	2645	2583
	木焦油基再生沥青	8	7.493	3457	3401	3376
		10	6.636	2800	2710	2674
		12	5.400	2300	2264	2189

表 5.11　AC-20 沥青混合料单轴压缩试验结果

试验温度 /℃	沥青类别	木焦油基再生剂掺量（质量分数）/%	抗压强度 /MPa	抗压回弹模量/MPa		
				平均值	90%保证率	95%保证率
20	基质原样沥青	0	4.193	2108	1993	1942
	木焦油基再生沥青	8	6.011	2548	2502	2479
		10	4.223	2196	2100	2047
		12	3.870	2044	2007	1986
15	基质原样沥青	0	6.158	2688	2586	2541
	木焦油基再生沥青	8	7.398	3341	3303	3287
		10	6.046	2618	2580	2563
		12	5.477	2494	2467	2379

表 5.12　SMA-13 沥青混合料单轴压缩试验结果

试验温度 /℃	沥青类别	木焦油基再生剂掺量（质量分数）/%	抗压强度 /MPa	抗压回弹模量/MPa		
				平均值	90%保证率	95%保证率
20	基质原样沥青	0	3.804	1600	1580	1563
	木焦油基再生沥青	8	5.410	2460	2400	2365
		10	3.926	1703	1668	1600
		12	3.235	1550	1511	1486
15	基质原样沥青	0	5.377	2010	1997	1984
	木焦油基再生沥青	8	6.998	2937	2841	2768
		10	5.285	2238	2174	2106
		12	4.778	1904	1833	1714

对于 AC-13、AC-20 和 SMA-13 沥青混合料,木焦油基再生剂的掺量对最终混合料的抗压回弹模量有较大影响,且温度在 15℃或 20℃下,10%木焦油基再生剂掺量下的沥青混合料与基质原样沥青混合料的抗压回弹模量相差不大,继续增大木焦油基再生剂掺量则会减小抗压回弹模量,因此结合前文低温抗裂性能及抗压回弹模量,以 10%的木焦油基再生剂掺量为推荐值。

5.4.2 劈裂强度

各级配类型的沥青混合料劈裂试验结果见表 5.13~表 5.15。

表 5.13　AC-13 沥青混合料 15℃劈裂试验结果

沥青类别	木焦油基再生剂掺量(质量分数)/%	劈裂抗拉强度 R_T/MPa	破坏拉伸应变 ε_T/με	破坏劲度模量/MPa
			平均值	90%保证率
基质原样沥青	0	2.139	6225	642
木焦油基再生沥青	8	3.244	5310	766
	10	2.016	6373	634
	12	1.848	6571	576

表 5.14　AC-20 沥青混合料 15℃劈裂试验结果

沥青类别	木焦油基再生剂掺量(质量分数)/%	劈裂抗拉强度 R_T/MPa	破坏拉伸应变 ε_T/με	破坏劲度模量/MPa
			平均值	90%保证率
基质原样沥青	0	2.075	6469	610
木焦油基再生沥青	8	3.177	5580	737
	10	2.050	6520	602
	12	1.867	6568	587

表 5.15　SMA-13 沥青混合料 15℃劈裂试验结果

沥青类别	木焦油基再生剂掺量(质量分数)/%	劈裂抗拉强度 R_T/MPa	破坏拉伸应变 ε_T/με	破坏劲度模量/MPa
			平均值	90%保证率
基质原样沥青	0	1.863	6652	580
木焦油基再生沥青	8	2.745	6010	674
	10	1.900	6571	583
	12	1.756	6668	510

与单轴压缩试验趋势一致,即对于 AC-13、AC-20 和 SMA-13 沥青混合料,木焦油基再生剂掺量与混合料的劈裂抗拉强度基本呈线性关系,且在 15℃下,10%

木焦油基再生剂掺量下的沥青混合料与基质原样沥青混合料的劈裂抗拉强度相差不大，继续增大木焦油基再生剂掺量则会减小劈裂抗拉强度，因此结合前文低温抗裂性能以及抗压回弹模量试验结果，以10%的木焦油基再生剂掺量为推荐值。

5.5　本　章　小　结

（1）确定AC-13C型基质原样沥青混合料、木焦油基再生沥青混合料和RA-102再生沥青混合料的最佳油石比分别为5.0%、6.0%和5.6%。

（2）与RA-102再生沥青混合料相比，木焦油基再生沥青混合料具有良好的路用性能及耐久性能。10%掺量下的木焦油基再生沥青混合料路面结构设计参数与基质原样沥青大致相当。木焦油与生物质纤维协同作用可显著提升再生沥青混合料的强度和韧性，在改善沥青路面使用性能的同时延长其使用寿命。

（3）木焦油基再生剂材料来源广泛，对环境友好且可再生，其再生沥青混合料性能优异，因而具有广阔的应用前景。

参 考 文 献

[1] 中华人民共和国交通部. JTG F 40—2004　公路沥青路面施工技术规范[S]. 北京: 人民交通出版社, 2005.

[2] 张雪飞, 朱俊材, 吴超凡, 等. 木焦油基再生沥青及其混合料性能研究[J]. 新型建筑材料, 2020, 47(5): 145-149, 154.

[3] 中华人民共和国交通运输部. JTG E20—2011　公路工程沥青及沥青混合料试验规程[S]. 北京: 人民交通出版社, 2011.

[4] 季节, 奚进, 谢永清. 温拌再生沥青混合料性能试验[J]. 建筑材料学报, 2014, 17(1): 106-109.

[5] 雷俊安, 郑南翔, 许新权, 等. 温拌沥青高温流变性能研究[J]. 建筑材料学报, 2020, 23(4): 904-911.

[6] 甘新立, 郑南翔, 丛卓红. 基于浸润参数和表面能理论的沥青与集料黏附性分析[J]. 北京工业大学学报, 2017, 43(9): 1388-1395.

[7] 熊刚, 张航. 玄武岩纤维沥青混合料路用性能试验研究[J]. 公路交通技术, 2016, 32(4): 26-30.

[8] 丁济同, 何东坡. 温拌再生沥青混合料设计及其性能研究[J]. 公路, 2017, 62(6): 267-270.

[9] 马峰, 李永波, 傅珍, 等. 复合纤维沥青混合料路用性能研究[J]. 河南理工大学学报(自然科学版), 2020, 39(1): 157-163.

[10] Li R Y, Xiao F P, Amirkhanian S, et al. Developments of nano materials and technologies on asphalt materials—A review[J]. Construction and Building Materials, 2017, 143: 633-648.

[11] Tang J C, Zhu C Z, Zhang H L, et al. Effect of liquid ASAs on the rheological properties of crumb rubber modified asphalt[J]. Construction and Building Materials, 2019, 194: 238-246.

[12] 汤文, 盛晓军, 谢旭飞, 等. 回收料掺量对温拌再生沥青混合料性能的影响[J]. 建筑材料学报, 2016, 19(1): 204-208.

[13] 马峰, 潘健, 傅珍, 等. 纤维沥青混合料最佳纤维掺量的确定[J]. 河南理工大学学报(自然科学版), 2019, 38(5): 138-145.

[14] 赵小崇, 高淑玲, 何世钦. 玄武岩纤维掺量对大空隙沥青混合料动态模量及相位角的影响[J]. 硅酸盐通报, 2020, 39(4): 1331-1342.

第6章 路用生物质纤维的选择、制备与性能表征

6.1 路用生物质纤维原材料筛选

目前国内使用的纤维主要包括聚合物纤维(主要为聚酯纤维)、矿物纤维(玄武岩纤维)、天然纤维(木质素纤维)等[1]。聚合物纤维由于不能自然降解,容易造成环境污染。矿物纤维原料与生产成本较高,导致纤维的价格昂贵,不利于工程成本控制。近年来,为建设环境友好型社会,以天然生物质纤维作为沥青混合料稳定剂的研究逐渐得到重视。木质素纤维可在沥青混合料中产生明显的改性作用[2],这对使用天然纤维改善沥青混合料的路用性能研究提供了有力的案例。

木质素纤维主要以杉木、杨树等木材为原材料,在南方地区,杉木有栽植面积大、积蓄量大、经营历史悠久等优点[3]。但近年来随着家具、地板、木门、造纸等行业的发展,我国已成为仅次于美国的第二大木材消耗国,木材年消耗量已超过 10.47 亿 m^3。另外,我国的木材资源严重短缺,森林覆盖率仅为 24.02%,人均森林面积不足世界平均水平的 1/4,人均森林蓄积量为 $8.6m^3$。全球变暖造成的夏季失火与燃放烟花爆竹等导致的人为纵火,加剧了木材资源的严重下降。因此,谋求新型的天然植物资源以代替木材资源已迫在眉睫。

秸秆、芦苇、毛竹等,是环保可循环再生的自然资源。我国每年的秸秆等植物的产量可达 8 亿 t 以上,但大部分资源仍然被用于焚烧。这些生物质资源是丰富的碳水化合物,焚烧产生的 CO_2 排放严重污染环境,并且浪费了宝贵的自然资源。生物质植物较传统木材具有适应性广、抗逆性强、产量高等特点,其工业化利用具有降低森林资源消耗、降低工程造价等优势。

木质素纤维是由纤维素、半纤维素、木质素及其他抽提物所组成的天然高分子材料。木质素纤维具有良好的分散性及柔韧性,能够形成良好的三维立体网状结构稳定沥青混合料。木质素纤维是一种各向异性材料,可表现出较强的化学极性,因而在水、酸碱性环境中具有良好的稳定性[4]。木质素纤维材料的细胞壁较厚且纤维的直径较粗,因而具有较好的耐高/低温性能[5]。但其管状结构极易吸水,导致其作为稳定剂应用于沥青混合料后的水稳定性能较差。

生物质植物包含多种材料,各材料制备的纤维属性也有较大差异。毛竹纤维内壁平滑,细胞壁厚且腔孔小,因而毛竹纤维具有优良的强度与韧性。毛竹纤

维细长的横截面上布满孔隙，两端呈现出的纺锤结构使得毛竹纤维被称为"会呼吸的纤维"。秸秆纤维的表面覆盖着一层蜡状物质，这层蜡状物质能够阻止纤维内部半纤维素与木质素的分解，从而提高纤维的热稳定性。生物质植物种类繁多、结构性能各有不同，本章选用毛竹与芦苇两种生物质植物制备成纤维稳定剂应用到沥青路面工程中，为解决生物质植物的资源化利用与环境保护提供理论依据。

选取毛竹与芦苇制备路用生物质纤维的主要原因是：①在地域分布上，湖南地区有广泛的毛竹与芦苇生长区域；②在环境效益上，毛竹有较强的固碳能力[6]，芦苇可以净化水质；③在经济效益上，异龄林的毛竹可以通过竹笋与竹材提供持续的经济回报[7]，芦苇可通过制药、工程应用、喂养家畜等方式带来经济回报。

6.2 路用生物质纤维制备工艺

目前，生物质纤维的制备方法主要分为化学法与物理法。化学法通常分为碱法、亚硫酸盐法、有机溶剂法和热磨法等；物理法主要包括电磨法、搓揉法、汽爆法等。化学法的溶剂通常为碱液，制备过程中产生的废液会对环境造成污染，且相对于物理法有繁杂的制备流程。物理法制备纤维产率较高、成本较低，且制备出的纤维可满足沥青路面规范要求。因此，本节研究选用物理法制备生物质纤维，其基本制备流程如图 6.1 所示。

图 6.1　路用生物质纤维物理法制备流程

由图 6.1 可知，实验室内制备生物质纤维的具体流程为[8]：①将植物茎秆或树皮置于清水中浸泡 24h；②采用 PC-0404 型锤式粉碎机进行破碎后分离，破碎时间为 2min，分离筛孔为 10mm；③纤维自然风干后，采用浓度为 5%的 NaOH 溶液按 NaOH：纤维质量比 1：8 的比例浸泡纤维 48h；④洗净纤维后放入 80℃烘箱中烘干，制得生物质纤维。采用物理法制得的路用植物纤维如图 6.2 所示。

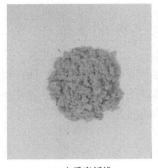
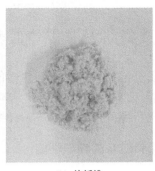
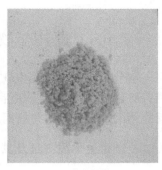

(a) 木质素纤维　　　　　　　(b) 竹纤维　　　　　　　(c) 芦苇纤维

图 6.2　物理法制备的路用植物纤维照片

6.3　路用生物质纤维技术要求

本节制备的木质素纤维、竹纤维、芦苇纤维是由天然植物材料经过物理处理后，遗留下的惰性有机纤维所形成的絮状纤维。按照《公路沥青路面施工技术规范》(JTG F40—2004)中的规定，应用于沥青混合料中的纤维需要满足其在高温 250℃环境下的稳定性，在酸、碱条件不易被腐蚀。目前我国尚无明确的沥青路面用纤维稳定剂技术规范，因此参照同为生物质纤维的《沥青路面用纤维》(JT/T 533—2020)规范确定路用生物质纤维的技术指标要求，详见表 6.1。

表 6.1　路用木质素(生物质)纤维的技术指标要求

技术指标			技术要求
平均长度/mm			≤6.0
筛分析	冲气筛分析	0.150mm 筛通过率/%	70±10
	普通网筛分析	0.850mm 筛通过率/%	85±10
		0.425mm 筛通过率/%	65±10
		0.106mm 筛通过率/%	30±10
灰分含量(质量分数)/%			18±5，无挥发物
pH			7.5±1.0
吸油率			不小于纤维自身质量的 5 倍
含水率(质量分数)/%			≤5.0
耐热性(210℃，2h)			颜色、体积基本无变化，热失重不大于 6%

6.4 路用生物质纤维及其沥青胶浆的性能表征

本节主要表征路用生物质纤维的物理性能、热性能和吸油性等，还包括纤维沥青胶浆的物理性能与热性能。将制得的竹纤维、芦苇纤维与沥青路面工程中广泛应用的木质素纤维进行对比，评价竹纤维与芦苇纤维的使用性能。

6.4.1 路用生物质纤维及其沥青胶浆的物理性能

路用生物质纤维的物理性能对沥青混合料使用性能的改善起关键作用，根据《沥青路面用纤维》(JT/T 533—2020)，测试 3 种生物质纤维的长度、灰分含量、pH 等指标，评价竹纤维与芦苇纤维的物理性能，测试结果见表 6.2。

表 6.2 路用生物质纤维的物理性能

技术指标	木质素纤维	竹纤维	芦苇纤维	技术要求
平均长度/mm	5.8	5.5	5.7	≤6
灰分含量(质量分数)/%	13.2	15.0	14.1	18±5
pH	7.2	7.3	7.2	7.5±1.0
含水率(质量分数)/%	4.8	4.3	4.6	≤5
密度(25℃)/(g/cm³)	0.897	0.943	0.921	实测

由表 6.2 可知，纤维的长度会影响其在沥青胶浆与沥青混合料中的分散均匀性，3 种纤维的平均长度分别为 5.8mm(木质素纤维)、5.5mm(竹纤维)和 5.7mm(芦苇纤维)，均满足规范 ≤6mm 的要求。竹纤维的平均长度较木质素纤维短 0.3mm，较芦苇纤维短 0.2mm，表明其在沥青胶浆与沥青混合料中有更好的分散均匀性。3 种纤维的 pH 分别为 7.2(木质素纤维)、7.3(竹纤维)和 7.2(芦苇纤维)，均接近中性(pH=7)。在路用生物质纤维的使用中，较强的吸水性会使纤维更容易因毛细现象而遭到腐蚀。易湿的纤维容易发生霉变，保存时需要及时烘干。因此，含水率高的纤维在保存和使用上均会造成成本的增加[9]。竹纤维的含水率(4.3%)较木质素纤维少约 0.5 个百分点，较芦苇纤维(4.6%)少约 0.3 个百分点。

本节纤维沥青胶浆的制备工艺为[10]：①拟定各生物质纤维在纤维沥青胶浆中的质量分数均为 1%。②将原样 SBS 沥青加热至 160℃后，逐步放入纤维并采用高速剪切搅拌机搅拌，转速为 550r/min，搅拌时间为 1h，至纤维在沥青中分散均匀且沥青胶浆中没有气泡产生为止。将制得的纤维沥青胶浆根据《公路工程沥青及沥青混合料试验规程》(JTG E20—2011)测试针入度、软化点、延度等指标，并将未添加纤维的 SBS 沥青胶浆作为对比，测试结果见表 6.3。

表 6.3　生物质纤维沥青胶浆物理性能

技术指标	无纤维沥青胶浆	木质素纤维沥青胶浆	竹纤维沥青胶浆	芦苇纤维沥青胶浆
软化点/℃	81.1	87.3	86.6	86.9
针入度/0.1mm	48.2	44.3	46.7	45.1
延度(5℃)/cm	37.1	33.4	35.9	35.6
密度/(g/cm³)	1.030	1.021	1.024	1.023
弹性恢复率/%	81	88	91	87

由表 6.3 可知，对于软化点，无纤维沥青胶浆较木质素纤维沥青胶浆低 6.2℃，较竹纤维沥青胶浆低 5.5℃，较芦苇纤维沥青胶浆低 5.8℃，说明纤维的加入可有效提升沥青的高温稳定性，木质素纤维的提升能力最强，芦苇纤维次之、竹纤维最弱。对于针入度，木质素纤维沥青胶浆、竹纤维沥青胶浆和芦苇纤维沥青胶浆分别比无纤维沥青胶浆降低了 8.1%、3.1%和 6.4%，表明纤维的加入提高了沥青的稠度，进而提高了高温抗变形能力。对于延度，无纤维沥青胶浆较木质素纤维沥青胶浆高 3.7cm，较竹纤维沥青胶浆高 1.2cm，较芦苇纤维沥青胶浆高 1.5cm。说明纤维的加入不能改善沥青胶浆的低温抗裂性能，反而略有降低。三者对应的弹性恢复率分别比无纤维沥青胶浆高 8.6%、12.3%和 7.4%，说明生物质纤维的加入提高了沥青胶浆的韧性，可改善其变形后的自愈能力，进而提高沥青胶浆疲劳性能，其中竹纤维具有更优的改善效果。

综上可知：①纤维的加入可有效提高沥青的高温性能，提升的效果排序为竹纤维<芦苇纤维<木质素纤维；②纤维对沥青的低温性能有轻微的抑制作用，抑制的幅度排序为竹纤维<芦苇纤维<木质素纤维。

6.4.2　路用生物质纤维及其胶浆的热性能

本节通过路用生物质纤维与纤维沥青胶浆的热重法(thermogravimetry，TG)及 DSC，分析纤维及其沥青胶浆的热性能。生物质纤维的热失重过程主要包括水分析出、轻微失重、急剧失重和碳化四个阶段。沥青胶浆的 TG 试验主要分析饱和分和芳香分等成分的分解，而 DSC 试验主要测试纤维沥青胶浆的熔变、玻璃化转变温度(T_g)和熔融温度以反映材料的热性能。通过 TG 与 DSC 试验绘制出的热重-微商热重(thermogravimetry-derivative thermogravimetry，TG-DTG)曲线与DSC 曲线，分析木质素纤维、竹纤维、芦苇纤维及其纤维沥青胶浆的热性能。

TG 试验使用的设备型号为 TGA 5500。试验条件为：N_2(20mL/min)为氛围气体，升温速率为 5℃/min，测试温度范围为室温~790℃。DSC 试验使用的设备为NETZSCH DSC 404 F1 Pegasus。试验条件为：N_2(20mL/min)为氛围气体，升温速率为 5℃/min，测试温度范围为–40~100℃。

1. 路用生物质纤维 TG 测试结果分析

木质素纤维、竹纤维和芦苇纤维的 TG-DTG 曲线分别如图 6.3～图 6.5 所示。

由图 6.3 可知，木质素纤维热解过程可分为三个阶段：0～95℃、95～545℃和 545～790℃。在 95℃左右时，木质素纤维的质量损失为 0.031mg，质量损失率为 1.131%。引起这一现象的原因是木质素纤维中含有的水分析出蒸发导致质量减

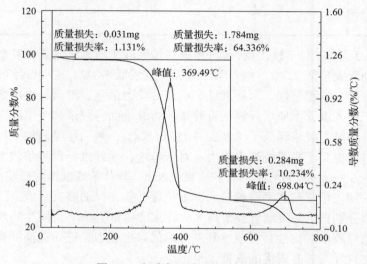

图 6.3 木质素纤维 TG-DTG 曲线

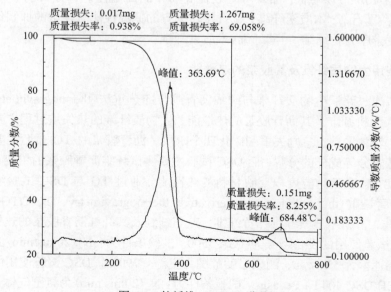

图 6.4 竹纤维 TG-DTG 曲线

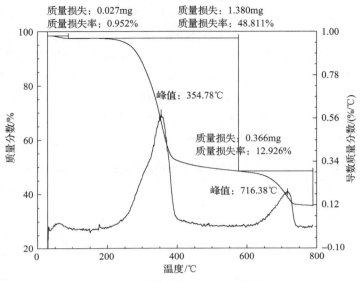

图 6.5　芦苇纤维 TG-DTG 曲线

少。在 95～250℃范围内，木质素纤维进入微失重阶段，此时质量损失较小。在 250～545℃范围内，木质素纤维内部的半纤维素、纤维素及部分木质素分解生成挥发性气体，导致质量急剧下降，此时的质量损失为 1.784mg，质量损失率为 64.336%，且在 DTG 曲线上位于 369.49℃处出现整个曲线最高的失重峰。在 545～790℃范围内，木质素纤维剩余的木质素分解，此时的质量损失为 0.284mg，质量损失率为 10.234%，在 DTG 曲线 698.04℃处出现第二个失重峰。在 700～790℃范围内，木质素纤维进入碳化阶段，该过程质量逐渐趋于平缓。

由图 6.4 可知，竹纤维热解过程可分为三个阶段：0～140℃、140～540℃和 540～790℃。在 0～140℃范围内，竹纤维的质量损失为 0.017mg，质量损失率为 0.938%。这同样是水分析出蒸发所导致的质量减少。在 140～240℃范围内，竹纤维的质量进入微失重阶段，此时竹纤维的质量损失平缓。在 240～540℃范围内，竹纤维内部的半纤维素、纤维素及部分木质素分解生成挥发性气体，导致质量急剧下降，此时的质量损失为 1.267mg，质量损失率为 69.058%，且在 DTG 曲线上位于 363.69℃处出现整个曲线最高的失重峰。在 540～790℃范围内，竹纤维剩余的木质素分解，此时的质量损失为 0.151mg，质量损失率为 8.255%，在 DTG 曲线 684.48℃处出现第二个失重峰。在 700～790℃范围内，竹纤维进入碳化阶段，该过程质量逐渐趋于平缓。

由图 6.5 可知，芦苇纤维热解过程可分为三个阶段：0～85℃、85～570℃和 570～790℃。在 0～85℃范围内，芦苇纤维的质量损失为 0.027mg，质量损失率为 0.952%。在 85～220℃范围内，芦苇纤维进入微失重阶段，此时芦苇纤维的质量损失平缓。在 220～570℃范围内，芦苇纤维内部的半纤维素、纤维素及部分木质素分解生成挥发性气体，从而导致质量急剧下降，此时的质量损失为 1.380mg，质量损失率为 48.811%，且在 DTG 曲线上位于 354.78℃处出现整个曲线最高的失重峰。在 570～790℃范围内，芦苇纤维剩余的木质素分解，此时的质量损失为 0.366mg，质量损失率为 12.926%，在 DTG 曲线 716.38℃处出现第二个失重峰。在 740～790℃范围内，芦苇纤维进入碳化阶段，该过程质量逐渐趋于稳定。

将上述各生物质纤维 TG 测试结果汇总，见表 6.4。

表 6.4　路用生物质纤维热解过程中的质量损失率及峰值温度

技术指标	木质素纤维	竹纤维	芦苇纤维
第一阶段质量损失率/%	1.131	0.938	0.952
第二阶段质量损失率/%	64.336	69.058	48.811
第三阶段质量损失率/%	10.234	8.255	12.926
质量总损失率/%	75.701	78.251	62.689
质量损失峰值温度/℃	369.49	363.69	354.78

由表 6.4 可知：①竹纤维、芦苇纤维和木质素纤维第一阶段的质量损失率分别为 0.938%、0.952%和 1.131%；竹纤维较芦苇纤维少 0.014 个百分点，较木质素纤维少 0.193 个百分点。第一阶段的质量损失主要是因为水分的析出蒸发，可见 3 种纤维的含水率排序为竹纤维<芦苇纤维<木质素纤维，这与生物质纤维的物理性能测试结果一致。②竹纤维、芦苇纤维和木质素纤维第二阶段的质量损失率分别为 69.058%、48.811%和 64.336%；竹纤维较芦苇纤维多 20.247 个百分点，较木质素纤维多 4.722 个百分点。第二阶段的质量损失主要来源于纤维素、半纤维素、部分木质素的剧烈分解，可见芦苇纤维的质量损失率最低，木质素纤维次之，竹纤维最高。③第三阶段的质量损失主要为残余的木质素分解及物质的碳化过程，竹纤维的质量损失率为 8.255%，木质素纤维为 10.234%，芦苇纤维为 12.926%。在质量总损失率上，竹纤维较芦苇纤维高 15.562 个百分点，较木质素纤维高 2.550 个百分点。

此外，热解过程中试样的分解峰值温度越高说明材料的热稳定性越好[11]。相比之下，木质素纤维的热解峰值温度较竹纤维与芦苇纤维分别高 5.80℃和 14.71℃。由此可知，三种纤维的热稳定性排序为芦苇纤维<竹纤维<木质素纤维。

2. 生物质纤维沥青胶浆 TG 测试结果分析

各纤维沥青胶浆 TG 测试结果和 DTG 测试结果如图 6.6、图 6.7 和表 6.5 所示。

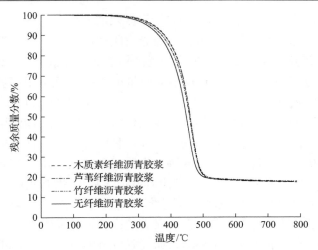

图 6.6　各纤维沥青胶浆 TG 测试结果对比图

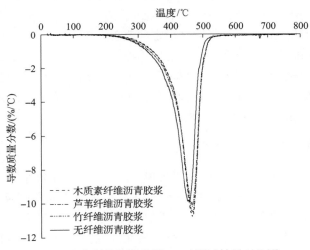

图 6.7　各纤维沥青胶浆 DTG 测试结果对比图

表 6.5　各纤维沥青胶浆 TG 试验特征数据

测试参数	无纤维	木质素纤维	芦苇纤维	竹纤维
TG 质量损失率/%	83.457	81.664	82.617	82.195
DTG 峰值温度/℃	456.11	465.56	465.54	467.37

由图 6.6 与表 6.5 的数据结果可知：①在 0～200℃范围内，4 种沥青胶浆的质量变化极小，说明沥青胶浆中所含起始分解温度较低的饱和分与芳香分的含量均较少，而胶质与沥青质(在该温度段基本不发生分解)含量较多，该组分可使沥青胶浆在通常工作温度(150～180℃)的施工现场具有更好的稳定性。②在 200～

500℃范围内，4 种沥青胶浆的质量均发生了剧烈的变化，这是由于沥青质中的多苯环等化合物在该温度段发生分解，从而导致质量损失率变化显著。③在 500～790℃范围内，沥青胶浆的质量损失率均逐渐趋于平缓。整个 TG 测试过程中，4 种沥青胶浆的 TG 曲线形状差异较小，质量损失率差距也很细微（木质素纤维 81.664%<竹纤维 82.195%<芦苇纤维 82.617%<无纤维 83.457%）。表明路用生物质纤维的加入可以提高沥青胶浆的热稳定性，且 3 种纤维提升的幅度没有显著差异。

由图 6.7 与表 6.5 的数据结果可知：①4 种沥青胶浆的质量损失峰值均处于 460～470℃，说明在该温度区间内 4 种沥青胶浆中沸点较高、多苯环等结构复杂的化合物发生挥发或者热解[12]。②对比质量损失峰值温度的大小可知，无纤维（456.11℃）<芦苇纤维（465.54）<木质素纤维（465.56℃）<竹纤维（467.37℃）。3 种纤维沥青胶浆的曲线趋势基本相同，没有显著的区别，最大的竹纤维质量损失峰值温度与最小的芦苇纤维相差仅 1.83℃，而 3 种纤维沥青胶浆较无纤维沥青胶浆的峰值温度分别提高了 11.26℃（竹纤维）、9.45℃（木质素纤维）、9.43℃（芦苇纤维）。③在峰强度上，排序为木质素纤维<竹纤维<芦苇纤维<无纤维。说明纤维在沥青中所形成的网状结构对沥青胶浆的热稳定性改善效果上，木质素纤维最好，竹纤维次之，芦苇纤维最差。纤维通过吸附作用将游离的自由沥青转变为热稳定性更强的结构沥青，裹覆沥青的纤维相互搭接形成三维立体网络能够提高沥青胶浆的热稳定性[13]。因此，3 种纤维沥青胶浆的热稳定性排序为芦苇纤维沥青胶浆<竹纤维沥青胶浆<木质素纤维沥青胶浆。

3. 纤维沥青胶浆 DSC 测试结果分析

以无纤维沥青胶浆 DSC 测试结果为例（图 6.8），纤维沥青胶浆 DSC 曲线反映的是沥青胶浆与温度的变化关系。在图 6.8 中，无纤维沥青胶浆 DSC 曲线存在一个低温吸热峰（–17.33～–7.63℃，峰值温度为–11.49℃）和一个高温吸热峰（20.88～29.38℃，峰值温度为 25.62℃）。将无纤维沥青胶浆、竹纤维沥青胶浆、芦苇纤维沥青胶浆和木质素纤维沥青胶浆 DSC 曲线整理如图 6.9 所示，将 DSC 曲线中的吸热峰特征值数据整理见表 6.6。

表 6.6　各纤维沥青胶浆 DSC 特征数据

测试参数	无纤维		木质素纤维		芦苇纤维		竹纤维	
	低温	高温	低温	高温	低温	高温	低温	高温
起始温度/℃	–17.33	20.88	–12.53	32.63	–13.8	28.18	–15.21	29.32
峰值温度/℃	–11.49	25.62	–10.47	37.15	–9.61	34.38	–10.56	36.47
结束温度/℃	–7.63	29.38	–7.22	44.29	–6.32	39.42	–7.85	44.26

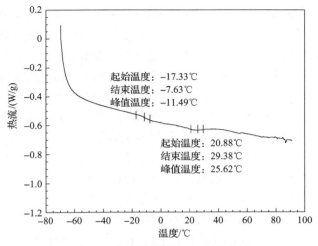

图 6.8　无纤维沥青胶浆 DSC 曲线

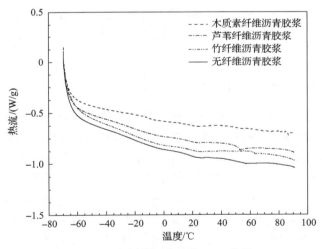

图 6.9　各纤维沥青胶浆 DSC 曲线

由图 6.9 和表 6.6 的 DSC 曲线及特征数据结果可知：纤维沥青胶浆低温吸热峰的熔融起点温度为玻璃化转变温度 T_g（沥青胶浆的玻璃态区与转变区的分界温度），T_g 温度越低意味着沥青胶浆的低温柔性越强，表明沥青胶浆处于高弹态的温度范围更大且沥青胶浆在低温环境下具有更好的弹性与黏性[14]。

4 种沥青胶浆的 T_g 值分别为无纤维（–17.33℃）、木质素纤维（–12.53℃）、芦苇纤维（–13.8℃）和竹纤维（–15.21℃），说明 3 种纤维对沥青胶浆的低温性能都有一定的影响，这是由于纤维在沥青胶浆中所形成的网状结构对沥青的束缚会提高其 T_g 值[15]。此外，竹纤维的低温柔性和弹性优于木质素纤维和芦苇纤维，表明其低温抗裂性能最优。

另外，当沥青胶浆处于玻璃态和黏弹态两种不同状态时，其内部分子间的作用力差别很大，导致其物理力学性质截然不同[16]。沥青胶浆分子聚集态的变化反映在 DSC 曲线上表现为吸热峰的位置及范围[17]。由表 6.6 可知，无纤维、木质素纤维、芦苇纤维和竹纤维沥青胶浆的低温吸热峰范围（即起始温度与结束温度的差值）分别为 9.70℃、5.31℃、7.48℃和 7.36℃，表明 SBS 改性沥青在较宽的低温范围内具有良好的柔性和塑性，即低温稳定性最好[13]。芦苇纤维沥青胶浆和竹纤维沥青胶浆的低温稳定性明显优于木质素纤维沥青胶浆。

沥青胶浆 DSC 曲线的高温吸热峰范围可表征其温度敏感性[18]。通常情况下，沥青胶浆的高温吸热峰覆盖域越宽，其温度敏感性越弱[18]。无纤维、木质素纤维、芦苇纤维和竹纤维沥青胶浆的高温吸热峰范围分别为 8.50℃、11.66℃、11.24℃和 14.94℃，说明纤维的加入可有效降低沥青胶浆的温度敏感性。这是因为沥青分子与纤维表面产生的吸附和浸润作用使沥青呈单分子状排列在纤维表面而形成了结合力牢固的"结构沥青"界面层[19]。"结构沥青"比其界面层外部的"自由沥青"黏性大，温度敏感性低，耐热性能好[20]。因此，纤维沥青胶浆具有比无纤维沥青胶浆更好的黏弹性，且竹纤维沥青胶浆的温度敏感性低于芦苇纤维和木质素纤维沥青胶浆。

6.4.3　路用生物质纤维的吸油性能

吸油性能是路用纤维最重要的指标，吸油性的强弱决定了沥青混合料中纤维对沥青吸附作用的强弱，纤维吸附沥青后产生的三维立体网状结构是纤维改善沥青混合料路用性能的关键。本节按照《沥青路面用纤维》（JT/T 533—2020）规范中吸油率测试方法测试 3 种生物质纤维的吸油率，具体流程为：①称取烘干后的纤维 m_1（5.00g±0.10g）装入塑料杯中；②将 100mL 矿物油倒入塑料杯中，用玻璃棒搅拌 15min 后，静置 5min；③称取试样筛质量 m_2（精确至 0.10g），将试样筛安装到纤维吸油率测定仪（图 6.10）上；④将塑料杯中的试样倒入试样筛中，启动纤维吸油率测定仪，时间设定为 10min；⑤取下试样筛，称取试样筛与吸有矿物油的纤维质量 m_3（精确至 0.10g）。

纤维吸油率的计算公式为

$$X_2 = (m_3 - m_2 - m_1) / m_1 \times 100\% \tag{6.1}$$

式中，m_1 为烘干后的纤维质量，g；m_2 为试样筛质量，g；m_3 为试样筛与吸油后纤维的总质量，g。

综合上述测试方法与计算公式，可得到木质素纤维、竹纤维、芦苇纤维的吸油率结果，详见表 6.7。

图 6.10　纤维吸油率测定仪

表 6.7　路用生物质纤维的吸油率

检测指标	木质素纤维	竹纤维	芦苇纤维	规范要求
吸油率/倍	7.3	9.2	8.6	>5

由表 6.7 可知[9]，木质素纤维吸油率（7.3 倍）、竹纤维吸油率（9.2 倍）和芦苇纤维吸油率（8.6 倍）均满足规范要求。竹纤维吸油率较木质素纤维高 1.9 倍，较芦苇纤维高 60%，表明 3 种生物质纤维对沥青的吸附能力排序为木质素纤维<芦苇纤维<竹纤维。

6.4.4　路用生物质纤维的微观结构

扫描电子显微镜是利用电子枪在高压电作用下发射出的电子束与试样表面相互作用产生二次电子信号，系统将探测器接收到的电子信号转变为视频成像的设备[21]。本节采用 Quanta FEG 250 型 SEM 观测纤维的微观形貌特征，从微观层面分析路用生物质纤维的吸附特征及其在沥青混合料中的增强机理。测试步骤为：①取纤维样品沾于导电胶上后用气枪吹扫；②采用 Leica EM SCD500 型高真空镀膜仪进行喷金处理；③将样品送入试样室，经真空处理后利用电子枪发射的电子束扫描成像。

各生物质纤维的 SEM 照片如图 6.11～图 6.13 所示。可以看到，不同生物质纤维的表观形貌存在较大差异。木质素纤维直径较为均匀，表面光滑，末梢处有绒毛状突起，可在沥青混合料中起到良好的桥接作用。竹纤维直径大小不一，纤维表面有突起的绒毛可以增强沥青的吸附作用。芦苇纤维成管束状，各纤维的直径大小不一且表面沟壑不平，该结构可增强结构沥青的吸附作用并提高沥青混合料中集料间的内摩擦力。

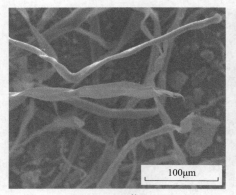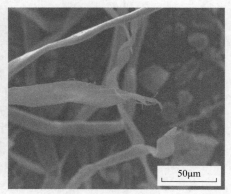

(a) ×1000倍　　　　　　　　　　　　(b) ×1500倍

图 6.11　木质素纤维 SEM 照片

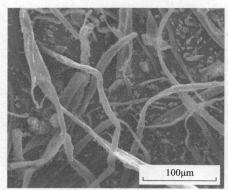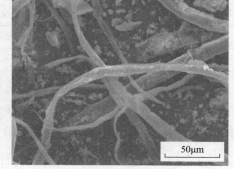

(a) ×1000倍　　　　　　　　　　　　(b) ×1500倍

图 6.12　竹纤维 SEM 照片

(a) ×1000倍　　　　　　　　　　　　(b) ×1500倍

图 6.13　芦苇纤维 SEM 照片

6.5　本　章　小　结

本章对木质素纤维、竹纤维、芦苇纤维及其纤维沥青胶浆的物理性能、热性能、微观结构等进行研究，得出如下结论。

(1) 3 种路用生物质纤维的物理性能均满足规范《沥青路面用纤维》(JT/T 533—2020)要求。

(2)纤维的加入可有效提高沥青的高温性能，提升的效果排序为芦苇纤维<木质素纤维<竹纤维；纤维对沥青的低温性能有轻微的抑制作用，抑制的幅度排序为竹纤维<芦苇纤维<木质素纤维。

(3)不同温度范围内各路用生物质纤维的质量损失规律较一致。3 种纤维中，木质素纤维的热稳定性最好，竹纤维次之，芦苇纤维最差。

(4)纤维可有效提高沥青分子间的交联程度而形成网络结构，在改善其热熔融性的同时提高其热稳定性。此外，纤维可有效降低沥青胶浆的温度敏感性。竹纤维的低温柔性和弹性优于木质素纤维和芦苇纤维，表明其低温抗裂性能最优。芦苇纤维沥青胶浆和竹纤维沥青胶浆的低温稳定性明显优于木质素纤维沥青胶浆。竹纤维沥青胶浆的温度敏感性低于芦苇纤维和木质素纤维沥青胶浆。

(5)不同生物质纤维的表观形貌存在较大差异。木质素纤维和竹纤维的表面有突起的绒毛能够增强其对沥青的吸附能力；芦苇纤维的表面有沟壑状凹凸不平，可增强结构沥青的吸附作用并提高沥青混合料中集料间的内摩擦力。

参 考 文 献

[1] 沈金安. SMA 路面中各种纤维应用现状及发展趋势[C]//第五届全国路面材料及新技术研讨会论文集. 北京: 中国公路杂志社, 2004: 15-20.

[2] 王争辉. 木质素纤维对 SMA 沥青混合料路用性能的影响[J]. 交通世界(建养·机械), 2015, (4): 150-152.

[3] 张强. 南川区国家马尾松、杉木良种基地建设及管理探讨[J]. 南方农业, 2016, 10(15): 106-107.

[4] 李辉勇. 稻草秸秆的碱法氧化预处理方法研究[D]. 长沙: 中南大学, 2012.

[5] 莫健梅, 王双飞, 余炼. 撑绿竹及其父母本竹子原料的生物结构观察[J]. 造纸科学与技术, 2008, (2): 1-9, 15.

[6] 肖复明, 范少辉, 汪思龙, 等. 毛竹、杉木人工林生态系统碳平衡估算[J]. 林业科学, 2010, 46(11): 59-65.

[7] 吴伟光, 刘强, 朱臻. 考虑碳汇收益情境下毛竹林与杉木林经营的经济学分析[J]. 中国农村经济, 2014, (9): 57-70.

[8] 徐彬. 改性秸秆纤维/PVC 木塑复合材料的研究[D]. 济南: 济南大学, 2017.

[9] 李巍巍. 棉秸秆纤维沥青混合料路用性能研究[D]. 西安: 长安大学, 2015.

[10] 叶群山. 纤维改性沥青胶浆与混合料流变特性研究[D]. 武汉: 武汉理工大学, 2007.

[11] 王新然, 辛颖. 红松热解特性及动力学实验研究[J]. 消防科学与技术, 2019, 38(7): 928-932.

[12] 吴超凡, 曾梦澜, 刘克非, 等. 沥青结合料的热性能研究[J]. 公路工程, 2014, 39(6): 133-137.

[13] 方昌文. 复合纤维沥青胶浆性能及在 SMA-13 中的应用研究[D]. 长沙: 长沙理工大学, 2018.

[14] 黄优, 刘朝晖, 李盛. 沥青材料的玻璃态转变温度求解及低温性能分析[J]. 材料导报, 2016, 30(16): 141-144, 149.

[15] 孙永升. 硅藻土复合木质纤维对沥青的增强机理研究[D]. 沈阳: 东北大学, 2011.

[16] 才洪美, 张玉贞. DSC 在改性沥青性能评价中的应用[J]. 新型建筑材料, 2010, 37(4): 75-77.

[17] 曾凡奇, 黄晓明, 李海军. 沥青性能的 DSC 评价方法[J]. 交通运输工程学报, 2005, (4): 37-42.

[18] 梁乃兴, 廉向东. 聚合物改性沥青示差扫描量热法(DSC)分析研究[J]. 西安公路交通大学学报, 2000, (3): 29-30, 44.

[19] 赵庆权. 基于界面理论纤维改性沥青与集料粘附性研究[J]. 公路工程, 2014, 39(6): 283-288.

[20] 钟仰晋, 张柳, 田昱, 等. 纤维在沥青混凝土中作用机理分析[J]. 公路交通科技(应用技术版), 2008, (8): 80-82.

[21] 武开业. 扫描电子显微镜原理及特点[J]. 科技信息, 2010, (29): 107.

第7章　路用生物质纤维沥青混合料的
路用性能与微观结构

本章采用马歇尔试验法确定沥青混合料的最佳级配、最佳油石比、纤维最佳掺量等，然后基于系列室内试验分析评价木质素纤维、竹纤维、芦苇纤维在两种不同类型的沥青混合料(SMA 和 AC)中的路用性能变化，并采用微观方法分析纤维沥青混合料的内部形貌与作用机理。

7.1　试验用沥青混合料及其制备

采用马歇尔试验法对 SMA-13 与 AC-13 两种类型的纤维沥青混合料进行配合比设计。先确定两种混合料的级配与最佳油石比，然后确定两种类型混合料中纤维的最佳掺量。在此过程中，通过分析击实成型的马歇尔试件各项指标的变化，按照规范要求与计算公式得到沥青混合料的最佳级配、最佳油石比、纤维最佳掺量等数据。

7.1.1　级配的拟定与参数的计算

根据集料的筛分试验结果，初步拟定 SMA-13 与 AC-13 各 3 种级配，如图 7.1 和图 7.2 所示。

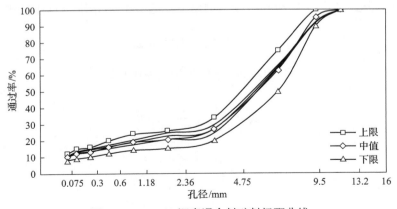

图 7.1　SAM-13 沥青混合料矿料级配曲线

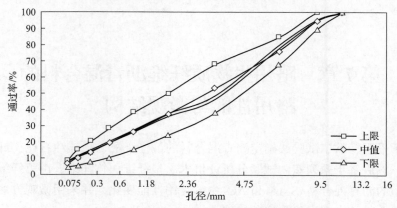

图 7.2　AC-13 沥青混合料矿料级配曲线

根据上述级配制备沥青混合料，按照规范《公路工程沥青及沥青混合料试验规程》(JTG E20—2011)的规定，矿料加热温度为 160℃，拌和温度为 170℃。

纤维沥青混合料的拌制有干、湿两种方法[1]。湿法为预先将沥青与纤维按照固定掺量比例进行拌和，得到纤维沥青胶浆。若现场施工时采用湿法拌制，则必须增加纤维沥青拌和设备。湿法拌制出的纤维沥青胶浆易出现离析现象，进而影响纤维在沥青混合料中的分布[2]。因此，本节采用干法拌制，具体拌制步骤为：①将矿料与纤维用拌和机干拌 90s；②加入沥青拌和 90s；③加入矿粉拌和 90s。

在通过马歇尔试验确定沥青混合料的最佳油石比与纤维最佳掺量时，马歇尔试件均采用双面击实 75 次，试模尺寸为 $\phi101.6\text{mm}\times63.5\text{mm}$。采用以下指标确定混合料最佳油石比与纤维最佳掺量。

1）最大理论相对密度

首先计算沥青混合料的有效相对密度，具体公式见式(7.1)。计算沥青吸收系数 C，具体公式见式(7.2)和式(7.3)。计算最大理论相对密度，具体见式(7.4)。

$$\gamma_{se} = C\gamma_{sa} + (1-C)\gamma_{sb} \tag{7.1}$$

$$C = 0.033\omega_x^2 - 0.2936\omega_x + 0.9339 \tag{7.2}$$

$$\omega_x = \left(\frac{1}{\gamma_{sb}} - \frac{1}{\gamma_{sa}}\right) \times 100 \tag{7.3}$$

$$\gamma_t = \frac{100 + P_a + P_x}{\dfrac{100}{\gamma_{sa}} + \dfrac{P_a}{\gamma_a} + \dfrac{P_x}{\gamma_x}} \tag{7.4}$$

式中，γ_{sa} 为矿料的合成表观相对密度；γ_{sb} 为矿料的合成毛体积相对密度；ω_x 为合成矿料的吸水率，%；C 为沥青的吸收系数；γ_{se} 为矿料的有效相对密度；γ_t 为沥青混合料理论最大密度，g/mm^3；P_a 为沥青混合料的油石比，%；γ_a 为沥青 25℃时的相对密度；P_x 为纤维掺量，以纤维质量占矿料总质量的百分比表示，%；γ_x 为 25℃时纤维相对密度。

2) 毛体积相对密度

按照规范《公路工程沥青及沥青混合料试验规程》（JTG E20—2011）的规定，采用表干法测定吸水率不大于 2% 的马歇尔试件的毛体积相对密度。

试件的毛体积密度计算公式见式(7.5)与式(7.6)。

$$\gamma_f = \frac{m_a}{m_f - m_w} \tag{7.5}$$

$$\rho_a = \frac{m_a}{m_a - m_w} \times \rho_w \tag{7.6}$$

式中，γ_f 为 25℃条件下试件的表观相对密度；ρ_a 为 25℃条件下试件的表观密度，g/cm^3；m_a 为干燥试件在空气中的质量，g；m_f 为试样的表干质量，g；m_w 为试件在水中的质量，g；ρ_w 为 25℃条件下水的密度，取 0.9971g/cm^3。

3) 试件空隙率 VV、矿料间隙率 VMA、有效沥青饱和度 VFA

马歇尔试件的 VV、VMA 和 VFA 三个指标分别按照式(7.7)、式(7.8)和式(7.9)计算。

$$VV = \left(1 - \frac{\gamma_f}{\gamma_t}\right) \times 100\% \tag{7.7}$$

$$VMA = \left(1 - \frac{\gamma_f}{\gamma_{sb}} \times \frac{P_s}{100}\right) \times 100\% \tag{7.8}$$

$$VFA = \left(\frac{VMA - VV}{VMA}\right) \times 100\% \tag{7.9}$$

式中，VV 为沥青混合料试件的空隙率，%；VMA 为沥青混合料试件的矿料间隙率，%；VFA 为沥青混合料试件的有效沥青饱和度，%；P_s 为各种矿料占沥青混合料总质量分数之和，%；γ_{sb} 为矿料的合成毛体积相对密度。

7.1.2　级配的确定

首先拟定 SMA-13 的油石比为 5.9%[3]，AC-13 的油石比为 5.0%[4]，生物质纤维掺量 0.4%（占石料质量分数）[5]。按照规范《公路工程沥青及沥青混合料试验规程》(JTG E20—2011)击实马歇尔试件，再根据马歇尔试验结果确定 SMA-13 与 AC-13 两种类型沥青混合料的级配，详见表 7.1。击实马歇尔试件如图 7.3 所示。

表 7.1　SMA-13 与 AC-13 沥青混合料的马歇尔试验测试结果(固定纤维掺量)

混合料类型	油石比/%	纤维掺量/%	毛体积相对密度	空隙率(VV)/%	矿料间隙率(VMA)/%	有效沥青饱和度(VFA)/%	马歇尔稳定度/kN	流值/mm
SMA-13 (合成级配 1)			2.51	3.9	16.8	74.5	8.8	2.1
SMA-13 (合成级配 2)	5.9	0.4	2.51	4.2	16.9	75.8	8.4	2.3
SMA-13 (合成级配 3)			2.48	4.2	17.2	75.6	8.4	2.4
SMA-13 技术要求	—	—	—	3～4.5	≥17.0	70～85	≥6.0	2～5
AC-13 (合成级配 1)			2.46	4.3	13.1	67.1	11.2	3.3
AC-13 (合成级配 2)	5.0	0.4	2.51	3.9	13.8	71.7	12.1	2.9
AC-13 (合成级配 3)			2.48	4.4	13.6	67.6	11.6	3.1
AC-13 技术要求	—	—	—	4～6	≥13.5	65～75	≥8	2～4

图 7.3　马歇尔击实仪击实试件

根据技术规范要求：①在拟定的 3 种 SMA-13 级配中，合成级配 1 与合成级配 2 均无法满足 VMA≥17.0 的要求，因而确定级配 3 为合成级配；②在拟定的 3 种 AC-13 级配中，合成级配 1 未达到 VFA≥13.5% 的技术要求，而合成级配 2 未能满足 AC-13 在重载交通下 VV 介于 4%～6%的要求，因此确定级配 3 为合成级配。

7.1.3　生物质纤维最佳掺量的确定

拟定生物质纤维的掺量分别为 0.2%、0.3%、0.4%、0.5%和 0.6%，按照《公路工程沥青及沥青混合料试验规程》（JTG E20—2011）制备 SMA-13 与 AC-13 沥青混合料的马歇尔试件。测定试件的毛体积相对密度、马歇尔稳定度、流值等参数，测试结果见表 7.2。

表 7.2　SAM-13 与 AC-13 沥青混合料的马歇尔试验结果（不同纤维掺量）

混合料类型	油石比/%	纤维掺量/%	毛体积相对密度	空隙率(VV)/%	矿料间隙率(VMA)/%	有效沥青饱和度(VFA)/%	马歇尔稳定度/kN	流值/mm
SMA-13	5.9	0.2	2.48	5.0	17.7	71.7	7.8	2.8
		0.3	2.49	4.5	17.4	74.1	8.2	3.2
		0.4	2.49	4.5	17.2	75.8	8.3	2.5
		0.5	2.48	4.3	17.3	75.1	8.1	2.2
		0.6	2.48	4.4	17.5	74.8	7.9	2.5
SMA-13技术要求	—	—	—	3～4.5	≥17.0	70～85	≥6.0	2～5
AC-13	5.0	0.2	2.44	4.7	13.9	66.2	10.8	2.8
		0.3	2.43	4.5	13.5	66.6	11.3	3.3
		0.4	2.47	4.4	13.6	67.6	11.6	3.1
		0.5	2.49	4.6	13.4	65.7	11.4	3.2
		0.6	2.46	4.9	13.8	64.5	11.7	3.1
AC-13技术要求	—	—	—	4～6	≥13.5	65～75	≥8	2～4

根据规范技术要求：①在 SMA-13 马歇尔试验结果中，纤维掺量为 0.2%时的混合料空隙率超过规范要求的 4.5。当纤维掺量为 0.3%、0.4%、0.5%和 0.6%时，有效沥青饱和度与马歇尔稳定度均在掺量 0.4%时达到最大，说明 0.4%的纤维掺量对纤维在沥青混合料中发挥出的吸附等作用最为有利，因此选定 0.4%为最佳纤维掺量。②在 AC-13 马歇尔试验结果中，0.4%与 0.6%的纤维掺量分别使有效沥青饱和度与马歇尔稳定度达到最大值。但综合来看，0.4%的纤维掺量不仅使有效沥青饱和度取得最大值，且有着较高的马歇尔稳定度。因此，将 0.4%作为最佳纤维掺量。

7.1.4　混合料最佳油石比的确定

按照规范要求成型马歇尔试件并测试各项指标，根据公式计算出各纤维沥青混合料的油石比，具体结果见表 7.3 和表 7.4。

表 7.3 SMA-13 纤维沥青混合料最佳油石比测试结果

混合料类型	油石比/%	纤维掺量/%	毛体积相对密度	空隙率(VV)/%	矿料间隙率(VMA)/%	有效沥青饱和度(VFA)/%	马歇尔稳定度/kN	流值/mm
SMA-13（无纤维）	5.3	0	2.52	3.8	17.2	72.6	7.92	2.2
	5.6		2.50	3.6	17.4	74.1	7.83	2.1
	5.9		2.51	3.5	17.3	75.6	7.79	2.3
	6.2		2.48	3.6	17.5	77.4	7.81	2.5
	6.5		2.49	3.3	17.6	76.6	7.73	2.6
SMA-13（木质素纤维）	5.3	0.4	2.51	4.3	15.9	70.2	9.90	2.1
	5.6		2.47	5.1	16.6	69.3	7.90	2.1
	5.9		2.50	4.0	17.1	76.6	8.70	2.2
	6.2		2.50	3.8	17.3	78.0	8.90	2.1
	6.5		2.49	3.6	17.3	79.2	7.90	2.5
SMA-13（竹纤维）	5.3	0.4	2.49	5.0	17.6	71.7	7.80	2.8
	5.6		2.49	4.7	17.2	73.8	8.20	3.2
	5.9		2.48	4.6	17.2	73.2	8.40	2.4
	6.2		2.49	4.6	17.3	76.0	8.10	2.2
	6.5		2.48	4.4	17.5	76.1	7.90	2.5
SMA-13（芦苇纤维）	5.3	0.4	2.47	4.9	17.4	73.4	7.80	2.3
	5.6		2.48	4.6	17.3	73.4	7.90	2.2
	5.9		2.48	4.5	17.3	74.0	8.00	2.4
	6.2		2.50	4.3	17.4	75.3	8.30	2.2
	6.5		2.49	4.3	17.2	75.0	8.20	2.3
SMA-13技术要求	—	—	—	3~4.5	≥17.0	70~85	≥6.0	2~5

表 7.4 AC-13 纤维沥青混合料最佳油石比测试结果

混合料类型	油石比/%	纤维掺量/%	毛体积相对密度	空隙率(VV)/%	矿料间隙率(VMA)/%	有效沥青饱和度(VFA)/%	马歇尔稳定度/kN	流值/mm
AC-13（无纤维）	4.7	0	2.49	4.4	13.6	65.4	10.3	3.0
	5.0		2.47	4.2	13.9	66.2	9.8	3.1
	5.3		2.47	3.9	14.1	67.6	9.3	3.1
	5.6		2.45	3.8	14.1	69.8	9.1	3.0
	5.9		2.46	3.8	14.3	69.5	8.8	3.3

续表

混合料类型	油石比/%	纤维掺量/%	毛体积相对密度	空隙率（VV）/%	矿料间隙率（VMA）/%	有效沥青饱和度（VFA）/%	马歇尔稳定度/kN	流值/mm
AC-13（木质素纤维）	4.7	0.4	2.49	4.8	13.4	64.2	11.8	2.9
	5.0		2.48	4.4	13.6	67.6	12.4	3.1
	5.3	0.4	2.49	4.2	13.8	69.6	12.2	3.3
	5.6		2.48	3.9	13.8	71.7	12.1	3.1
	5.9		2.49	3.8	14.1	73.0	11.9	3.0
AC-13（竹纤维）	4.7	0.4	2.48	4.8	13.7	64.9	11.6	3.1
	5.0		2.47	4.4	13.6	67.6	11.6	3.1
	5.3		2.49	4.5	13.9	67.6	11.9	2.9
	5.6		2.46	4.1	14.3	71.3	11.8	3.3
	5.9		2.48	3.9	14.4	72.9	11.8	3.4
AC-13（芦苇纤维）	4.7	0.4	2.49	4.9	13.3	63.1	11.4	3.2
	5.0		2.47	4.7	13.5	65.2	11.6	3.4
	5.3		2.48	4.4	13.6	67.6	11.6	3.3
	5.6		2.47	4.1	13.9	70.5	11.3	3.6
	5.9		2.46	3.8	14.1	73.0	11.2	3.7
AC-13技术要求	—	—	—	4～6	≥13.5	65～75	≥8	2～4

为确定三种生物质纤维在两种沥青混合料中的最佳油石比，分别计算以下三个指标。

1）确定 OAC_1 值

根据马歇尔稳定度、毛体积相对密度与空隙率确定油石比的初始值，即 OAC_1，详见式（7.10）。

$$OAC_1 = \frac{a_1 + a_2 + a_3}{3} \tag{7.10}$$

式中，a_1 为最大毛体积相对密度所对应的油石比，%；a_2 为最大马歇尔稳定度所对应的油石比，%；a_3 为规范规定的空隙率范围平均值所对应的油石比，%。

2）确定 OAC_2 值

筛选出能够满足规范要求的马歇尔稳定度、流值、空隙率、有效沥青饱和度等指标的油石比，求取其平均值，即 OAC_2，详见式（7.11）。

$$OAC_2 = \frac{OAC_{min} + OAC_{max}}{2} \tag{7.11}$$

式中，OAC_{min} 为最小油石比，%；OAC_{max} 为最大油石比，%。

3）确定 OAC 值

取 OAC_1 与 OAC_2 的平均值作为最佳油石比，即 OAC 值，详见式（7.12）。

$$OAC = \frac{OAC_1 + OAC_2}{2} \tag{7.12}$$

1. SMA-13 沥青混合料最佳油石比的确定

1）无纤维的最佳油石比

在无纤维的式（7.10）、式（7.11）中，a_1 为 5.3%，a_2 为 5.3%，a_3 为 5.3%，OAC_{min} 为 5.3%，OAC_{max} 为 6.5%，故

$$OAC_1 = (5.3\% + 5.3\% + 5.3\%)/3 = 5.3\%$$

$$OAC_2 = (5.3\% + 6.5\%)/2 = 5.9\%$$

$$OAC = (5.3\% + 5.9\%)/2 = 5.6\%$$

因此，无纤维 SMA-13 沥青混合料的最佳油石比为 5.6%。

2）木质素纤维的最佳油石比

在掺加木质素纤维的式（7.10）、式（7.11）中，a_1 为 5.3%，a_2 为 5.3%，a_3 为 6.2%，OAC_{min} 为 5.9%，OAC_{max} 为 6.5%，故

$$OAC_1 = (5.3\% + 5.3\% + 6.2\%)/3 = 5.6\%$$

$$OAC_2 = (5.9\% + 6.5\%)/2 = 6.2\%$$

$$OAC = (5.6\% + 6.2\%)/2 = 5.9\%$$

因此，木质素纤维 SMA-13 沥青混合料的最佳油石比为 5.9%。

3）竹纤维的最佳油石比

在竹纤维的马歇尔试验结果中，油石比为 5.3%、5.6%、5.9%和 6.2%时的空隙率均不满足规范技术指标要求，仅在油石比为 6.5%时满足规范要求。因此，竹纤维 SMA-13 沥青混合料的最佳油石比为 6.5%。

4）芦苇纤维的最佳油石比

在掺加芦苇纤维的式（7.10）、式（7.11）中，a_1 为 6.2%，a_2 为 6.2%，a_3 为 6.2%，OAC_{min} 为 5.9%，OAC_{max} 为 6.5%，故

$$OAC_1 = (6.2\% + 6.2\% + 6.2\%)/3 = 6.2\%$$

$$OAC_2 = (5.9\% + 6.5\%)/2 = 6.2\%$$

$$OAC = (6.2\% + 6.2\%)/2 = 6.2\%$$

因此，芦苇纤维 SMA-13 沥青混合料的最佳油石比为 6.2%。

由上述计算结果可知，掺加木质素纤维、竹纤维、芦苇纤维的 SMA-13 沥青混合料的最佳油石比计算结果见表 7.5。

表 7.5　不同生物质纤维 SMA-13 沥青混合料最佳油石比

纤维种类	最佳油石比/%
无纤维	5.6
木质素纤维	5.9
竹纤维	6.5
芦苇纤维	6.2

2. AC-13 沥青混合料最佳油石比的确定

1）无纤维的最佳油石比

在无纤维的式(7.10)、式(7.11)中，a_1 为 4.7%，a_2 为 4.7%，a_3 为 4.7%，OAC_{min} 为 4.7%，OAC_{max} 为 5.0%，故

$$OAC_1 = (4.7\% + 4.7\% + 4.7\%)/3 = 4.7\%$$

$$OAC_2 = (4.7\% + 5.0\%)/2 = 4.85\%$$

$$OAC = (4.7\% + 4.85\%)/2 = 4.775\%$$

因此，无纤维 AC-13 沥青混合料的最佳油石比取 4.8%。

2）木质素纤维的最佳油石比

在掺加木质素纤维的式(7.10)、式(7.11)中，a_1 为 5.3%，a_2 为 5.0%，a_3 为 4.7%，OAC_{min} 为 5.0%，OAC_{max} 为 5.3%，故

$$OAC_1 = (5.3\% + 5.0\% + 4.7\%)/3 = 5.0\%$$

$$OAC_2 = (5.0\% + 5.3\%)/2 = 5.15\%$$

$$OAC = (5.0\% + 5.15\%)/2 = 5.075\%$$

因此，木质素纤维 AC-13 沥青混合料的最佳油石比取 5.1%。

3）竹纤维的最佳油石比

在掺加竹纤维的式（7.10）、式（7.11）中，a_1 为 5.3%，a_2 为 5.3%，a_3 为 4.7%，OAC_{min} 为 5.0%，OAC_{max} 为 5.6%，故

$$\text{OAC}_1 = (5.3\% + 5.3\% + 4.7\%)/3 = 5.1\%$$

$$\text{OAC}_2 = (5.0\% + 5.6\%)/2 = 5.3\%$$

$$\text{OAC} = (5.1\% + 5.3\%)/2 = 5.2\%$$

因此，竹纤维 AC-13 沥青混合料的最佳油石比为 5.2%。

4）芦苇纤维的最佳油石比

在掺加芦苇纤维的式（7.10）、式（7.11）中，a_1 为 4.7%，a_2 为 5.0%，a_3 为 4.7%，OAC_{min} 为 5.0%，OAC_{max} 为 5.6%，故

$$\text{OAC}_1 = (4.7\% + 5.0\% + 4.7\%)/3 = 4.8\%$$

$$\text{OAC}_2 = (5.0\% + 5.6\%)/2 = 5.3\%$$

$$\text{OAC} = (4.8\% + 5.3\%)/2 = 5.05\%$$

因此，芦苇纤维 AC-13 沥青混合料的最佳油石比为 5.0%。

由上述计算结果可知，掺加木质素纤维、竹纤维、芦苇纤维的 AC-13 沥青混合料的最佳油石比计算结果见表 7.6。

表 7.6　不同生物质纤维 AC-13 沥青混合料最佳油石比

纤维种类	最佳油石比/%
无纤维	4.8
木质素纤维	5.1
竹纤维	5.2
芦苇纤维	5.0

7.2　路用生物质纤维沥青混合料的路用性能

7.2.1　力学性能

1. 试件制备

采用单轴压缩试验测试生物质纤维沥青混合料的抗压强度与抗压回弹模量以评价其力学性能。根据《公路工程沥青及沥青混合料试验规程》（JTG E20—2011），

在测试抗压回弹模量与抗压强度时，试模高 180mm，上下压头直径 ϕ100mm，上压头高 50mm，下压头高 90mm。制备试件时，将装有混合料的试模及垫块用压力机加载至 1MPa 后撤下面垫块，再均匀加载至规范要求的试件高度（加载压强为 20～30MPa）保载 3min 后卸载。

2. 试验方法

试件抗压强度的具体测试过程为：①将试件置于恒温水槽中保温 2.5h 以上（计算弯沉的抗压回弹模量时温度为 20℃，计算弯拉应力的抗压回弹模量时温度为 15℃）。②取出试件置于压力机台座上，按照 2mm/min 的速率加载至破坏，记录荷载峰值 P，准确值 100N。③将峰值荷载 P 均匀分为 10 级，取其中 0.1P、0.2P、0.3P、0.4P、0.5P、0.6P 和 0.7P 七级作为试验荷载。④将试件放置在试验台上安装千分表，以 2mm/min 速率加载至 0.2P 预压 1min 后卸载，保证试件未偏心受压。⑤以 2mm/min 速率加载至 1 级荷载（0.1P），记录千分表读数及实际荷载值。采用同样的速率卸载，待试件回弹变形稳定 30s 后，再次记录千分表读数与实际荷载值，两次千分表读数之差即为试件的回弹变形（ΔL_1）。⑥重复测试，测得荷载分别为 0.2P、0.3P、0.4P、0.5P、0.6P 和 0.7P 时的回弹变形 ΔL_i。具体测试设备如图 7.4 所示。

图 7.4　单轴压缩试验设备

沥青混合料的抗压强度与抗压回弹模量的计算公式分别为式（7.13）、式（7.14）和式（7.15）。

$$R_c = \frac{4P}{\pi d^2} \tag{7.13}$$

式中，R_c 为试件的抗压强度，MPa；P 为试件破坏时的最大荷载，N；d 为试件直径，mm。

$$q_i = \frac{4P_i}{\pi d^2} \tag{7.14}$$

$$E' = \frac{q_i h}{\Delta L_5} \tag{7.15}$$

式中，q_i 为相应于各级试验荷载 P_i 作用下的压强，MPa；P_i 为施加于试件的各级试验荷载，N；E' 为抗压回弹模量，MPa；h 为试件轴心高度，mm；ΔL_5 为相应于第 5 级荷载 $(0.5P)$ 时经原点修正后的回弹变形，mm。

3. 试验结果与分析

各纤维沥青混合料单轴压缩试验结果见表 7.7。

表 7.7　纤维沥青混合料单轴压缩试验结果

测试指标	测试温度	SMA-13				AC-13			
		无纤维	木质素纤维	竹纤维	芦苇纤维	无纤维	木质素纤维	竹纤维	芦苇纤维
抗压回弹模量/MPa	15℃	1106.6	1342.1	1286.4	1236.7	977.4	1081.2	1040.1	1031.4
	20℃	982.8	1211.3	1174.9	1143.2	893.4	966.4	937.5	917.6
抗压强度/MPa	15℃	6.04	6.98	6.42	6.21	4.96	5.87	5.44	5.18
	20℃	5.88	6.57	6.12	6.07	4.71	5.64	5.23	4.87

由表 7.7 可知，各混合料力学性能易受温度的影响。当测试温度由 15℃上升至 20℃时：①对于 SMA-13 沥青混合料，木质素纤维沥青混合料的抗压回弹模量和抗压强度分别下降了 9.7%和 5.9%，竹纤维沥青混合料分别下降了 8.7%和 4.7%，芦苇纤维沥青混合料分别下降了 7.6%和 2.3%。同一温度下（如 20℃），芦苇纤维沥青混合料的抗压回弹模量分别比竹纤维和木质素纤维沥青混合料低 2.7%和5.6%，其抗压强度分别比竹纤维和木质素纤维沥青混合料低 0.8%和 7.6%，较无纤维沥青混合料的抗压回弹模量与抗压强度分别高 16.3%和 3.2%。②对于 AC-13沥青混合料，木质素纤维沥青混合料的抗压回弹模量和抗压强度分别下降了10.6%和 3.9%，竹纤维沥青混合料分别下降了 9.9%和 3.9%，芦苇纤维沥青混合料分别下降了 11.0%和 6.0%。同一温度下（如 20℃），芦苇纤维沥青混合料的抗压回弹模量分别比竹纤维和木质素纤维沥青混合料低 2.1%和 5.0%，其抗压强度分别比竹纤维和木质素纤维沥青混合料低 6.9%和 13.6%，较无纤维沥青混合料的抗压回弹模量与抗压强度分别高 2.7%和 3.4%。

　　因此，纤维的加入可以提高沥青混合料的力学性能。在改善沥青混合料力学性能方面，木质素纤维最优，竹纤维次之，芦苇纤维最弱。AC-13 沥青混合料的温度敏感性强于 SMA-13，力学性能弱于 SMA-13。

　　实际上，纤维的加入可以在混合料中形成三维立体网状结构，这种结构可以在沥青混合料受载时阻碍矿料颗粒间的滑移变形，进而有效提高沥青混合料的承载能力[6]。此外，纤维还可以在沥青混合料中起加筋作用，沥青混合料受载后，分散在其中的纤维可提高沥青混合料的回弹能力，减小回弹变形。

7.2.2　高温稳定性

　1. 试样制备

　　生物质纤维沥青混合料在高温下的抗变形能力通过车辙试验评价。本节根据《公路工程沥青及沥青混合料试验规程》(JTG E20—2011)采用轮碾法制备车辙试件。

　　SAM-13 与 AC-13 的集料公称粒径小于 19mm，因此采用长 300mm×宽 300mm×厚 50mm 的板块试模成型试件。具体步骤为：①在 100℃条件下预热试模，拌和成型试件所需的沥青混合料；②将沥青混合料倒入试模中，用小锤夯实边缘后铺上报纸；③将试件置于轮碾机下碾压，首先在一个方向碾压 2 个往返后卸载，再将试件调转方向后进行 12 个往返碾压；④成型后的试件使用粉笔标记碾压方向。

　2. 试验方法

　　根据《公路工程沥青及沥青混合料试验规程》(JTG E20—2011)，车辙试验的试验温度为 60℃，轮压为 0.7MPa。试验轮为橡胶制实心轮胎，外径 200mm，轮宽 50mm，橡胶层厚 15mm。橡胶硬度(Shore A)在 20℃时为 84±4，60℃时为 78±2。试验轮的行走距离为 230mm±10mm，往返碾压的速度为 42 次/min±1 次/min。

　　车辙试验的具体步骤为：①将试件连同试模置于 60℃±1℃保温室中保温 5～12h，控制试件的温度为 60℃±0.5℃；②将试件置于车辙试验机试验台上，行走方向与轮碾成型时方向一致。测试时间达 1h 或最大变形达到 25mm 时，试验停止。测试设备如图 7.5 所示。

　　沥青混合料试件的动稳定度按照式(7.16)计算。

$$DS = \frac{t_1 - t_2}{d_2 - d_1} \times C_1 \times C_2 \tag{7.16}$$

式中，DS 为沥青混合料的动稳定度，次/mm；d_1 为对应于时间 t_1 的变形量，mm；d_2 为对应于时间 t_2 的变形量，mm；C_1 为试验机类型系数，如曲柄连杆驱动加载轮往返运行方式，则取值为 1.0；C_2 为时间系数，如试验时制备宽 300mm 的试件，则取值为 1.0。

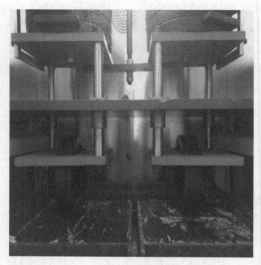

图 7.5　动稳定度测试设备

3. 试验结果与分析

各纤维沥青混合料的车辙试验结果见表 7.8。

表 7.8　纤维沥青混合料车辙试验结果

测试指标	SMA-13				AC-13				规范要求
	无纤维	木质素纤维	竹纤维	芦苇纤维	无纤维	木质素纤维	竹纤维	芦苇纤维	
动稳定度 /(次/mm)	8133	9847	8586	8670	5882	7290	6325	6578	≥3000

由表 7.8 可知：①对于 SMA-13 沥青混合料，竹纤维沥青混合料与芦苇纤维沥青混合料的动稳定度分别比木质素纤维沥青混合料低 12.8% 和 11.9%，比无纤维沥青混合料分别高 5.6% 和 6.6%。②对于 AC-13 沥青混合料，竹纤维沥青混合料与芦苇纤维沥青混合料的动稳定度分别比木质素纤维沥青混合料低 13.2% 和 9.8%，比无纤维沥青混合料分别高 7.5% 和 11.8%。

因此，3 种纤维均能提高沥青混合料的高温稳定性能，而木质素纤维对沥青混合料高温稳定性能的改善效果优于竹纤维与芦苇纤维，这一结果的原因可能为[7,8]：①竹纤维与芦苇纤维有比木质素纤维更高的油石比，当温度较高（60℃）时，沥青的软化导致集料的黏结力降低，因而抗变形能力减弱；②竹纤维与芦苇纤维形成的三维网状结构的整体加筋作用不如木质素纤维，导致成型的沥青混合料试件高温稳定性略低于木质素纤维沥青混合料。

7.2.3　水稳定性

1. 试样制备

水损害主要是指沥青路面在浸水或冻融条件下车轮荷载的作用导致水分渗入沥青与集料之间,从而降低了沥青的黏性,使沥青膜从集料表面脱落而产生的损坏。

沥青混合料的水稳定性测试包括浸水马歇尔试验和冻融劈裂试验。两种试验试件的不同在于浸水马歇尔试件需双面击实 75 次,且在恒温水槽中保温 48h,而冻融劈裂试验的马歇尔试件双面击实次数为 50。

2. 试验方法

浸水马歇尔试验的试件除需在恒温水槽中保温 48h 外,测试方法与标准马歇尔试验相同。冻融劈裂试验的具体流程为:①制备两组双面击实 50 次的标准马歇尔试件,第一组试件不实施冻融,第二组试件实施冻融;②第二组试件在 97.3～98.7kPa 条件下真空饱水 15min,取出后放入塑料袋中并装入 10mL 水,扎紧塑料袋后放入−18℃±2℃的恒温冰箱中保温 16h±1h;③将冻融后的第二组试件从冰箱中取出,撤掉塑料袋后,放入 60℃±0.5℃的恒温水槽保温 24h;④将两组试件均放入 25℃±0.5℃的恒温水槽中保温 2h 以上;⑤取出试件按照 50mm/min 的加载速率实施冻融劈裂试验。测试过程如图 7.6 及图 7.7 所示。

图 7.6　浸水马歇尔稳定度测试设备　　　　图 7.7　冻融劈裂抗拉强度测试设备

劈裂抗拉强度按式(7.17)与式(7.18)计算,冻融劈裂抗拉强度比按式(7.19)计算。

$$R_{T1} = 0.006287 P_{T1}/h_1 \tag{7.17}$$

$$R_{T2} = 0.006287 P_{T2}/h_2 \tag{7.18}$$

式中，R_{T1} 为未进行冻融循环的第一组单个试件的劈裂抗拉强度，MPa；R_{T2} 为实施冻融循环的第二组单个试件的劈裂抗拉强度，MPa；P_{T1} 为第一组单个试件的试验荷载值，N；P_{T2} 为第二组单个试件的试验荷载值，N；h_1 为第一组单个试件的高度平均值，mm；h_2 为第二组单个试件的高度平均值，mm。

$$\text{TSR} = \frac{\overline{R}_{T2}}{\overline{R}_{T1}} \tag{7.19}$$

式中，TSR 为冻融劈裂抗拉强度比，%；$\overline{R}_{T2}$ 为冻融循环后第二组有效试件劈裂抗拉强度平均值，MPa；$\overline{R}_{T1}$ 为未冻融循环的第一组有效试件劈裂抗拉强度平均值，MPa。

3. 试验结果与分析

不同类型纤维沥青混合料的浸水马歇尔试验与冻融劈裂试验结果见表 7.9。

表 7.9　纤维沥青混合料浸水马歇尔试验与冻融劈裂试验结果

测试指标	SMA-13				AC-13				规范要求
	无纤维	木质素纤维	竹纤维	芦苇纤维	无纤维	木质素纤维	竹纤维	芦苇纤维	
MS/kN	7.92	8.91	8.47	8.23	10.30	11.42	10.83	10.67	—
MS$_1$/kN	6.98	8.36	8.25	7.88	8.92	10.32	10.02	9.76	—
RS/%	88.1	93.8	97.4	95.8	86.6	90.4	92.5	91.5	≥80
R_{T1}/MPa	0.856	0.900	0.960	0.943	0.822	0.886	0.926	0.904	—
R_{T2}/MPa	0.773	0.875	0.947	0.922	0.728	0.827	0.885	0.852	—
TSR/%	90.3	97.2	98.7	97.8	88.6	93.3	95.6	94.3	≥80

由表 7.9 可知：①纤维的加入可显著提高沥青混合料的水稳定性。以 SMA-13 为例，对于浸水马歇尔测试，与无纤维沥青混合料相比，木质素纤维、竹纤维和芦苇纤维沥青混合料的 MS 值、MS$_1$ 值分别提高了 12.5%、19.8%，6.9%、18.2% 和 3.9%、12.9%，对应的 RS 值分别提高了 5.7 个百分点、9.3 个百分点和 7.7 个百分点。对于冻融劈裂试验，R_{T1}、R_{T2} 分别提高了 5.1%、13.2%，12.1%、22.5% 和 10.2%、19.3%，对应的 TSR 值分别提高了 6.9 个百分点、8.4 个百分点和 7.5 个百分点。②对于 SMA-13 沥青混合料，木质素纤维沥青混合料与芦苇纤维沥青混合料的 RS 值分别比竹纤维沥青混合料低 3.6 个百分点和 1.6 个百分点，两者的

TSR 值分别比竹纤维沥青混合料低 1.5 个百分点和 0.9 个百分点,较无纤维沥青混合料的 RS 分别高 5.8 个百分点和 7.7 个百分点,TSR 值分别高 6.9 个百分点和 7.6 个百分点。③对于 AC-13 沥青混合料,木质素纤维沥青混合料与芦苇纤维沥青混合料的 RS 分别比竹纤维沥青混合料低 2.1 个百分点和 1.0 个百分点,两者的 TSR 值分别比竹纤维沥青混合料低 2.3 个百分点和 1.3 个百分点,较无纤维沥青混合料的 RS 分别高 3.8 个百分点和 4.9 个百分点,TSR 值分别高 4.7 个百分点和 5.7 个百分点。水稳定性试验结果表明[9],路用生物质纤维对沥青混合料马歇尔稳定度(浸水前后)和劈裂抗拉强度(冻融前后)的提升具有较好的效果,其中竹纤维的效果最优。这主要是因为竹纤维沥青混合料的油石比高于其他两种纤维沥青混合料,所形成裹覆集料的沥青薄膜厚于另外两种纤维沥青混合料,在减弱水对沥青与集料界面的损伤作用上更为显著。

此外,TSR 值的排序为木质素纤维<芦苇纤维<竹纤维。产生这一现象可能是因为竹纤维的亲水性弱于其他两种纤维。纤维的亲水性强,在浸泡的过程中会吸收大量的水分。在冻融循环过程中,冰冻将导致水分体积的膨胀,从而在混合料内部产生应力破坏。

实际上,水对沥青路面侵害的主要原因是水分通过空隙进入混合料内部,致使沥青与骨料间的黏结性能降低,车辆行驶时对路面形成剪切力加速了集料的剥落,导致水的侵害进一步扩大[10]。添加纤维可提高沥青胶浆稠度,使骨料间的结合更为紧密[11]。竹纤维沥青混合料较高的油石比和较弱的亲水性使其更易保持沥青胶浆与集料间的黏结力,因而水稳定性更优。

7.2.4　低温抗裂性

1. 试样制备

沥青混合料的低温性能评价采用低温小梁弯曲试验,按照规范《公路工程沥青及沥青混合料试验规程》(JTG E20—2011)制备小梁,制备过程为:①采用轮碾法制备车辙板;②将车辙板切割为长 250mm±2.0mm、宽 30mm±2.0mm、高 35mm±2.0mm 的棱柱体小梁(车辙试件边缘 20mm 部分不得使用)。

2. 试验方法

低温弯曲试验的具体步骤为:①将切割好的试件置于-10℃中保温不少于45min,直至温度达到试验温度±0.5℃;②将试验机的梁式支座安放好,支点间距为 200mm±0.5mm;③将试件从冰箱的水槽中取出,上下方向按轮碾成型方向放在试验机支座上;④启动试验机以 50mm/min 速率加载,记录测试数据与曲线图。试验设备如图 7.8 所示。

分别按式(7.20)~式(7.22)计算试件破坏时的抗弯拉强度 R_B、梁底最大弯拉

应变 ε_B 及弯曲蠕变劲度模量 S_B。

$$R_B = \frac{3 \times L \times P_B}{2 \times b \times h^2} \qquad (7.20)$$

$$\varepsilon_B = \frac{6 \times h \times d}{L^2} \qquad (7.21)$$

$$S_B = \frac{R_B}{\varepsilon_B} \qquad (7.22)$$

式中，R_B 为试件破坏时的抗弯拉强度，MPa；ε_B 为试件破坏时的梁底最大弯拉应变，$\mu\varepsilon$；S_B 为试件破坏时的弯曲蠕变劲度模量，MPa；b 为试件跨中断面的宽度，mm；h 为试件跨中断面的高度，mm；L 为试件的跨径，mm；P_B 为试件破坏时的最大荷载，N；d 为试件破坏时的跨中挠度，mm。

图 7.8　小梁低温弯曲试验设备

3. 试验结果与分析

不同纤维沥青混合料的低温弯曲试验结果见表 7.10。

表 7.10　纤维沥青混合料低温弯曲试验结果

测试指标	SMA-13				AC-13				规范要求
	无纤维	木质素纤维	竹纤维	芦苇纤维	无纤维	木质素纤维	竹纤维	芦苇纤维	
最大弯拉应变/$\mu\varepsilon$	3317.0	3503.5	3846.3	3680.6	3056.6	3324.3	3604.8	3563.9	≥3000
弯曲蠕变劲度模量/MPa	4239.7	4717.4	5160.5	4863.0	3896.8	4429.1	4769.7	4534.2	—

由表 7.10 可知：①对于 SMA-13 沥青混合料，木质素纤维沥青混合料与芦苇纤

维沥青混合料的最大弯拉应变分别比竹纤维沥青混合料低 8.9%和 4.3%，弯曲蠕变劲度模量分别比竹纤维沥青混合料低 8.6%和 5.8%，较无纤维沥青混合料的最大弯拉应变分别高 5.6%和 11.0%，弯曲蠕变劲度模量分别比无纤维沥青混合料高 11.3%和 14.7%。②对于 AC-13 沥青混合料，木质素纤维沥青混合料与芦苇纤维沥青混合料的最大弯拉应变分别比竹纤维沥青混合料低 7.8%和 1.1%，弯曲蠕变劲度模量分别比竹纤维沥青混合料低 7.1%和 4.9%，较无纤维沥青混合料的最大弯拉应变分别高 8.8%和 16.6%，弯曲蠕变劲度模量分别比无纤维沥青混合料高 13.7%和 16.4%。以上结果表明，纤维可以提高沥青混合料的低温抗开裂性能，提升的效果排序为木质素纤维<芦苇纤维<竹纤维，竹纤维沥青混合料的韧性和低温抗裂性更强。

产生这一结果的原因可能是不同纤维沥青混合料中沥青的用量排序为木质素纤维<芦苇纤维<竹纤维，竹纤维沥青混合料的高油石比可以形成比其他纤维沥青混合料更厚的沥青薄膜，因此增强了混合料的延展性，从而提高了混合料的低温抗裂性[12]。此外，纤维沥青胶浆的 DSC 测试结果也表明，竹纤维的低温韧性优于其他纤维，在温度降低时不易变脆，在低温环境中可以为沥青混合料提供更优良的稳定效果。

7.2.5　抗老化性能

1. 试样制备

各纤维沥青混合料的抗老化性能主要验证老化后混合料的水稳定性和低温抗裂性。根据《公路工程沥青及沥青混合料试验规程》(JTG E20—2011)，沥青混合料的老化过程为：①按要求拌制沥青混合料后装入搪瓷盘中，将烘箱温度设定为 135℃±3℃；②将装有沥青混合料的搪瓷盘置于烘箱中，在强制通风条件下加热 4h±5min，并每小时进行一次翻拌；③成型测试试件，将试件在室温条件下冷却不少于 16h 后脱模；④将试件置于 85℃±3℃的烘箱中，在强制通风的条件下加热 120h±0.5h；⑤关闭烘箱，使其在室温条件下自然冷却(试件在冷却完全之前不得触碰移动)。

2. 试验方法

水稳定性能试验按照 7.2.3 节水稳定性能试验流程进行，低温抗开裂性能试验按照 7.2.4 节低温弯曲试验流程进行。

3. 试验结果与分析

不同纤维沥青混合料抗老化性能试验结果见表 7.11。由表 7.11 可知：①对于 SMA-13 沥青混合料，老化后，木质素纤维沥青混合料的最大弯拉应变和弯曲蠕变劲度模量分别降低 7.0%和 10.6%，浸水马歇尔残留稳定度和冻融劈裂抗拉强度比的降幅分别为 1.7 个百分点和 0.6 个百分点。竹纤维沥青混合料的最大弯拉应变和弯曲蠕变劲度模量分别降低 4.2%和 7.7%，浸水马歇尔残留稳定度和冻融劈裂抗拉强度比的降幅分别为–1.3 个百分点和 0.2 个百分点。芦苇纤维沥青混合料的最大弯拉应变和弯曲蠕变劲度模量分别降低 5.8%和 9.0%，浸水马歇尔残留稳定度和冻融劈裂抗拉强度比的降幅分别为 1.3 个百分点和 1.7 个百分点。②对于AC-13 沥青混合料，老化后，木质素纤维沥青混合料的最大弯拉应变和弯曲蠕变劲度模量分别降低 13.7%和 12.2%，浸水马歇尔残留稳定度和冻融劈裂抗拉强度比的降幅分别为 2.9 个百分点和 1.3 个百分点。竹纤维沥青混合料的最大弯拉应变和弯曲蠕变劲度模量分别降低 13.3%和 14.5%，浸水马歇尔残留稳定度和冻融劈裂抗拉强度比的降幅分别为 3.0 个百分点和 0.7 个百分点。芦苇纤维沥青混合料的最大弯拉应变和弯曲蠕变劲度模量分别降低 13.6%和 13.3%，浸水马歇尔残留稳定度和冻融劈裂抗拉强度比的降幅分别为 5.4 个百分点和 2.0 个百分点。

表 7.11　纤维沥青混合料抗老化性能试验结果

测试指标	老化程度	SMA-13				AC-13			
		无纤维	木质素纤维	竹纤维	芦苇纤维	无纤维	木质素纤维	竹纤维	芦苇纤维
浸水马歇尔残留稳定度/%	未老化	90.1	93.9	97.4	95.8	88.4	90.4	92.6	91.5
	老化	89.4	92.2	98.7	94.5	85.8	87.5	89.6	86.1
冻融劈裂抗拉强度比/%	未老化	95.3	96.3	98.7	97.8	91.5	93.4	95.6	94.3
	老化	94.4	95.7	98.5	96.1	90.2	92.1	94.9	92.3
最大弯拉应变/ $\mu\varepsilon$	未老化	3317.0	3503.5	3846.3	3680.6	3056.6	3324.3	3604.8	3563.9
	老化	3003.8	3257.6	3685.7	3468.5	2674.1	2868.8	3125.4	3079.4
弯曲蠕变劲度模量/MPa	未老化	4239.7	4717.4	5160.5	4863.0	3896.8	4429.1	4769.7	4534.2
	老化	3867.3	4217.6	4760.7	4424.8	3574.6	3889.6	4079.6	3928.9

因此，老化在降低沥青混合料马歇尔稳定度的同时也削弱了其冻融劈裂抗拉强度，纤维可有效减缓老化对沥青混合料水稳定性的影响，进而延长沥青路面的使用寿命。同时，老化会明显降低沥青混合料的低温抗裂性，纤维的加入可有效减轻老化对沥青混合料低温性能的不利影响。在改善沥青混合料抗老化性能效果方面，竹纤维最优，芦苇纤维与木质素纤维相差不大，均能起到促进作用。产生这一现象的原因是竹纤维的高油石比。随着沥青用量的增加，裹覆集料的沥青薄膜增厚，增厚的沥青薄膜可以有效减少沥青混合料中的极性物质的氧化作用[13]。

7.3　微　观　分　析

纤维沥青混合料在宏观层面上被认为是连续均匀的材料，因此通常在讨论纤维沥青混合料时，通过相同性质的宏观结构单元来推断纤维沥青混合料的路用性能。然而，在细观层面上，纤维沥青混合料具有一定的不均匀性，这些不均匀的单元可通过电子显微镜或力学试验测得。因此，通过研究更小层面（如微米尺度）上纤维沥青混合料的结构，可分析出在宏观上无法揭示的材料组成与作用机理[14]。

本研究采用 SEM 测试评价纤维对沥青混合料的增强机理。制备的 SEM 样品取自 60℃条件下木质素纤维、竹纤维、芦苇纤维及无纤维的 AC-13 沥青混合料冻融劈裂试验样品的断面。样品制备及试验方法与 6.4.4 节相同。

7.3.1　纤维在沥青中的整体形貌

扫描电镜下纤维在沥青中的整体形貌如图 7.9 所示。

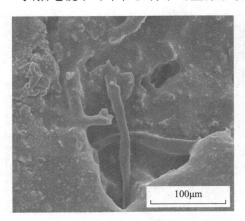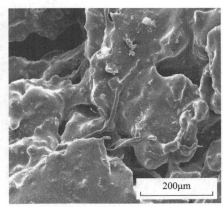

图 7.9　纤维在沥青中的整体形貌图

由图 7.9 可知，基质沥青在 SEM 下观察呈深灰色，十分均匀，沥青基体为三维连续相。而生物质纤维增强材料为不连续相，纤维加入沥青后以不连续的纤维状无规则地分散于沥青基体中，未出现结团现象。纤维与沥青的复合结构类型为整体性结构。

与图 6.11～图 6.13 中生物质纤维整体形貌对比分析可知，生物质纤维加入沥青后，沥青在纤维表面形成一层均匀的包覆层。纤维与沥青基体有紧密的结合，两者接触部位有某些微结构，表明纤维与沥青之间形成界面层。此外，由于纤维发生溶胀作用，尺寸略有增大，呈现圆柱状而不再呈扁平状，表明沥青中某些组分被生物质纤维所吸收。

7.3.2　纤维吸附、稳定效果

AC-13 型沥青混合料为悬浮密实结构，大颗粒集料彼此分离悬浮于小颗粒集料和沥青胶浆之间，集料之间主要依靠沥青的黏结作用聚集在一起（图 7.10），混合料强度受沥青性质及状态影响较大。取木质素纤维沥青混合料、竹纤维沥青混合料和芦苇纤维沥青混合料中纤维与混合料的连接处进行分析，其 SEM 图像如图 7.11 所示。

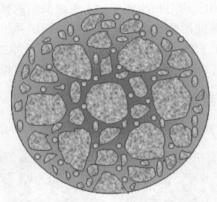

图 7.10　沥青混合料悬浮密实结构

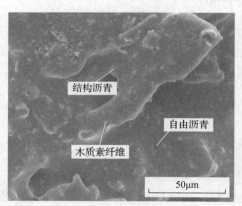

(a) 木质素纤维(×2000)

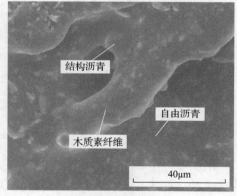

(b) 木质素纤维(×3000)

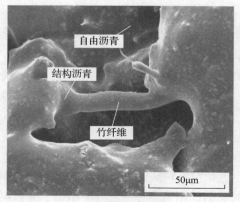

(c) 竹纤维(×2000)

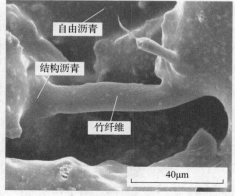

(d) 竹纤维(×3000)

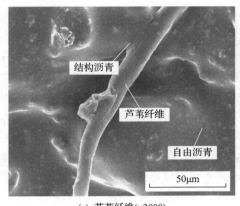
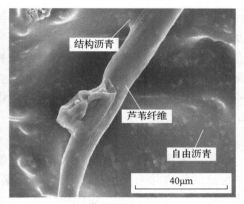

(e)　芦苇纤维(×2000)　　　　　　　　　　(f)　芦苇纤维(×3000)

图 7.11　各生物质纤维与沥青黏结界面

由图 7.11 可知，各纤维的直径都很小，为 10～20μm，因而具有较大的长径比及比表面积，平均每克纤维的表面积可达若干平方米，当其分散到混合料中时可以吸附大量的沥青[15]。可以看到，三种纤维的表面被大量沥青吸附，根部与混合料连接紧密，呈面接触而非点接触，表明纤维与沥青间的浸润性良好，两者结合处界面黏结性能强于无纤维沥青混合料结合处。

由浸润理论可知，纤维与沥青混合料间的结合模式主要是机械连接和浸润吸附[16]。由于纤维表面具有一定的粗糙度，凸起和凹陷状态明显，沥青与纤维表面的坑槽可形成紧密的结合，其作用类似于机械间的铆合作用，使得纤维不易从混合料中拔出。仔细观察可以看到，添加纤维后，沥青混合料中无单独集料个体出现，黏结也较密切。

沥青在混合料内部存在两种形态：一种是被约束的结构沥青；另一种是未与实体发生接触的自由沥青[17]。纤维对沥青的吸附作用使原有的自由沥青在两者的接触界面形成一个新的具有一定厚度的结构沥青界面层。随着沥青混合料中结构沥青数量的增多，自由沥青相应减少。结构沥青具有较大的裹覆力，其含量的增加可有效改善纤维与集料间的界面连接状态[18]。结构沥青具有比自由沥青更大的黏度、更低的温度敏感性、更好的耐热性和更优的稳定性，因而可有效降低沥青混合料的温/湿度敏感性并提高其高温稳定性和水稳定性。由图 6.11 和图 6.12 的观测效果可知，竹纤维表面比木质素纤维更粗糙，吸附沥青作用更强，因而其纤维沥青混合料的低温抗裂性更优。

7.3.3　纤维的加筋、阻止裂缝产生的效果

沥青混合料在使用过程中发生的破坏形式多为剪切破坏，且破坏多起始于沥青混合料的内部空隙处，并沿着原空隙部位，特别是沥青与矿料的交界处扩散。

因此，通常在沥青混合料中添加纤维，虽然纤维的掺量较低，但较大的比表面积使得数量较多、长短不一的纤维可在沥青混合料中均匀分散并相互搭接。沥青路面在车辆荷载的剪切应力作用下，混合料内部会产生细微裂缝，纤维的无规律分布可在裂缝周围产生约束作用，从而起到阻止裂缝扩展的作用。此外，路用生物质纤维呈细长的丝状，可在沥青混合料中起到类似于钢筋混凝土中细长钢筋的作用，将整个混合料通过纤维网串联起来，在混合料发生破坏时可起到一定的拉伸作用，以维持整个体系的完整性[18]。

无纤维沥青混合料的劈裂破坏界面如图 7.12(a)所示。可以看到，混合料破坏时裂缝的传递并未受到任何力的干扰，破裂面处沥青基体间存在不同程度的剥离。进一步观察可以看到，裂缝附近集料颗粒之间偶见接触，但大部分处于分离状态，说明单纯依靠沥青的黏结力不足以保持沥青混合料的完整性。

在混合料中纤维如果能被轻易拔出，纤维就起不到很好的阻裂增强作用，只有在具有足够的抗拉强度和与沥青黏结良好的情况下，纤维才能使混合料裂缝的产生受到约束。生物质纤维沥青混合料的劈裂破坏界面如图 7.12(b)所示。可以看到，混合料破坏处存在大量穿插于其中的纤维，且根部被沥青吸附而埋置于沥青混合料内部，未被拔出。仔细观察混合料界面破坏处断裂的纤维(图 7.13)可以看到，纤维的断口呈不规则形状，说明纤维在沥青混合料破坏时受到了力的作用，为拉伸破坏。

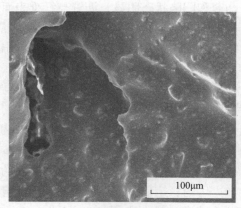 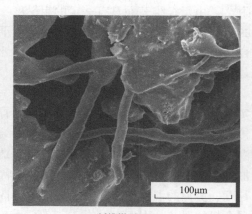

(a) 无纤维(×1000)　　　　　　　　　　　　(b) 纤维增强(×1000)

图 7.12　不同沥青混合料的劈裂破坏界面

生物质纤维在沥青混合料拉伸损伤断面上均匀分布，在各个方向均有受力纤维，无明显薄弱面。纤维在沥青中形成网状搭接结构，在受力时可以更好地传递和消散应力，同时还能克服彼此之间的滑动，减慢裂缝产生的速度。纤维取向与断裂面垂直，纤维受拉程度较高，充分发挥了阻裂作用。

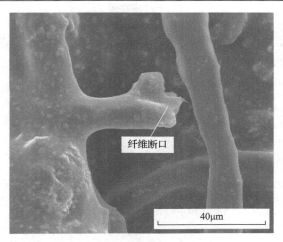

图 7.13　纤维断口形貌

实际上，沥青混合料中纤维与纤维间相互搭接而交织在一起。当沥青路面在车辆荷载、温度和水分作用下发生剪切破坏时，分散在其中的纤维可以延缓裂缝的产生。当沥青的黏结力不足、集料发生分离时，纤维还可分担沥青混合料所受的拉应力[18]。从微观图像来看，竹纤维与木质素纤维的长径比及比表面积相似，因而在沥青混合料中可起到相似的阻裂作用。

木质素纤维由于其纤维结构的末梢有突起的绒毛(图 6.11)，且木质素纤维能较深入地根植在沥青混合料中提供强劲的加筋作用(图 7.11)，因此在宏观性能上反映为木质素纤维沥青混合料较芦苇纤维与竹纤维具有更高的马歇尔稳定度和力学性能。

竹纤维结构上分布有突起的绒毛(图 6.12)，使竹纤维在沥青混合料中的吸附作用更强，且竹纤维沥青混合料具有最大的油石比。因此，在宏观性能上反映为竹纤维沥青混合料较木质素纤维与芦苇纤维具有更强的低温抗裂性。

芦苇纤维的表面凹凸不平(图 6.13)，使芦苇纤维有良好的沥青吸附效果和增大纤维沥青混合料内摩擦力的效果。由图 7.13 可以看出，芦苇纤维表面结构沥青十分均匀，纤维呈现不规则破坏，说明芦苇纤维在吸附沥青后形成的网状结构可以为沥青混合料分担拉应力。因此，宏观性能表现为芦苇纤维沥青混合料的低温抗裂性强于木质素纤维沥青混合料。

7.3.4　纤维对阻滞微裂缝扩展的效果

裂缝在沥青混合料中一般可分为宏观裂缝和细观裂缝两种。其中，宏观裂缝一般情况下长期存在于沥青混凝土中，而细观裂缝在高温、荷载作用下有自愈能力，但这些裂缝都是沥青混合料受力的薄弱点，易引起应力集中成为疲劳破坏的起源。

　　为了分析纤维是否能对微裂缝的扩展起到阻滞作用，取冻融劈裂试验后纤维沥青混凝土试件裂缝处的微观图像进行分析，如图 7.14 所示。

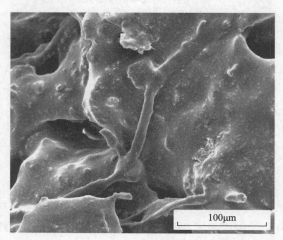

100μm

图 7.14　纤维沥青混凝土试件裂缝处的微观图像

　　纤维均匀地分散于沥青混合料中，当混合料在外力作用下产生裂缝时，这些纤维跨越裂缝，在裂尖处起到桥接作用，形成了桥接纤维，从而使得裂缝的扩展受到纤维的约束，有效地阻止了裂缝的发展。另外，纤维的咬合效应对沥青基体裂缝扩展起到阻滞作用，使沥青胶浆大大提高裂缝的自愈能力，大幅度推迟其破坏的时间，增强了弹性恢复，减缓了车辙的扩展速度。

　　本节中生物质纤维的断裂强度和弹性模量远大于沥青混合料，当裂尖无限接近纤维时，应力会集中，使纤维与沥青混合料部分脱黏，产生穿过纤维的裂缝扩展。当沥青混合料突然断开时，若纤维穿过裂缝或者刚好绕开，纤维会承受部分拉力。当纤维承受的集中力作用在裂缝面上时，按照圣维南原理，用一根纤维等效集中力 P，产生的裂缝尖端应力强度因子的表达式为[19]

$$K^{\mathrm{f}} = P \Big/ \left(\sqrt{\pi a} \cdot \sqrt{(2a-b)/b} \right) \tag{7.23}$$

式中，P 为作用在裂缝尖端处的等效集中力，N；b 为纤维到裂缝尖端的距离，mm；$2a$ 为裂缝尖端的尺寸，mm。

　　由式 (7.23) 可知，当 b 无限接近 0 时，即纤维被裂缝穿过的瞬间，K^{f} 趋于无穷。

　　当一根纤维作用在裂缝尖端时，产生的应力强度因子很大，由叠加原理可知，很多纤维掺加在沥青混合料中可产生一系列应力强度因子。因此，纤维被裂缝尖端穿过的瞬间受到周围大量纤维在垂直方向的阻滞，裂缝的扩展会在很大程度上被抑制。

复合材料理论认为，沥青分子与纤维分子发生交联作用时可产生一定程度的约束。当掺加纤维的沥青混合料受拉力时，纤维通过沥青混合料传递力，纤维承担部分力而变形。卸载后，纤维恢复弹性变形会产生收缩，与基体产生较大的内摩擦力，进而使基体恢复部分原来的塑性形态，减小部分由外力引起的损伤，从而提高沥青混合料的自愈能力[20]，改善材料的抗裂性。

7.4　路面结构设计参数研究

根据《公路沥青路面设计规范》(JTG D50—2017)，沥青混合料与路面结构设计有关的参数有：20℃抗压回弹模量、15℃抗压回弹模量和15℃劈裂抗拉强度。其中，20℃抗压回弹模量用于计算路面弯沉，15℃抗压回弹模量、15℃劈裂抗拉强度用于验算层底拉应力。抗压回弹模量通过单轴压缩试验确定，劈裂抗拉强度通过劈裂试验确定。

单轴压缩试验试件和劈裂试验试件分别采用静压法与马歇尔击实法制作。单轴压缩试验按照《公路工程沥青及沥青混合料试验规程》(JTG E20—2011)沥青混合料单轴压缩试验(圆柱体法)(T 0713—2000)进行，劈裂试验按照《公路工程沥青及沥青混合料试验规程》(JTG E20—2011)中沥青混合料劈裂试验(T 0716—2011)进行。

7.4.1　抗压回弹模量

全部单轴压缩试验结果见表 7.12～表 7.17。

表 7.12　掺加木质素纤维 AC-13 沥青混合料单轴压缩试验结果

试验温度/℃	纤维掺量/%	抗压强度/MPa	抗压回弹模量/MPa		
			平均值	90%保证率	95%保证率
15	0	4.96	977.4	963.4	961.5
	0.3	5.00	1000.1	993.3	990.0
	0.4	5.87	1021.2	1011.5	1006.9
	0.5	5.35	1011.6	992.5	989.2
20	0	4.71	893.4	872.5	870.5
	0.3	4.80	965.2	949.6	947.5
	0.4	5.64	966.4	946.3	942.5
	0.5	5.13	952.5	949.5	948.8

表 7.13　掺加竹纤维 AC-13 沥青混合料单轴压缩试验结果

试验温度/℃	纤维掺量/%	抗压强度/MPa	抗压回弹模量/MPa		
			平均值	90%保证率	95%保证率
15	0	4.96	977.4	959.5	958.1
	0.3	5.22	999.5	980.2	978.6
	0.4	5.44	1005.1	1010.5	1008.4
	0.5	5.19	990.2	975.2	973.1
20	0	4.71	893.4	877.2	870.2
	0.3	4.95	938.3	921.0	919.2
	0.4	5.23	939.5	919.9	917.5
	0.5	4.85	939.3	915.1	914.1

表 7.14　掺加芦苇纤维 AC-13 沥青混合料单轴压缩试验结果

试验温度/℃	纤维掺量/%	抗压强度/MPa	抗压回弹模量/MPa		
			平均值	90%保证率	95%保证率
15	0	4.96	977.4	960.5	959.1
	0.3	5.09	1015.4	1002.2	1000.3
	0.4	5.18	1031.4	1020.3	1019.8
	0.5	5.11	999.3	1006.5	1003.2
20	0	4.71	893.4	880.5	877.3
	0.3	4.77	927.5	910.1	907.5
	0.4	4.87	929.6	900.2	895.6
	0.5	4.80	929.3	885.3	883.2

表 7.15　掺加木质素纤维 SMA-13 沥青混合料单轴压缩试验结果

试验温度/℃	纤维掺量/%	抗压强度/MPa	抗压回弹模量/MPa		
			平均值	90%保证率	95%保证率
15	0	6.04	1106.6	1078.5	1075.3
	0.3	6.15	1298.5	1285.2	1282.3
	0.4	6.98	1302.1	1300.5	1295.6
	0.5	6.20	1233.4	1200.7	1188.1
20	0	5.88	982.8	961.8	959.9
	0.3	6.00	1107.3	1000.1	999.5
	0.4	6.57	1211.3	1199.5	1196.8
	0.5	6.05	1100.9	990.5	998.3

表 7.16　掺加竹纤维 SMA-13 沥青混合料单轴压缩试验结果

试验温度/℃	纤维掺量/%	抗压强度/MPa	抗压回弹模量/MPa		
			平均值	90%保证率	95%保证率
15	0	6.04	1106.6	1056.5	1053.8
	0.3	6.10	1256.5	1225.5	1222.3
	0.4	6.42	1286.4	1236.8	1232.5
	0.5	6.23	1155.2	1130.9	1128.3
20	0	5.88	982.8	943.2	940.1
	0.3	5.98	995.5	975.2	973.5
	0.4	6.12	1174.9	1100.5	1008.3
	0.5	5.92	1010.8	999.5	997.3

表 7.17　掺加芦苇纤维 SMA-13 沥青混合料单轴压缩试验结果

试验温度/℃	纤维掺量/%	抗压强度/MPa	抗压回弹模量/MPa		
			平均值	90%保证率	95%保证率
15	0	6.04	1106.6	1066.5	1063.2
	0.3	6.10	1238.7	1215.6	1212.4
	0.4	6.21	1236.7	1200.5	1195.9
	0.5	6.13	1165.5	1135.2	1133.2
20	0	5.88	982.8	953.6	950.1
	0.3	5.90	999.5	965.5	960.2
	0.4	6.07	1143.2	1100.1	1093.5
	0.5	5.95	1000.2	996.2	993.5

试验结果表明，对于 AC-13 和 SMA-13 沥青混合料，15℃与 20℃温度下的抗压回弹模量大体相当，15℃下测得的抗压回弹模量略高于 20℃下测得的值。在 15℃与 20℃温度下，纤维掺量对抗压回弹模量影响不大。在木质素纤维、竹纤维和芦苇纤维掺量 0.3%～0.5%范围内，沥青混合料的抗压回弹模量基本持平或存在某个峰值。其中，SMA-13 沥青混合料的抗压回弹模量对纤维掺量比 AC-13 略敏感。

7.4.2　劈裂强度

全部劈裂试验结果见表 7.18～表 7.20。对于 AC-13、SMA-13 级配沥青混合料，纤维掺量对 15℃劈裂抗拉强度影响不大。在纤维掺量 0.3%～0.5%范围内，沥青混合料 15℃劈裂抗拉强度随着纤维掺量基本持平或略有升降。对于 AC-13、SMA-13 级配沥青混合料，无纤维、木质素纤维、竹纤维和芦苇纤维沥青混合料在 15℃下的劈裂抗拉强度大体相当。

表 7.18　木质素纤维沥青混合料在 15℃下的劈裂试验结果

混合料类型	测试指标	纤维掺量			
		0	0.3%	0.4%	0.5%
AC-13 混合料	劈裂抗拉强度 R_T/MPa	2.746	2.784	2.785	2.786
	破坏拉伸应变 ε_T/με	5588	5630	5478	5596
	破坏劲度模量/MPa	835	817	871	853
SMA-13 混合料	劈裂抗拉强度 R_T/MPa	2.941	2.965	2.972	2.960
	破坏拉伸应变 ε_T/με	5436	5598	5457	5613
	破坏劲度模量/MPa	931	912	921	909

表 7.19　竹纤维沥青混合料在 15℃下的劈裂试验结果

混合料类型	测试指标	纤维掺量			
		0	0.3%	0.4%	0.5%
AC-13 混合料	劈裂抗拉强度 R_T/MPa	2.746	2.788	2.786	2.783
	破坏拉伸应变 ε_T/με	5588	5622	5400	5195
	破坏劲度模量/MPa	835	855	883	890
SMA-13 混合料	劈裂抗拉强度 R_T/MPa	2.941	2.958	2.959	2.953
	破坏拉伸应变 ε_T/με	5436	5300	5450	5679
	破坏劲度模量/MPa	931	966	926	901

表 7.20　芦苇纤维沥青混合料在 15℃下的劈裂试验结果

混合料类型	测试指标	纤维掺量			
		0	0.3%	0.4%	0.5%
AC-13 混合料	劈裂抗拉强度 R_T/MPa	2.746	2.765	2.766	2.759
	破坏拉伸应变 ε_T/με	5588	5731	5326	5210
	破坏劲度模量/MPa	835	825	849	864
SMA-13 混合料	劈裂抗拉强度 R_T/MPa	2.941	2.968	2.975	2.962
	破坏拉伸应变 ε_T/με	5436	5356	5399	5418
	破坏劲度模量/MPa	931	954	955	955

7.4.3　综合对比小结

本节采用 AC-13 和 SMA-13 两种级配沥青混合料，对无纤维、木质素纤维、竹纤维和芦苇纤维沥青混合料进行了系列室内试验，评价了不同纤维沥青混合料的路用性能及路面结构设计参数。表 7.21 和表 7.22 汇总了路用性能评价结果。

表 7.21　AC-13 级配无纤维沥青混合料与典型纤维掺量下沥青混合料路用性能评价汇总

混合料类型	技术指标	DS/(次/mm)	MS_0/%	TSR/%	破坏应变/$\mu\varepsilon$
	技术要求	≥3000	≥80	≥80	≥3000
无纤维	试验结果	5882	86.6	88.6	3056.6
	说明	√	√	√	√
木质素纤维	试验结果	7290	90.4	93.4	3324.3
	说明	√	√	√	√
竹纤维	试验结果	6325	92.6	95.6	3604.8
	说明	√	√	√	√
芦苇纤维	试验结果	6578	91.5	94.3	3563.9
	说明	√	√	√	√

注："√"表示性能满足规范要求。

表 7.22　SMA-13 级配无纤维沥青混合料与典型纤维掺量下沥青混合料路用性能评价汇总

混合料类型	技术指标	DS/(次/mm)	MS_0/%	TSR/%	破坏应变/$\mu\varepsilon$
	技术要求	≥1000	≥80	≥75	≥2000
无纤维	试验结果	8133	88.1	90.3	3317.0
	说明	√	√	√	√
木质素纤维	试验结果	9847	93.9	97.3	3503.5
	说明	√	√	√	√
竹纤维	试验结果	8586	97.4	98.7	3846.3
	说明	√	√	√	√
芦苇纤维	试验结果	8670	95.8	97.8	3680.6
	说明	√	√	√	√

注："√"表示性能满足规范要求。

根据试验与分析结果可得以下结论。

(1)生物质纤维沥青混合料具有优异的高温稳定性，这与纤维的加入能减小沥青针入度、显著提高沥青软化点，以及纤维沥青胶浆热分析的研究结果一致。

(2)生物质纤维的掺加可提高沥青混合料的水稳定性，三种纤维中竹纤维对混合料水稳定性的改善效果最佳。

（3）生物质纤维沥青混合料具有良好的低温抗裂性。相对于无纤维沥青混合料，生物质纤维的加入可提升沥青混合料的破坏应变。

（4）生物质纤维沥青混合料与无纤维沥青混合料的路面结构设计参数基本相同。相对于无纤维沥青混合料，纤维的加入对 20℃抗压回弹模量、15℃抗压回弹模量和 15℃劈裂抗拉强度均没有太大的影响。

（5）在 0.3%～0.5%的掺量范围内，生物质纤维沥青混合料高温稳定性、水稳定性、低温抗裂性及路面结构设计参数等路用性能随着纤维掺量变化有量的差异，没有质的不同。

7.5　本章小结

本章在确定了各纤维沥青混合料配合比、最佳油石比和最佳纤维掺量的基础上，分别测试了各纤维 SMA-13 和 AC-13 沥青混合料的力学性能、高温性能、水稳性能、低温性能和抗老化性能，并采用 SEM 分析了混合料的微观结果，得出以下结论。

（1）在满足规范要求的前提下，SMA-13 与 AC-13 沥青混合料中各纤维的最佳掺量均为 0.4%（质量分数）。SMA-13 沥青混合料中，木质素纤维、竹纤维和芦苇纤维沥青混合料的最佳油石比分别为 5.9%、6.5%和 6.2%。AC-13 沥青混合料中，木质素纤维、竹纤维和芦苇纤维沥青混合料的最佳油石比分别为 5.1%、5.2%和 5.0%。

（2）纤维的加入可有效改善沥青混合料的力学性能、高温性能、低温抗裂性、水稳定性和抗老化性能。竹纤维对沥青混合料水稳定性、低温抗裂性和抗老化性能的改善效果最优。木质素纤维对沥青混合料力学性能和高温稳定性的改善效果最优。

（3）纤维通过吸附作用增加混合料内结构沥青的比例，其根部与沥青混合料紧密连接而形成网状结构。纤维表面越粗糙，其吸附作用越显著，进而降低沥青混合料的温/湿度敏感性并提高其高温稳定性和水稳性。借助网状结构及其与混合料间良好的黏结性能，纤维可延缓或阻止裂缝在混合料内部的产生和扩散，进而提高沥青混合料的力学性能和低温抗裂性。

（4）微观结构中，三种生物质纤维在沥青混合料中的存在明显，浸润程度良好，与沥青混合料均有良好的界面黏结作用。木质素纤维末梢的绒毛状突起可在沥青混合料中提供更强的加筋作用，竹纤维对沥青的吸附作用强于木质素纤维和芦苇纤维，芦苇纤维表面凹凸不平的结构可增强沥青混合料的内摩擦力。

参 考 文 献

[1] 郭显锋, 王静法, 项庆明. 纤维沥青砼简介及施工掺量和工艺的确定[J]. 交通标准化, 2005,

　　（7）：18-20.

[2] 任旭. 纤维沥青混合料性能室内试验研究[D]. 长沙: 长沙理工大学, 2012.

[3] 王争辉. 木质素纤维对 SMA 沥青混合料路用性能的影响[J]. 交通世界（建养·机械）, 2015,
　　（4）：150-152.

[4] 李映. 木纤维对沥青混合料路用性能影响研究[J]. 四川水泥, 2017,（5）：58-59.

[5] 郭乃胜, 赵颖华. 纤维掺量对沥青混凝土抗压回弹模量的影响分析[J]. 公路, 2006,（12）：
　　136-140.

[6] 吴正光, 蒋德安, 吕阳, 等. 玄武岩纤维沥青混合料韧性研究及机理分析[J]. 南京理工大学
　　学报（自然科学版）, 2015, 39（4）：500-505.

[7] 倪萍. 玄武岩纤维 SMA-13 混合料设计及路用性能试验研究[D]. 长春: 吉林大学, 2017.

[8] 刘向杰. 玄武岩纤维沥青混合料路用性能研究[J]. 中外公路, 2018, 38（5）：242-245.

[9] 王龙. 全含量土石混合料振动压实特性研究[D]. 哈尔滨: 哈尔滨建筑大学, 1999.

[10] 高财贵. 公路沥青路面的水损坏与预防管理[J]. 工程技术（文摘版）, 2017, 5: 274.

[11] 张争奇, 李平, 王秉纲. 纤维和矿粉对沥青胶浆性能的影响[J]. 长安大学学报（自然科学
　　 版）, 2005, 25（5）：15-18.

[12] 廖乃凤. 沥青混合料低温抗裂性研究进展[J]. 河南建材, 2013,（2）：50-52.

[13] 咸淼, 沈玉强. 纤维沥青混合料老化特性研究[J]. 烟台大学学报（自然科学与工程版）, 2011,
　　 24（4）：313-318.

[14] 王建忠. 不同纤维对沥青的吸附稳定作用研究[J]. 山西交通科技, 2010,（3）：5-6, 13.

[15] 倪良松, 陈华鑫, 胡长顺, 等. 纤维沥青混合料增强作用机理分析[J]. 合肥工业大学学报
　　 （自然科学版）, 2003, 26（5）：1033-1037.

[16] 吴萌萌. 纤维沥青胶浆及其混合料路用性能研究[D]. 东营: 中国石油大学（华东）, 2015.

[17] 高春妹. 玄武岩纤维沥青混凝土性能研究与增强机理微观分析[D]. 长春: 吉林大学, 2012.

[18] Abtahi S M, Sheikhzadeh M, Hejazi S M. Fiber-reinforced asphalt-concrete—A Review[J].
　　 Construction and Building Materials, 2010, 24（6）：871-877.

[19] 易志坚, 杨庆国, 李祖伟, 等. 基于断裂力学原理的纤维砼阻裂机理分析[J]. 重庆交通学
　　 院学报, 2004, 23（6）：43-45.

[20] 吴萌萌, 李睿, 张玉贞, 等. 纤维沥青胶浆高低温性能研究[J]. 中国石油大学学报（自然科
　　 学版）, 2015, 39（1）：169-175.

第8章　路用生物质纤维沥青混合料的耐久性能

　　沥青混合料的耐久性能包括老化耐久性、冻融循环耐久性和疲劳耐久性等。沥青老化是沥青路面施工和使用过程中不可避免且会对路面使用寿命产生重大影响的问题，老化使沥青路面路用性能衰减，柔韧性降低，导致路面开裂，最终加剧路面的破坏[1]。在低温和水分的共同作用下，沥青路面会产生严重的冻融损伤破坏，使路面出现开裂、松散、剥落、掉粒、唧泥等破坏，严重影响沥青路面的耐久性[2]。此外，沥青路面受车轮荷载的反复作用后容易产生疲劳破坏，表现为沿路面纵向产生裂缝，进而发展为网裂和龟裂，甚至坑槽，不仅影响行车舒适度，提高运营与维护成本，还会降低路面使用寿命。

　　为评价路用生物质纤维沥青混合料的耐久性能，本章将从毛竹茎秆中提取的絮状竹纤维和木质素纤维掺入沥青混合料中，并与无纤维沥青混合料进行对比，采用系列室内试验从老化耐久性、冻融循环耐久性和疲劳耐久性三方面研究生物质纤维沥青混合料的耐久性，并采用灰色关联理论对影响沥青混合料耐久性的因素进行评定。

8.1　配合比设计

　　本章采用的级配方案包括 AC-13、AC-16、SMA-13 和 SMA-16。基于马歇尔配合比试验，矿料级配设计见表 8.1。

表 8.1　沥青混合料矿料级配各筛孔通过百分率　　　　　　（单位：%）

混合料类别	筛孔尺寸										
	19mm	16mm	13.2mm	9.5mm	4.75mm	2.36mm	1.18mm	0.6mm	0.3mm	0.15mm	0.075mm
AC-13	—	100.0	95.5	80.0	46.5	35.8	26.0	19.3	14.0	10.6	7.4
AC-16	100.0	99.2	88.0	72.2	37.0	29.1	19.8	14.7	11.0	9.1	7.8
SMA-13	—	100.0	91.9	63.9	24.7	20.8	17.7	15.4	13.7	12.6	10.0
SMA-16	100.0	95.0	70.0	51.4	27.7	21.8	18.2	15.4	12.7	11.6	10.5

　　分别拟定生物质纤维的掺量为沥青混合料总质量的 0.2%、0.3%、0.4%、0.5% 和 0.6%，按照《公路工程沥青及沥青混合料试验规程》(JTG E20—2011)制备 4 种级配沥青混合料的马歇尔试件。根据规范技术要求确定纤维最佳掺量。测试各项指标，根据公式计算出各纤维沥青混合料的最佳油石比，具体结果见表 8.2。

表 8.2　各生物质纤维沥青混合料的最佳纤维掺量和最佳油石比

混合料类型	最佳纤维掺量/%	最佳油石比/%	
		木质素纤维	竹纤维
AC-13	0.4	5.0	5.2
AC-16	0.4	4.9	5.2
SMA-13	0.3	5.9	6.5
SMA-16	0.3	5.7	6.0

8.2　老化耐久性

8.2.1　试验方法

1. 老化试验

采用控制老化时间和老化温度两种方式对纤维沥青混合料进行热氧老化。采用轮碾法成型 300mm×300mm×50mm 的板式试件，在强制通风条件下采用烘箱对不同沥青混合料进行加热老化。当老化温度为 80℃时，老化时长分别为 0h、30h、60h、90h 和 120h。当老化时长为 120h 时，老化温度分别为 80℃、90℃、100℃、110℃和 120℃。

2. 力学性能试验

测试 20℃下沥青混合料老化前后的抗压强度和抗压回弹模量以评价其力学性能。用静压法成型 ϕ100mm 圆柱体试件。试验采用 MTS-810 型万用材料试验机进行，加载速率 2mm/min。

3. 低温弯曲试验

沥青混合料老化前后低温稳定性的评价采用小梁弯曲试验，测试纤维沥青混合料 –10℃下的弯曲蠕变劲度模量和最大弯拉应变。试样切制 250mm×30mm×35mm 的棱柱体小梁，加载速率为 50mm/min。

4. 水稳定性测试

沥青混合料老化前后水稳定性的评价采用浸水马歇尔试验和冻融劈裂试验，分别测试纤维沥青混合料的浸水马歇尔残留稳定度和冻融劈裂抗拉强度。浸水马歇尔试验的试件除需在恒温水槽中保温 48h 外，测试方法与标准马歇尔试验相同。冻融劈裂试验方案为：在–18℃下冷冻 16h 后放入 60℃的恒温水槽中 24h，将所有冻融循环试样置于 25℃恒温水槽中 2h 后用 SYD-0731 型单轴压缩试验机测试冻融劈裂抗拉强度，并计算冻融劈裂抗拉强度比。

8.2.2 结果与讨论

1. 不同老化时间

1) 力学性能

不同老化时间下纤维沥青混合料单轴压缩试验结果如图 8.1 所示。

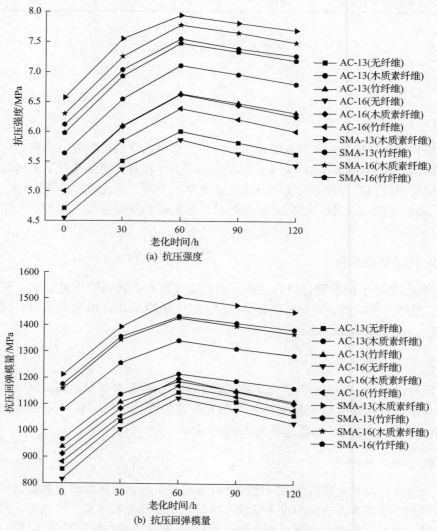

(a) 抗压强度

(b) 抗压回弹模量

图 8.1 不同老化时间下纤维沥青混合料单轴压缩试验结果

（1）随着老化时间的延长，纤维沥青混合料的抗压强度和抗压回弹模量呈先增大后减小的趋势，说明短期老化可使沥青混合料的力学性能提升，但随着老化的深入，力学性能有所降低。其原因可能是老化初期沥青中轻质油分挥发，沥青含氧极性官能团含量提高，沥青变硬变脆，抗变形能力提高[3]。但随着老化时间的延长，沥青混合料自身结构遭到破坏，其力学性能降低。

(2)与无纤维沥青混合料相比，生物质纤维的加入可有效提高沥青混合料的抗压回弹模量和抗压强度，力学性能较好。一方面，纤维加入后可以吸附沥青中的极性分子，抑制其挥发，并加强集料与沥青的黏结，减少沥青与氧气相互作用的机会，减缓轻质组分向沥青质的转化，延缓了老化[4]。另一方面，沥青混合料中掺加适量纤维可起到桥接和加筋的作用，使外荷载均匀分散到骨料和沥青胶浆中，结构受力更为均匀，避免应力集中现象，从而提高了沥青混合料的抗压强度。此外，沥青混合料受载后，分散在其中的纤维可提高沥青混合料的回弹能力，减小回弹变形[5]。

(3)同种级配下，木质素纤维沥青混合料的抗压回弹模量和抗压强度大于竹纤维沥青混合料，说明木质素纤维沥青混合料在老化前后均具有较好的力学性能。这可能是因为竹纤维的末梢分支相对较少，在老化后受到荷载作用时分散荷载和消散应变能的能力稍弱。

(4)同种纤维下，不同级配沥青混合料的抗压回弹模量和抗压强度由大到小排序依次为 SMA-13>SMA-16>AC-13>AC-16。SMA 型级配混合料沥青膜较厚，空隙率较小，粒料与空气接触少，因而混合料耐老化性能好。SMA 型级配中较多的粗集料充分发挥了嵌挤作用，细集料又具有较高的内聚力，整个结构力学性能较优。整体而言，混合料中细集料含量越多，结构越密实，力学性能越好。

2)低温性能

不同老化时间下纤维沥青混合料低温性能测试结果如图 8.2 所示。

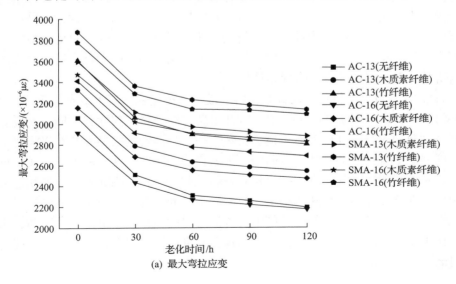

(a) 最大弯拉应变

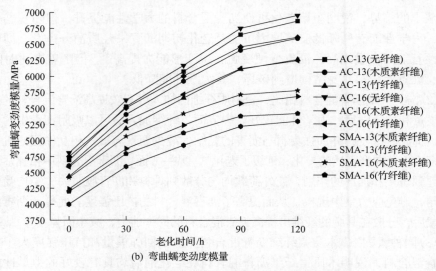

(b) 弯曲蠕变劲度模量

图 8.2　不同老化时间下纤维沥青混合料低温性能测试结果

(1)随着老化时间的延长，纤维沥青混合料的最大弯拉应变呈下降趋势，而弯曲蠕变劲度模量呈增长趋势。这是因为老化过程中，沥青经历氧化、挥发和聚合作用，轻质组分减少，重质组分增多[6]，沥青胶浆变脆、变硬，抗变形能力降低，沥青混合料的弯曲蠕变劲度模量随之增大，最大弯拉应变降低，在低温下易断裂，即低温抗裂性能变差。

(2)与无纤维沥青混合料相比，生物质纤维沥青混合料的最大弯拉应变较大，弯曲蠕变劲度模量较小，且变化速率较小，说明纤维的加入可提高沥青混合料低温弯曲老化耐久性。短切絮状纤维在沥青混合料中具有良好的分散性，易搭接形成纤维沥青胶浆结构。竹纤维本身具有较好的抗拔强度与耐老化性，不易从沥青分子间抽离，可以阻止低温荷载下裂缝的产生与扩展[7]。此外，数量众多的纤维与沥青相互裹覆，使得沥青膜厚度增加，不仅抑制了沥青的老化，还可以降低自由沥青的含量，提高沥青混合料整体性。

(3)同种级配下，竹纤维沥青混合料的最大弯拉应变均高于木质素纤维，弯曲蠕变劲度模量小于木质素纤维，说明竹纤维沥青混合料的韧性和抗低温开裂能力更强。主要原因是竹纤维表面粗糙且长短不一，与沥青的接触面具有很强的结合力，增强了沥青胶浆的韧性，从而增大了沥青混合料的抗变形能力。木质素纤维表面相对较平滑，其与沥青间结合相对较弱。此外，竹纤维沥青混合料在老化过程中低温性能参数的变化速率小于木质素纤维沥青混合料，说明其低温稳定老化耐久性更优。由表 8.2 可知，竹纤维沥青混合料的沥青用量更大，其高油石比可形成比木质素纤维沥青混合料更厚的沥青膜，进而增强混合料的延展性，提高混合料老化过程中的低温抗裂性。

(4)同种纤维下,不同级配纤维沥青混合料的低温抗裂性能大小排序为 SMA-13> SMA-16>AC-13>AC-16。SMA 混合料骨架空隙中填充了大量的沥青并完全裹覆于矿料表面,且细集料含量较多的 SMA 混合料比表面积较大,吸附沥青的作用更明显,使沥青胶浆对集料的黏结作用更强,因此 SMA 混合料具有更强的抑制老化和抗低温变形能力。然而,老化过程中,4 种混合料低温抗裂性能衰减速率由大到小依次为 AC-13>AC-16>SMA-13>SMA-16,即 SMA-16 的低温抗裂性能老化耐久性最佳,其次为 SMA-13 和 AC-16,AC-13 最差。说明混合料中细集料含量越多、比表面积越大,其低温性能越容易受到老化作用影响,低温性能下降速度越快。

3)水稳定性

不同老化时间下纤维沥青混合料水稳定性测试结果如图 8.3 所示。

(1)随着老化时间的延长,纤维沥青混合料的浸水马歇尔残留稳定度不断降低,水稳定性变差。这是因为沥青的老化降低了其与集料间的黏附力,水分逐步侵入两者之间,削弱了沥青与集料之间的黏结力,导致混合料空隙率增大,黏结力损失,沥青薄膜剥离,使集料因裸露而破坏,结构的整体性和强度降低,力学性能恶化。此外,沥青老化过程中会生成具有较强亲水性的酮、酸等含氧官能团,大大增加沥青分子在水中的溶解性,使沥青混合料的水损害加重[8]。

(2)与无纤维沥青混合料相比,掺加生物质纤维的沥青混合料浸水马歇尔残留稳定度和冻融劈裂抗拉强度比较高,且变化速率小于无纤维沥青混合料,说明纤维的加入可提高沥青混合料的水稳定老化耐久性。生物质纤维分布在沥青中可形成三维网状的沥青胶浆,将混合料握裹成牢固的整体,可有效减缓老化对沥青混合料水稳定性的影响。此外,纤维的吸油性可延缓水分的渗透,减少沥青膜与水的接触,减缓沥青混合料老化后水损害的进程,提高沥青混合料抗冻融与抗水损害的能力。

(3)老化过程中,竹纤维沥青混合料的浸水马歇尔残留稳定度和冻融劈裂抗拉强度比均高于木质素纤维沥青混合料,说明竹纤维沥青混合料具有更优的水稳定性。竹纤维沥青混合料的参数变化速率小于木质素纤维,说明其具有更好的水稳定老化耐久性。一方面,竹纤维沥青混合料油石比更高,裹覆集料的沥青膜也随之增厚,因而有效减轻了老化过程中极性物质的氧化作用[9]。另一方面,竹纤维的吸水性略小于木质素纤维。纤维吸水性大,在受到水分入侵时纤维与沥青表面会产生楔入侵蚀与湿胀,出现与矿料-沥青表面类似的剥离现象,沥青混合料抗水损害的能力减弱。

(4)同种纤维下,不同级配沥青混合料的浸水马歇尔残留稳定度和冻融劈裂抗拉强度比由大到小排序为 SMA-13>SMA-16>AC-13>AC-16,其变化速率排序则刚好相反,说明在水稳定老化耐久性方面级配 SMA-13 最佳,其次为 SMA-16 和 AC-13,AC-16 最差。SMA 混合料内部被沥青胶浆充分填充,与空气接触少,具

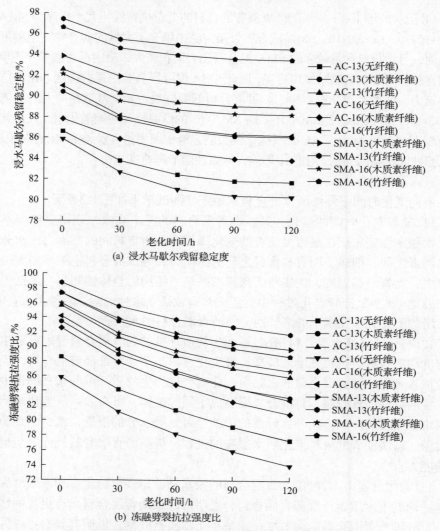

图 8.3　不同老化时间下纤维沥青混合料水稳定性测试结果

有良好的耐老化性能，并且沥青膜较厚，可减轻水对结构的损害，而集料粒径越大、防水空隙越大，黏结性越差，导致抵抗水损害的能力变差。

2. 不同老化温度

1）力学性能

不同老化温度下纤维沥青混合料的力学性能测试结果如图 8.4 所示。

（1）随着老化温度的升高，纤维沥青混合料的抗压回弹模量和抗压强度呈下降趋势，说明老化温度的升高会降低沥青混合料的力学性能。这是因为老化温度越

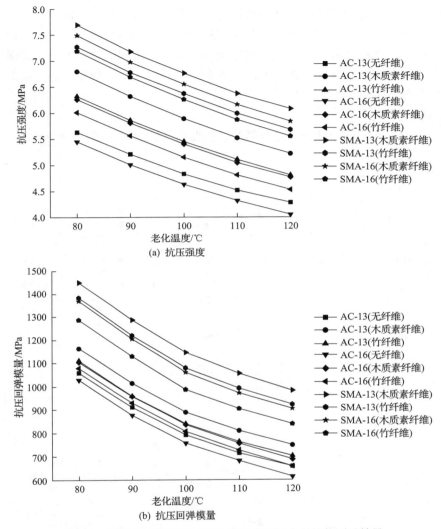

图 8.4　不同老化温度下纤维沥青混合料的力学性能测试结果

高,沥青中的极性分子越易与氧气发生氧化反应,同时沥青的黏度降低,分子间结合的阻力减弱,沥青与矿料间的黏附性减弱,所以在较高的老化温度下,沥青混合料的力学性能降低[10]。

(2)与无纤维沥青混合料相比,生物质纤维沥青混合料的抗压强度和抗压回弹模量较高,且变化速率较小,力学性能较好。老化温度的升高可显著改变沥青与集料间的黏附力[11],纤维在沥青混合料中呈三维分布,其相互搭接形成了纵横交织的空间网络,有利于提高沥青胶浆与集料间的黏结与吸附。

(3)同种级配下,木质素纤维沥青混合料的抗压强度和抗压回弹模量高于竹纤维，变化速率则低于竹纤维，这一结果与不同老化时间下的结论相一致。

（4）同种纤维下，不同级配沥青混合料力学性能由大到小排序为 SMA-13>SMA-16>AC-13>AC-16，且变化速率完全相反，说明不同老化温度下沥青混合料的耐久性 SMA-13 最优，其次是 SMA-16 和 AC-13，AC-16 最差，这一结果与不同老化时间下的结论相一致。

2）低温性能

不同老化温度下纤维沥青混合料的低温性能测试结果如图 8.5 所示。

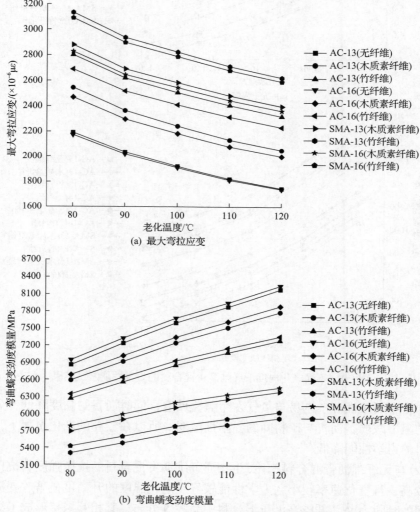

(a) 最大弯拉应变

(b) 弯曲蠕变劲度模量

图 8.5　不同老化温度下纤维沥青混合料的低温性能测试结果

（1）沥青混合料弯曲蠕变劲度模量随着老化温度的升高而增大，最大弯拉应变则相反。表明老化温度的升高会使沥青混合料的低温性能变差。其原因是高温加速了沥青轻质组分的挥发和沥青质氧化进程，导致沥青变脆、变硬，从而降低了沥青的柔韧性，抵抗低温荷载的能力变弱。

(2)不同老化温度下，与无纤维沥青混合料相比，生物质纤维沥青混合料的低温弯曲性能更弱，低温性能参数变化速率更小，低温稳定性较好。这一结果与不同老化时间下的结论相一致。

(3)不同老化温度下，竹纤维沥青混合料的最大弯拉应变高于木质素纤维，弯曲蠕变劲度模量及两参数变化速率低于木质素纤维。说明在不同老化温度下，竹纤维沥青混合料低温稳定老化耐久性优于木质素纤维沥青混合料。

(4)同种纤维下，4 种级配沥青混合料最大弯拉应变由大到小排序为：SMA-13>SMA-16>AC-13>AC-16，弯曲蠕变劲度模量的排序则刚好相反。老化温度升高过程中，各沥青混合料低温性能参数变化速率为：AC-16>AC-13>SMA-16>SMA-13。说明 SMA-13 级配在不同老化温度下均具有最优的低温弯曲老化耐久性，其次为 SMA-16 和 AC-13，AC-16 最差。通常情况下，混合料结构越密实，受老化温度的影响越小，老化后的低温稳定性能越强。

3)水稳定性

不同老化温度下纤维沥青混合料水稳定性测试结果如图 8.6 所示。

(1)随着老化温度的升高，两种纤维沥青混合料的浸水马歇尔残留稳定度与冻融劈裂抗拉强度比均呈下降趋势，水稳定性降低。这是因为老化温度的升高导致老化程度加深，沥青组分中亲水物质增多，沥青混合料弯曲蠕变劲度模量提高，引起冻融循环过程中的胀裂损伤，冻融劈裂抗拉强度比显著衰减。另外，沥青黏结力降低，水分更易进入结构内部，使混合料水稳定性衰减。

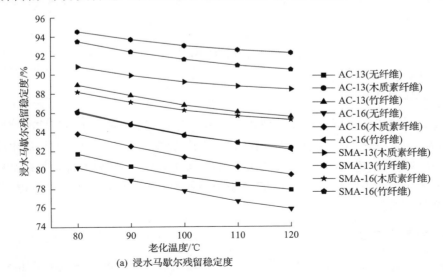

(a) 浸水马歇尔残留稳定度

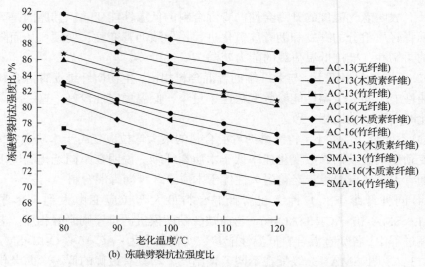

图 8.6　不同老化温度下纤维沥青混合料水稳定性测试结果

(2)不同老化温度下，与无纤维沥青混合料相比，生物质纤维沥青混合料的水稳定性更强，水稳定性参数变化速率更小，水稳定性较好。这一结果与不同老化时间下的结论相一致。

(3)随着老化温度的升高，竹纤维沥青混合料的浸水马歇尔残留稳定度和冻融劈裂抗拉强度比均大于木质素纤维沥青混合料，但其参数变化速率均小于后者，说明在不同老化温度下，竹纤维沥青混合料在水稳定性方面具有更好的耐久性。

(4)同种纤维下，不同级配沥青混合料的水稳定性参数由大到小排序为 SMA-13>SMA-16>AC-13>AC-16，变化速率则完全相反。这一结果与不同老化时间下的结论相一致。

8.3　冻融循环耐久性

8.3.1　试验方法

生物质纤维沥青混合料冻融循环耐久性采用不同冻融循环次数下冻融劈裂试验评价。单次冻融循环的条件为：在-18℃下冷冻 16h 后放入 60℃的恒温水槽中 24h。各试样分别冻融循环 1 次、2 次、3 次、4 次、5 次。将所有冻融循环试样置于 25℃恒温水槽中 2h 后用 SYD-0731 型单轴压缩试验机测试劈裂抗拉强度，并计算冻融劈裂抗拉强度比。

8.3.2　结果与讨论

各纤维沥青混合料不同冻融循环次数下冻融劈裂抗拉强度比测试结果如图 8.7

所示。

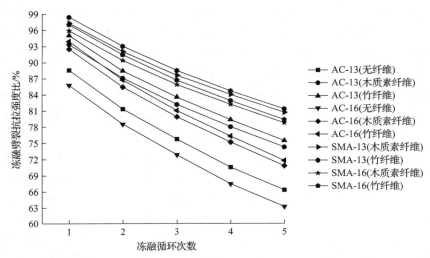

图 8.7　纤维沥青混合料不同冻融循环次数下冻融劈裂抗拉强度比测试结果

（1）随着冻融循环次数的增加，纤维沥青混合料的劈裂抗拉强度显著降低。冻融循环过程包含冻胀作用和水侵蚀作用，对沥青砂浆、沥青胶浆与集料黏结处都会产生影响。在冻融循环前期冻胀作用明显，而水侵蚀作用贯穿整个冻融循环过程[12]。孔隙水在冻结过程中在低温下膨胀结冰，对孔隙壁处的砂浆产生了冻胀作用，沥青在低温下呈现弹脆性，在冻胀力的作用下裂纹萌生，孔隙扩展，孔隙率增大，主要表现为黏聚破坏。而在融化过程中，水吸附在沥青表面不断置换沥青，容易使得沥青剥落，产生黏附破坏。在多次冻融循环作用下，沥青混合料的性能迅速衰减。

冻融循环破坏严重削弱了沥青混凝土路面的耐久性。路面积水从沥青混凝土路面的空隙渗入沥青路面内部，外界温度低于 0℃时，混合料内部水分随之冻结，体积增大，迫使沥青混凝土内部空隙发生冻胀，反复作用下，沥青混凝土路面的空隙剧烈增大，更多的水分进入其内部，导致沥青混合料的强度降低，造成沥青混合料表面集料松散、掉粒、坑槽等破坏现象[13]。另外，自由水分沿着纵深很大的冻融胀缝渗入路面基层，更加剧了路面的破坏程度，并容易引起其他破坏形式，进一步降低了沥青混合料路面的耐久性。

（2）与无纤维沥青混合料相比，纤维沥青混合料的冻融劈裂抗拉强度比更大且降低速率更慢，说明生物质纤维的加入可有效改善沥青混合料的冻融循环耐久性。沥青混合料在冻融循环条件下主要是空隙率的增加导致自由水分增加，削弱了沥青混合料之间的黏结力，从而降低沥青混合料的强度。在生物质纤维混合料中，数量众多、随机分散的纤维网络将结构连接成更加牢固的整体，沥青与矿料间的握裹力增大，减弱了水分的侵蚀作用和冻胀作用。

　　此外，掺加生物质纤维可提高沥青胶浆的黏度和稠度，同时形成的空间网络结构加强了其整体性和稳定性，因此纤维沥青混合料与普通沥青混合料相比不易受水侵蚀。纤维的加入会提高沥青混合料的油石比，使矿料表面"结构沥青"层厚度增加。沥青与矿料之间的结合力得到加强，有助于保护沥青-矿料界面。

　　(3)同种级配下，竹纤维沥青混合料的冻融劈裂抗拉强度比略高于木质素纤维，但变化速率基本相同，说明在改善沥青混合料冻融循环耐久性方面，竹纤维和木质素纤维的作用基本相同。生物质纤维在沥青混合料中所起到的吸收沥青作用和桥接、加筋作用使其能改善结构的冻融循环耐久性。

　　(4)同种纤维下，4 种级配沥青混合料冻融劈裂抗拉强度比由大到小排序为SMA-13>SMA-16>AC-13>AC-16，冻融劈裂抗拉强度比衰减速率则呈现相反的趋势，说明在纤维沥青混合料冻融循环耐久性方面，级配 SMA-13 最优，其次为SMA-16 和 AC-13，AC-16 最差。良好的冻融循环耐久性既要有足够的粗骨料形成骨架，又要强调填充密实，并且需合适的空隙率[14]。SMA 型级配中间档料少，粗骨料(>4.75mm) 含量(质量分数)在 72.3%以上，可形成较强的骨架，且有充足的细集料填充，所以抗冻性能好。AC 型混合料的骨架作用较弱，细料对空隙的填充作用不如 SMA 密实，所以抗冻性能弱于 SMA 级配。而集料粒径越粗，防水空隙越大，黏结性越差，导致抵抗水破坏的能力差。

8.3.3　冻融损伤模型

　1. 三维损伤演化模型假设

　　由基于可靠度理论和损伤统计理论的普适模型可知[15]，若生物质纤维混合料能够满足模型的 4 种基本假设，则其可符合此损伤演化规律。为了分析实际工程中的损伤演化情况，可采用一个六面均承受等损伤梯度 G 的立方体模型来描述沥青混合料受冻融循环的影响，模型假设如下。

　　假设 1：生物质纤维沥青混合料可视为连续的均匀体。生物质纤维长度相对试件而言较小，且在拌和过程中纤维均匀且无序地分散到试件各方向和位置。集料、胶浆与空隙尺寸也满足较小且无序分布的要求，故宏观上可将混合料试件视为各组成部分性能的统计平均量。

　　假设 2：生物质纤维沥青混合料各边界所处的冻融环境条件相同，冻融带来的等损伤梯度 G 从各面向内部发展，因此试件内部到边界最短距离相同的微元点均满足同一种损伤演化规律。

　　假设 3：沥青混合料冻融破坏是内部损伤随冻融循环逐步积累所导致的，混合料内部各元件失效概率随之增大，与时间呈正相关关系。因此，可认为生物质纤维沥青混合料冻融损伤随循环次数逐步积累这一特征符合 Weibull 分布：

$$F(t) = 1 - \exp[-(\lambda t)^{\alpha}]　　　　　　　　　　(8.1)$$

式中，t 为时间；λ 为尺度因子；α 为形状因子。显然，当 $t=0$ 时，$F(t)=0$；当 t 趋于无穷大时，$F(t)=1$。

假设 4：沥青混合料内部各点受到同种损伤条件的影响，失效曲线形状一致，形状因子 α 相同。

2. 模型推导

在混合料内部任一坐标 (x,y,z) 处取微元体，设此微元体的内部点元件在 t 时刻发生破坏的概率密度函数为 $f(x,y,z;t)$，记 t 时刻该微元体发生破坏的区域数量为 $V(x,y,z;t)$，此随机变量满足空间 Poisson 分布要求。t 时刻，各点元件发生破坏的概率 P 为

$$P = f(x,y,z;t)\mathrm{d}\xi\mathrm{d}\eta\mathrm{d}\sigma　　　　　　　　(8.2)$$

$V(x,y,z;t)$ 满足 Poisson 分布，由 Poisson 分布的期望性质可得到 $V(x,y,z;t)$ 的数学期望为

$$E(V) = nP = \mathrm{d}x\mathrm{d}y\mathrm{d}z\mathrm{d}\xi^{-1}\mathrm{d}\eta^{-1}\mathrm{d}\sigma^{-1}　　　　　(8.3)$$

$$f(x,y,z;t)\mathrm{d}\xi\mathrm{d}\eta\mathrm{d}\sigma = f(x,y,z;t)\mathrm{d}x\mathrm{d}y\mathrm{d}z$$

式中，n 为空间区域中样本点个数。

整个区域受损体积为

$$V = \iint\limits_{V_0} E(V)\mathrm{d}V　　　　　　　　　　(8.4)$$

定义损伤度 D 为

$$D = VV_0^{-1}　　　　　　　　　　(8.5)$$

式中，V 为受损单元体积；V_0 为原单元体积。

由式(8.3)~式(8.5)，并结合式(8.1)可知：

$$D = V_0^{-1}\iint\limits_{V_0} f(x,y,z;t)\mathrm{d}x\mathrm{d}y\mathrm{d}z = V_0^{-1}\iint\limits_{V_0} \alpha(\lambda t)^{\alpha-1}\exp[-(\lambda t)^{\alpha}]\mathrm{d}x\mathrm{d}y\mathrm{d}z　(8.6)$$

由文献[16]可知，式中的尺度因子 λ 综合体现了混合料内部的点对于冻融循环条件的抵抗能力，其大小由内外因素条件共同决定，且与材料抗力负相关。为评价生物质纤维对沥青混合料在冻融循环不利条件下抵抗能力的改善情况，引入增强因子 k 表征生物质纤维对沥青混合料性能的改善作用。

$$k = \lambda_a / \lambda_b \tag{8.7}$$

式中，λ_a 为生物质沥青混合料损伤演化模型的尺度因子；λ_b 为普通沥青混合料损伤演化模型的尺度因子。

当 $k>1$ 时，说明掺加生物质纤维后沥青混合料对不利条件的抵抗能力下降，生物质纤维对此性能是不利的。当 $k<1$ 时，说明混合料的抵抗能力增强；k 越小，沥青混合料对不利条件的抵抗能力越强，生物质纤维的改善效果越明显。若 $k=1$，则说明生物质纤维的加入不会影响沥青混合料的抵抗能力。

3. 损伤演化数值算法

为准确计算式 (8.6)，可对计算区域进行空间离散化，将各边均分成 N 份，N 为偶数。由假设 2 可知，与模型边缘最短距离相等的第 i 层单元数为

$$N_i = 6N^2 - 24iN + 24i^2 - 12N + 24i + 8 \tag{8.8}$$

式中，$i=0,1,2,\cdots,N/2-1$。

设第 i 层单元 t 时刻发生破坏的分布函数为 $F_i(t)$，Poisson 分布在模型样本点数目较少时可转化为伯努利分布。因此，第 i 层单元中有 N_i 个单元发生破坏，在 t 时刻这一事件 φ_i 的数学期望为

$$E(\varphi_i) = N_i F_i(t) \tag{8.9}$$

由假设 3 可得

$$F_i(t) = 1 - \exp[-(\lambda_i t)^\alpha] \tag{8.10}$$

若采用线性公式模拟 λ_i，且网格划分得足够细，忽略微单元尺寸的影响，则可得

$$\lambda_i = \lambda_0 - 2iv/(N-2) \tag{8.11}$$

式中，λ_0 为均匀尺度因子；v 为梯度因子。当 $i=0$ 时，最外层 $\lambda_i = \lambda_0$；当 $i=N/2-1$ 时，最里层 $\lambda_i = \lambda_0 - v_0$。

为评价生物质纤维对冻融循环性能的改善效果，增强因子 k 应以同一层单元的抵抗性能作为评价标准。按式 (8.7) 计算 k 时，λ_a、λ_b 可采用两种沥青混合料最外层的均匀尺度因子 λ_0 代入。故 t 时刻单元破坏这一事件 ω 的数学期望为

$$E(\omega) = \sum_{i=0}^{N/2-1} E(\varphi_i) = \sum_{i=0}^{N/2-1} N_i F_i(t) \tag{8.12}$$

由式(8.12)可得区域损伤度期望值为

$$E(D) = \frac{E(\omega)}{V_0} = N^{-3} \sum_{i=0}^{N/2-1} (6N^2 - 24iN + 24i + 8) \left\{ 1 - \exp\left[-\left(\lambda_0 t - \frac{ivt}{N/2-1} \right)^\alpha \right] \right\}$$

$$(8.13)$$

由宏观唯象损伤力学中的等应变假设可知，第 n 次冻融循环后试件的损伤度计算公式为

$$D_n = (E_0 - E_n) / E_0 \tag{8.14}$$

式中，D_n 为第 n 次冻融循环后的损失度；E_0、E_n 分别为冻融前和第 n 次冻融循环后的力学性能指标。

8.4　疲劳耐久性

8.4.1　试验方法

沥青混合料的疲劳寿命采用四点弯曲小梁疲劳试验测试。试样切制 380mm×63mm×50mm 的棱柱体小梁，测试温度 15℃，加载频率 10Hz，加载波形为连续正弦波。采用应力控制模式，应力水平分别为各混合料抗弯拉强度的 30%、40%和50%，各水平下取 3 个平行试件进行测试，测试结果取平均值。

8.4.2　结果与讨论

应力控制模式下沥青混合料的疲劳方程如式(8.15)所示[17]：

$$N_f = K \left(\frac{1}{\sigma_0} \right)^n \tag{8.15}$$

式中，N_f 为结构破坏时荷载作用次数；σ_0 为初始弯拉应力，MPa；K、n 为由疲劳测试确定的疲劳方程参数。

对式(8.15)两边取对数可得

$$\lg N_f = -n\lg\sigma_0 + \lg K \tag{8.16}$$

式中，K 为疲劳测试曲线线位的高低，K 值越大，沥青混合料抵抗重复荷载的能力越强；n 表示疲劳测试曲线斜率的大小，n 值越大，沥青混合料的疲劳寿命越容易受到应力的影响。

　　各纤维沥青混合料随应力变化的疲劳寿命分析结果如图 8.8 所示，各混合料疲劳寿命回归方程见表 8.3。

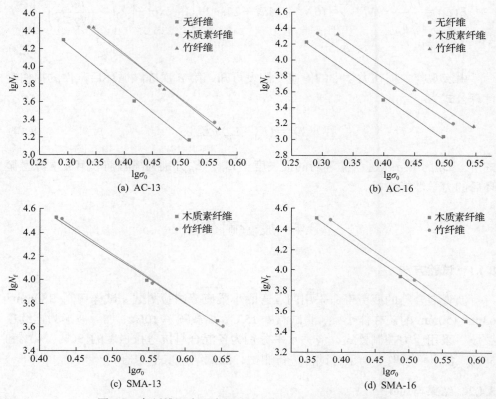

图 8.8　各纤维沥青混合料随应力变化的疲劳寿命分析结果

表 8.3　不同纤维沥青混合料疲劳寿命回归方程

混合料类型	木质素纤维	R^2	竹纤维	R^2	无纤维	R^2
AC-13	$y=-4.869x+1.179\times10^6$	0.9902	$y=-5.157x+1.597\times10^6$	0.9921	$y=-5.1572x+6.210\times10^5$	0.9935
AC-16	$y=-5.122x+6.596\times10^5$	0.9921	$y=-5.231x+7.534\times10^5$	0.9951	$y=-5.3763x+4.854\times10^5$	0.9930
SMA-13	$y=-3.983x+1.570\times10^6$	0.9909	$y=-4.096x+1.854\times10^6$	0.9950	—	—
SMA-16	$y=-4.491x+1.343\times10^6$	0.9998	$y=-4.601x+1.782\times10^6$	0.9997	—	—

　　由上述分析结果可得以下结论。

　　(1)在不同的应力水平条件下，两种纤维沥青混合料的疲劳寿命均与应力水平表现出良好的相关性，且决定系数均在 0.99 以上，表明两种纤维沥青混合料均能较好地表征材料的疲劳性能。

（2）$\lg N_f$ 与 $\lg\sigma_0$ 呈线性递减关系，说明随着初始加载应力的增大，纤维沥青混合料的疲劳寿命呈下降趋势。在疲劳荷载作用下，混合料结构内部萌生裂缝，内部初始缺陷处会产生应力集中且微裂缝以较快的速度扩展，荷载的重复作用使得裂缝进一步扩大，最后导致结构破坏。

（3）生物质纤维沥青混合料在各应力水平下的 K 值均大于无纤维沥青混合料，而 n 值均小于后者，表明生物质纤维的加入可改善沥青混合料的疲劳耐久性。主要原因在于：第一，从图 7.11 可以看出，大量沥青附着在纤维表面，纤维根部与混合料连接紧密。虽然纤维的掺量较低，但两种纤维的直径都很小，因此比表面积较大，这使得数量众多、长短不一、在混合料中均匀分散的纤维彼此搭接。纤维的无规律分布可在裂缝周围产生约束作用，从而阻止裂缝的进一步扩散。此外，细长的丝状路用生物质纤维将整个混合料连接起来，在沥青混合料内部集料出现分离时可起到一定的拉伸作用来维持整个结构的完整[18]，从而实现纤维对沥青混合料的阻裂作用。第二，沥青本身具有一定的微裂缝自愈能力，这对沥青路面抗疲劳能力具有重要影响。纤维的加入可增强沥青混合料的滞后恢复能力[19]。从 SEM 图像可以看出，纤维与沥青结合面表现出良好的过渡，呈面接触而非点接触，表明纤维与沥青混合料之间具有较好的界面黏结性能。在外荷载作用下，纤维可有效分担混合料所受拉应力，进而阻碍其发生形变。由于纤维的抗拉强度比沥青基体高，当外部荷载消失后，纤维沥青胶浆的黏弹特性使其变形恢复，从而沥青混合料自愈。从微观图像来看，竹纤维与木质素纤维的界面结合形式相似，因此均可增强沥青混合料的自愈能力。

（4）各应力水平下，竹纤维沥青混合料的 K 值均大于木质素纤维沥青混合料，表明竹纤维沥青混合料具有更好的抵抗重复荷载的能力。纤维对沥青混合料疲劳寿命的改善程度与纤维在混合料的分散程度，纤维的长径比、密度、韧性及吸收沥青的能力有关[20]。由表 6.2 可知，竹纤维比木质素纤维密度更大，且有更高的强度及韧性，对混合料的加筋效果更明显。此外，竹纤维具有更好的吸油性，沥青用量的增加提高了混合料的柔性，有利于细裂缝的填隙和弥合作用，进而延缓结构的破坏，有效改善沥青混合料的疲劳性能。

（5）各应力水平下，竹纤维沥青混合料的 n 值略大于木质素纤维沥青混合料，表明竹纤维沥青混合料的疲劳敏感性略差，但这一差异并不显著。

（6）各应力水平下，4 种级配沥青混合料的 K 值由大到小排序为 SMA-13>SMA-16>AC-13>AC-16，n 值的排序完全相反，说明在混合料疲劳耐久性方面级配 SMA-13 最优，其次为 SMA-16 和 AC-13，AC-16 最差。SMA 型级配中粗集料相互靠拢，形成骨架，集料间内摩擦力较大，细集料又具有较大的密实性和内聚力，使得混合料的疲劳性能提高。而 AC 型级配粗集料较少且不接触，内摩擦力较弱，在荷载较大时易出现车辙、推移等变形，因而影响其抗疲劳性能[21]。沥青用量越少，其与矿料间的内聚力越差，所以疲劳性能方面 SMA-16 差于 SMA-13，AC-16 差于 AC-13。

8.5　灰色关联度分析

在探究不同种类纤维沥青混合料耐久性的过程中，发现影响耐久性的因素较多。不同的老化时间、老化温度、沥青性能、集料级配均对沥青混合料老化过程中高温性能、低温性能、水稳定性有重要影响。而冻融次数、集料级配、沥青性能对纤维沥青混合料冻融循环耐久性均有较大影响。应力比、集料级配、沥青性能对纤维沥青混合料的疲劳耐久性均有重要影响。所以探究沥青混合料耐久性的影响因素对现阶段沥青路面耐久性的整体研究有一定的指导作用。

本节采用灰色关联理论对影响沥青混合料老化耐久性及塑性变形耐久性的因素进行评定。灰色关联理论通过系统影响因素的样本数据对各因素的影响程度进行评级并提出灰色关联度，灰色关联度的大小可清楚地区分不同影响因素的主要和次要程度，并对不同的影响因素进行排序。

8.5.1　灰色关联的计算方案与计算方法

1. 灰色关联分析法的计算方案

采用灰色关联理论对影响纤维沥青混合料耐久性的因素进行评定。老化耐久性方面，以抗压强度、最大弯拉应变和不同老化条件下的冻融劈裂抗拉强度比（TSR）作为评价指标，以老化温度、老化时间、纤维沥青胶浆性质和集料级配作为影响因素。冻融循环耐久性方面，以不同冻融循环次数下的冻融劈裂抗拉强度比作为评价指标，以冻融循环次数、纤维沥青胶浆性质和集料级配作为影响因素。疲劳耐久性方面，以疲劳寿命作为评价指标，以应力比、纤维沥青胶浆性质和集料级配作为影响因素。每种耐久性评价均在室内试验结果中随机选取 5 组数据进行关联度分析。纤维沥青混合料老化耐久性评价指标及影响因素取值见表 8.4，纤维沥青混合料冻融循环耐久性和疲劳耐久性评价指标及影响因素见表 8.5。

表 8.4　纤维沥青混合料老化耐久性评价指标及影响因素

技术性能	编号	抗压强度/MPa	最大弯拉应变/($\times10^{-6}\mu\varepsilon$)	TSR/%	老化温度/℃	老化时间/h	4.75mm 筛孔通过百分率/%	针入度(25℃)/0.1mm	延度(5℃)/cm	黏度(135℃)/(Pa·s)
力学性能	1	5.56			100	30	46.5	48.2		
	2	5.82			90	0	37.0	44.3		
	3	7.55			80	60	24.7	46.7		
	4	5.84			120	120	27.7	44.3		
	5	7.15			100	30	24.7	46.7		

续表

技术性能	编号	抗压强度/MPa	最大弯拉应变/(×10⁻⁶ με)	TSR/%	老化温度/℃	老化时间/h	4.75mm 筛孔通过百分率/%	针入度(25℃)/0.1mm	延度(5℃)/cm	黏度(135℃)/(Pa·s)
低温性能	1		2688.1		100	30	46.5		37.1	
	2		3155.4		90	0	37.0		33.4	
	3		3226.4		80	60	24.7		35.9	
	4		2307.8		120	120	27.7		33.4	
	5		3160.8		100	30	24.7		35.9	
水稳定性	1			80.16	100	30	46.5			7.89
	2			91.89	90	0	37.0			8.86
	3			93.68	80	60	24.7			9.05
	4			80.84	120	120	27.7			8.86
	5			91.45	100	30	24.7			9.05

表 8.5　纤维沥青混合料冻融循环耐久性和疲劳耐久性评价指标及影响因素

技术性能	编号	TSR/%	疲劳寿命/次	冻融循环次数	黏度(135℃)/(Pa·s)	4.75mm 筛孔通过百分率/%	应力比	弹性恢复率/%
冻融循环耐久性	1	66.33		5	7.89	46.5		
	2	79.88		3	8.86	37.0		
	3	93.05		2	9.05	24.7		
	4	95.93		1	8.86	27.7		
	5	81.31		5	9.05	24.7		
疲劳耐久性	1		4024			46.5	0.4	81
	2		1616			37.0	0.5	88
	3		9291			24.7	0.4	91
	4		3220			27.7	0.5	88
	5		32907			24.7	0.3	91

2. 灰色关联分析法的计算方法

灰色关联分析的计算方法如下。

1) 确定灰色关联系统的特征值与相关因子

进行灰色关联理论计算时,首先要确定系统特征值及影响特征值的因素序列。主序列：$X_1 = (x_1(1), x_1(2), x_1(3), \cdots, x_1(n))$；相关因素系列：$X_2 = (x_2(1), x_2(2), x_2(3), \cdots, x_2(n))$；$X_3 = (x_3(1), x_3(2), x_3(3), \cdots, x_3(n))$；$X_m = (x_m(1), x_m(2), x_m(3), \cdots,$

$x_m(n))$。

2）各种因素初值相与关联系数的计算

（1）初值相。

$$X'_s = X_s / X_{s1} = (x's(1), x's(2), x's(3), \cdots, x's(n)), \quad s = 1, 2, \cdots, m$$

式中，s 为初始相的序列号；$s(n)$ 为相关因素序列的竖向式。

（2）X_1 与 X_s 的初值相对应相关分量之差的绝对值序列计算。

$$\Delta s(k) = \left| x'_1(k) - x'_s(k) \right|, \quad \Delta s = (\Delta s(1), \Delta s(2), \Delta s(3), \cdots, \Delta s(n)), \quad s = 1, 2, 3, \cdots, m$$

式中，$\Delta s(k)$ 为绝对值序列，为行列式；$\Delta s(n)$ 为前一公式中计算得到的绝对值。

（3）最大值 Z 与最小值 z 的确定。

$$Z = \max_s \max_k \Delta s(k), \quad z = \min_s \min_k \Delta s(k)$$

（4）相关系数的确定。

$$\gamma_{1s} = \frac{z + \xi Z}{\Delta s(k) + \xi Z}, \quad \xi \in (0,1)$$

式中，ξ 为分辨系数，通常在 0 与 1 之间，一般取值为 0.5。

3）计算灰色关联度

$$P_{1s} = \frac{1}{n} \sum_{k=1}^{n} \gamma_{1s}(k), \quad s = 1, 2, 3, \cdots, m \,。$$

最后，比较几种影响因素的灰色关联度，并根据灰色关联度的相关顺序判断各影响因子的影响程度。灰色关联度越大，相关影响系列与主序列之间的关系越近，对主序列的影响程度越大。

下面以低温稳定老化耐久性为例，进行以最大弯拉应变为指标的老化影响因素评级。

（1）主序列与相关因素序列的确定。

$$\begin{bmatrix} 最大弯拉应变 \\ 老化温度 \\ 老化时间 \\ 级配(4.75mm通过率) \\ 纤维沥青胶浆延度 \end{bmatrix} = \begin{bmatrix} X_1 \\ X_2 \\ X_3 \\ X_4 \\ X_5 \end{bmatrix} = \begin{bmatrix} 2688.1 & 3155.4 & 3226.4 & 2308.7 & 3160.8 \\ 100 & 90 & 80 & 120 & 100 \\ 30 & 0 & 60 & 120 & 30 \\ 46.5 & 37.0 & 24.7 & 27.7 & 24.7 \\ 37.1 & 33.4 & 35.9 & 33.4 & 35.9 \end{bmatrix}$$

(2) 各因素初值相与相关系数计算。

采用公式 $X_s' = X_s / X_{s1}$ 计算各因素初值相。

$$\begin{bmatrix} X_1' \\ X_2' \\ X_3' \\ X_4' \\ X_5' \end{bmatrix} = \begin{bmatrix} 1 & 1.1738 & 1.2003 & 0.8585 & 0.1758 \\ 1 & 0.9 & 0.8 & 1.2 & 1 \\ 1 & 0 & 2 & 4 & 1 \\ 1 & 0.7957 & 0.5312 & 0.5957 & 0.5312 \\ 1 & 0.9003 & 0.9677 & 0.9003 & 0.9677 \end{bmatrix}$$

X_1 与 X_s 的初值相相应分量之间差的绝对值序列如下所示，最大值和最小值分别为 $Z=3.1415$ 与 $z=0$。

$$\begin{bmatrix} \Delta s(2) \\ \Delta s(3) \\ \Delta s(4) \\ \Delta s(5) \end{bmatrix} = \begin{bmatrix} 0 & 0.2738 & 0.4003 & 0.3415 & 0.1759 \\ 0 & 1.1738 & 0.7997 & 3.1415 & 0.1759 \\ 0 & 0.3781 & 0.6691 & 0.2628 & 0.6447 \\ 0 & 0.2736 & 0.2326 & 0.0417 & 0.2082 \end{bmatrix}$$

相关系数按公式 $\gamma_{1s} = \dfrac{z + \xi Z}{\Delta s(k) + \xi Z}$ 计算，ξ 取为 0.5，结果见表 8.6。

表 8.6　相关系数的计算结果

k	1	2	3	4	5
$\gamma_{12}(k)$	1	0.8515	0.7969	0.8214	0.8993
$\gamma_{13}(k)$	1	0.5723	0.6626	0.3333	0.8993
$\gamma_{14}(k)$	1	0.8060	0.7013	0.8567	0.7090
$\gamma_{15}(k)$	1	0.8517	0.8710	0.9741	0.8830

注：$\gamma_{12}(k)$、$\gamma_{13}(k)$、$\gamma_{14}(k)$、$\gamma_{15}(k)$ 表示 γ_s 对 γ_1 的关联系数。

(3) 计算灰色关联度。

根据以上数据可以得出影响因素的灰色关联度，结果为

$$P_{12} = \frac{1}{5} \sum_{k=1}^{5} \gamma_{12}(k) = 0.8738, \quad P_{13} = \frac{1}{5} \sum_{k=1}^{5} \gamma_{13}(k) = 0.6935$$

$$P_{14} = \frac{1}{5} \sum_{k=1}^{5} \gamma_{14}(k) = 0.8146, \quad P_{15} = \frac{1}{5} \sum_{k=1}^{5} \gamma_{15}(k) = 0.9160$$

由计算结果可知，$P_{15} > P_{12} > P_{14} > P_{13}$，则以最大弯拉应变为指标的老化影响因素的排序为：纤维沥青胶浆性质>老化温度>集料级配>老化时间。说明在影响

生物质纤维沥青混合料低温稳定老化耐久性的各种因素中，纤维沥青胶浆性能与老化温度是最重要的两种因素，而集料级配与老化时间对混合料低温稳定老化耐久性的影响相对较小。

8.5.2 灰色关联分析结果

灰色关联分析结果如图 8.9 和图 8.10 所示。

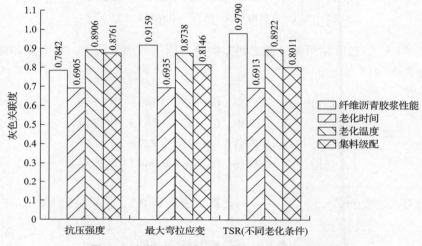

图 8.9 老化耐久性影响因素灰色关联分析结果

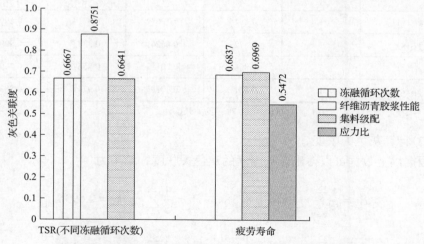

图 8.10 冻融循环和疲劳耐久性影响因素灰色关联分析结果

由图可得以下结论。

（1）力学性能方面，老化耐久性影响因素排序为：老化温度>集料级配>纤维沥青胶浆性能>老化时间。老化温度与抗压强度的关联度为 0.8906，说明其对沥青混合料的力学老化耐久性影响最大。老化温度的升高使沥青在老化过程中分子活动加剧，氧化程度加深，加速了沥青混合料的老化，力学性能由弹性逐步向黏性转化，沥青与集料间的黏结力减弱，沥青混合料逐渐变软，抗压强度和抗压回弹模量降低[22]。集料级配与抗压强度的关联度为 0.8761，是第二大影响因素。沥青混合料骨架类型、粗集料含量、沥青用量等都对其力学老化耐久性有重要影响。

低温稳定性方面，老化耐久性影响因素排序为：纤维沥青胶浆性能>老化温度>集料级配>老化时间。纤维沥青胶浆性能与最大弯拉应变的关联度为 0.9159，是对低温稳定性影响最大的因素。沥青混合料老化后在低温下易断裂，纤维的加入可抑制低温性能的劣化，在低温下起阻裂、加筋和增韧的作用。老化温度与最大弯拉应变的关联度为 0.8738，是第二大影响因素。老化温度的升高会加深沥青混合料的老化程度，导致其低温稳定性变差。

水稳定性方面，老化耐久性影响因素排序为：纤维沥青胶浆性能>老化温度>集料级配>老化时间。纤维沥青胶浆性能与混合料冻融劈裂抗拉强度比的关联度达 0.9790，对沥青混合料的水稳定性影响最大。老化加剧了沥青路面水损害的发生，纤维的加入不仅能延缓沥青的老化，而且其在沥青混合料中发挥的加筋和吸附沥青的作用提高了沥青混合料抗冻融和抗水损害的能力。老化温度是影响水稳定老化耐久性的第二大因素。老化温度的升高会加速沥青的老化，沥青中油质组分降低，黏结性降低，水稳定性下降。

(2)纤维沥青混合料冻融循环耐久性影响因素排序为：纤维沥青胶浆性能>冻融循环次数>集料级配。纤维沥青胶浆性能与冻融劈裂抗拉强度比的关联度达 0.8751，是影响最大的因素。沥青混合料冻融循环破坏是在水分与温度的作用下，沥青与矿料界面的黏结性能降低，材料自身结构遭到破坏，内部损伤逐渐积累的过程。纤维的加入有效提高了沥青胶浆的黏度与稠度，且纤维对沥青的吸附作用使混合料抗冻融损伤能力增强。

(3)纤维沥青混合料疲劳耐久性影响因素排序为：集料级配>纤维沥青胶浆性能>应力比，但集料级配与纤维沥青胶浆性能的影响相差不大。集料级配与疲劳寿命的关联度为 0.6969，表明矿料颗粒之间的嵌挤和内摩擦力及沥青与集料的黏结力都对沥青混合料的疲劳耐久性有较大影响。纤维沥青胶浆性能与疲劳寿命的关联度为 0.6837，表明纤维对沥青混合料疲劳损伤的阻滞作用及其对混合料自愈能力的增强作用可有效改善沥青混合料的疲劳耐久性。

综上所述，纤维沥青胶浆性能对沥青混合料耐久性能有较大的影响。路用生物质纤维可有效改善沥青胶浆性能并提升混合料耐久性能，结合 8.2 节～8.4 节的结果可知，竹纤维在改善混合料低温稳定老化耐久性、水稳定老化耐久性、冻融循环耐久性和抵抗重复荷载作用能力方面比木质素纤维具有更优的效果。

8.6　本章小结

（1）在不同的老化时间与老化温度下，竹纤维沥青混合料的低温稳定老化耐久性和水稳定老化耐久性优于木质素纤维沥青混合料，但力学性能弱于后者。纤维在沥青混合料中可使材料受力更为均匀，避免应力集中，提高抗压强度并减小回弹变形。竹纤维的粗糙表面和良好的吸油性能使其改性沥青胶浆具有良好的延展性和黏附能力。

（2）生物质纤维可提高沥青混合料的整体性并削弱水分侵蚀作用，进而改善其冻融循环耐久性。竹纤维和木质素纤维对沥青混合料冻融循环耐久性的改善效果基本相同。

（3）竹纤维具有较大的密度和较好的韧性，有利于提高混合料的柔性并延缓裂缝的发展，其改性沥青混合料具有良好的疲劳耐久性。

（4）整体而言，纤维沥青混合料的空隙率越小，沥青膜越厚，结构越密实，其耐久性越优良。SMA 级配混合料的耐久性比 AC 级配混合料更优。

（5）纤维沥青混合料的材料组成与矿料级配对其耐久性影响较大，未来需建立纤维种类与性能、纤维沥青混合料配合比与混合料耐久性能间的多参数综合评价指标体系，以实现对不同纤维沥青混合料耐久性的定向调控。

（6）竹纤维改性沥青混合料具有良好的耐久性，是替代木质素纤维的可靠产品。未来研究中可考虑从两方面增强竹纤维对沥青混合料耐久性的作用效果：一是提高其表面粗糙度，增强界面结合能力；二是改善其在混合料中的分散性，从而提高混合料的受力均匀性和阻止裂缝产生及扩展的能力。

参 考 文 献

[1] Xu G J, Wang H. Molecular dynamics study of oxidative aging effect on asphalt binder properties[J]. Fuel, 2017, 188: 1-10.

[2] Amini B, Tehrani S S. Simultaneous effects of salted water and water flow on asphalt concrete pavement deterioration under freeze-thaw cycles[J]. International Journal of Pavement Engineering, 2014, 15（5）: 383-391.

[3] Zhang P, Guo Q L, Tao J L, et al. Aging mechanism of a diatomite-modified asphalt binder using Fourier-transform infrared（FTIR）spectroscopy analysis[J]. Materials, 2019, 12（6）: 988.

[4] Chen B, Wen C F. Analysis of influence factors on anti-rutting performance of fiber asphalt mastic and fiber asphalt mixture[J]. Advanced Materials Research, 2011, 213: 445-449.

[5] Saedi S, Oruc S. The influence of SBS, VIATOP premium and FRP on the improvement of stone mastic asphalt performance[J]. Fibers, 2020, 8（4）: 20-36.

[6] Yan X, Ning G T, Wang X F, et al. Preparation and short-term aging properties of asphalt modified by novel sustained-release microcapsules containing rejuvenator[J]. Materials, 2019, 12(7): 1122.

[7] Yu X, Huang J B. Study on low-temperature performance of asphalt mixture impacted by modified asphalt and polyester fibers[J]. Applied Mechanics and Materials, 2012, 204-208: 3886-3889.

[8] Yang X, Mills-Beale J, You Z. Chemical characterization and oxidative aging of bio-asphalt and its compatibility with petroleum asphalt[J]. Journal of Cleaner Production, 2017, 142: 1837-1847.

[9] Fernández-Gómez W D, Rondón Quintana R, Reyes-Lizcano F. A review of asphalt and asphalt mixture aging[J]. Ingeniería E Investigación, 2013, 33(1): 5-12.

[10] Fang C, Zhang M, Yu R, et al. Effect of preparation temperature on the aging properties of waste polyethylene modified asphalt[J]. Journal of Materials Science & Technology, 2015, 31(3): 320-324.

[11] Mishra V, Singh D. Impact of short-term aging temperatures of asphalt binder and aggregate roughness levels on bond strength[J]. Construction and Building Materials, 2019, 218: 295-307.

[12] Cong L, Ren M D, Shi J C, et al. Experimental investigation on performance deterioration of asphalt mixture under freeze-thaw cycles[J]. International Journal of Transportation Science and Technology, 2020, 9(3): 218-228.

[13] 郑健龙, 张洪刚, 钱国平, 等. 水温冻融循环条件下沥青混合料性能衰变的规律[J]. 长沙理工大学学报(自然科学版), 2010, 7(1): 7-11.

[14] Xu H N, Guo W, Tan Y Q. Permeability of asphalt mixtures exposed to freeze-thaw cycles[J]. Cold Regions Science and Technology, 2016, 123: 99-106.

[15] 谭忆秋, 赵立东, 蓝碧武, 等. 沥青混合料冻融损伤模型及寿命预估研究[J]. 公路交通科技, 2011, 28(6): 1-7, 31.

[16] 关宇刚, 孙伟, 缪昌文. 基于可靠度与损伤理论的混凝土寿命预测模型 Ⅰ: 模型阐述与建立[J]. 硅酸盐学报, 2001, 29(6): 530-534.

[17] Lv S T, Zheng J L. Normalization method for asphalt mixture fatigue equation under different loading frequencies[J]. Journal of Central South University, 2015, 22(7): 2761-2767.

[18] Shu B A, Bao S W, Wu S P, et al. Synthesis and effect of encapsulating rejuvenator fiber on the performance of asphalt mixture[J]. Materials, 2019, 12(8): 1266.

[19] Sheng Y P, Li H B, Guo P, et al. Effect of fibers on mixture design of stone matrix asphalt[J]. Applied Sciences, 2017, 7(3): 297-297.

[20] Saleh M F. Development of new fatigue model for new zealand dense graded hot mix asphalts[J]. Advanced Materials Research, 2014, 891-892: 747-752.

[21] Zhu C Z, Zhang H L, Huang L K, et al. Long-term performance and microstructure of asphalt

emulsion cold recycled mixture with different gradations[J]. Journal of Cleaner Production, 2019, 215(1): 944-951.

[22] 何兆益, 陈龙, 陈先勇, 等. 厂拌热再生沥青混合料力学性能及应用研究[J]. 建筑材料学报, 2016, 19(5): 871-875, 914.

第9章 路用生物质纤维的环境与经济成本对比研究

本章通过对路用生物质纤维的生长期、纤维的制备期、沥青路面建设期三个阶段的环境与经济成本研究,详细分析木质素纤维与竹纤维在沥青路面(SMA-13)建设期内的环境与经济成本,进而比较两种纤维在沥青路面建设期的成本差异。

9.1 环境成本分析

在纤维生长期,通过对木质素纤维与竹纤维的原材料杉木林与毛竹林的碳汇收支分析,比较两种纤维生长期内的环境成本差异。在沥青路面建设期,采用欧洲沥青协会(European Bitumen Association,EBA)与美国国家环境保护局(Environmental Protection Agency,EPA)的热拌沥青混合料排放报告中的排放因子,详细计算沥青制备、石料制备、沥青混合料拌制、沥青路面铺筑等各阶段中环境排放并评价两种纤维在路面建设期的环境成本。

9.1.1 路用生物质纤维生长期环境成本分析

杉木(*Cunninghamia lanceolata*)是一种生长快速且抗虫耐腐的高经济价值树种,主要分布在我国长江流域、秦岭以南等地区[1]。毛竹(bamboo)是我国重要的竹林资源,具有能自然扩鞭、生长快、再生能力强等特点[2],凭借优良的经济性成为南方种植较为广泛的造林树种。在全球气候变暖的趋势下,利用森林植物将CO_2等温室气体固定在植被与土壤中具有重大意义。森林生态系统强大的固碳能力,不仅可以减缓全球变暖,促进低碳经济的发展,还可以产生巨大的经济效益[3]。本节通过测定湖南会同林区毛竹林与杉木人工林的年CO_2固定量与年CO_2排放量,对两种林木进行碳收支结余计算,从而比较竹纤维与木质素纤维在原材料生产阶段的环境成本。

在毛竹林与杉木人工林生态系统中,碳储量的分布分为植被层与土壤层。植被层又包括乔木层、林下植被层、凋落物层三个部分,土壤层分为0~20cm、20~40cm 和 40~60cm 三个深度土壤层。植被层与土壤层碳储量见表 9.1 和表 9.2。

由表 9.1 可知,无论是毛竹林还是杉木林,乔木层是碳储量最主要的部分,碳储量分别为 30.57t/hm² 和 52.87t/hm²。在凋落物层与林下植被层上,杉木的碳储量分别为 3.43t/hm² 与 1.05t/hm²,而毛竹的碳储量分别为 0.74t/hm² 与 0.64t/hm²。由表 9.2 可知,杉木人工林土壤碳储量为 95.17t/hm²,毛竹林土壤碳储量为 110.96t/hm²。产生

表 9.1　杉木林、毛竹林植被层碳储量[4]

项目	杉木林		毛竹林	
	生物量/(t/hm²)	碳储量/(t/hm²)	生物量/(t/hm²)	碳储量/(t/hm²)
树干	59.6±2.49	30.06±1.37	30.00±5.44	14.78±2.68
树枝	8.7±0.28	4.20±0.39	4.33±0.68	2.17±0.34
树叶	9.45±0.30	4.68±0.20	3.58±0.87	1.72±0.42
树根	18.69±0.71	8.95±0.27	8.57±2.66	4.09±1.27
竹蔸	—	—	6.45±1.03	3.08±0.50
竹鞭	—	—	9.48±1.82	4.73±0.91
树皮	9.54±0.40	4.66±0.29	—	—
球果	0.68±0.05	0.32±0.03	—	—
乔木层小计	106.66	52.87	62.41	30.57
林下植被层	2.68±0.43	1.05±0.06	1.60±0.22	0.64±0.03
凋落物层	7.59±0.05	3.43±0.18	1.91±0.13	0.74±0.04
总计	116.93	57.35	65.92	31.95

表 9.2　杉木林、毛竹林土壤层碳储量[4]

土层厚度/cm	杉木林			毛竹林		
	容重/(g/cm³)	碳质量分数/%	碳储量/(t/hm²)	容重/(g/cm³)	碳质量分数/%	碳储量/(t/hm²)
0~20	1.218±0.051	1.757±0.088	42.82±1.32	0.952±0.060	2.607±0.104	49.66±4.24
20~40	1.253±0.131	1.292±0.162	32.39±4.78	1.155±0.057	1.559±0.178	36.04±0.67
40~60	1.361±0.012	0.733±0.029	19.96±0.77	1.244±0.082	1.015±0.191	25.26±6.10
合计	—	—	95.17	—	—	110.96

这一现象的原因是毛竹拥有的地下鞭系统能够通过自身的死亡、腐烂为土壤补充养分，从而使毛竹林土壤生态系统生物量多于杉木林土壤生态系统。此外，毛竹林生态系统碳储量为 142.91t/hm²，杉木人工林生态系统的碳储量为 152.52t/hm²。

由于毛竹林为异龄林，即同一片林中竹龄会有所不同。毛竹的砍伐遵循"存三去四不留七"的原则(三、四、七即三度竹、四度竹、七度竹，竹林采取 2 年为一度[5])。这是由于：①一度竹的材质幼嫩不利于使用；②二、三度竹生长旺盛，产笋能力强，竹秆高大；③四度竹生长活力和出笋能力下降，但材质坚硬适宜利用；④五度以上竹材质下降，只消耗土壤养分。每亩毛竹林合理的竹龄分布为一、二、三度竹分别占 25%，四、五度及以上竹占 25%左右。因此，当采取间伐作业去四度以上竹时，可以近似认为伐去的毛竹生物量相当于现存量的 1/4。因此，将毛竹林视为处于动态平衡，从而在四度时间内被砍伐掉的四度竹的碳储量换算的结果为 $30.57t/hm^2$，故毛竹林植被层的碳储量为 $91.71t/hm^2$，为杉木林的 1.73 倍。换算后的毛竹林与杉木林生态系统的碳储量分别为 $202.67t/hm^2$ 与 $152.52t/hm^2$，即毛竹林的碳储量为杉木林的 1.33 倍。

　　毛竹林与杉木林生态系统在同化 CO_2 的同时也不断地通过呼吸释放 CO_2。因此在碳汇分析中，碳的输入端为植物对 CO_2 的固定，碳的输出端包括植被生态系统的呼吸。表 9.3 为杉木林与毛竹林的年固定碳量，表 9.4 为杉木林与毛竹林的碳汇分析。

表 9.3　杉木林与毛竹林的年固定碳量[6]　　　　（单位：$t/(hm^2 \cdot a)$）

层次	杉木林			毛竹林		
	年净生产量	年固定碳量	折合 CO_2 量	年净生产量	年固定碳量	折合 CO_2 量
乔木层	6.99±0.27	3.48±0.13	12.79±0.47	17.68±0.80	8.29±0.38	30.40±1.38
凋落物层	3.94±0.26	1.85±0.12	6.79±0.44	2.78±0.14	1.11±0.06	4.07±0.2
林下植被层	3.63±0.25	1.83±0.13	6.71±0.47	1.91±0.07	0.74±0.03	2.71±0.12
合计	14.56	7.16	26.29	22.37	10.14	37.18

表 9.4　杉木林与毛竹林的碳汇分析[6]　　　　（单位：$t/(hm^2 \cdot a)$）

项目		杉木林			毛竹林		
		干物质	转换成 CO_2 量	折算成碳量	干物质	转换成 CO_2 量	折算成碳量
收入项	总量	14.56	26.29	7.16	22.37	37.18	10.14
	生物量净增量	6.99	12.79	3.48	17.68	30.40	8.29
	凋落物生产量	3.94	6.79	1.85	2.78	4.07	1.11
	林下植被层	3.63	6.71	1.83	1.91	2.71	0.74
支出项	总量	—	15.75	4.29	—	24.31	6.63
	凋落物呼吸	—	4.86	1.32	—	4.12	1.12
	土壤异养呼吸	—	10.89	2.97	—	20.19	5.51
收支结余（固碳量）		—	10.54	2.87	—	12.87	3.51

　　由表 9.3 和表 9.4 可知，在收入项中，毛竹林年固定 CO_2 的量（37.18t/$(hm^2 \cdot a)$）是杉木林（26.29t/$(hm^2 \cdot a)$）的 1.41 倍。在支出项中，虽然毛竹林的凋落物呼吸量（4.12t/$(hm^2 \cdot a)$）比杉木林（4.86t/$(hm^2 \cdot a)$）低，但在土壤异养呼吸中毛竹林的呼吸量（20.19t/$(hm^2 \cdot a)$）比杉木林（10.89t/$(hm^2 \cdot a)$）高 9.3t/$(hm^2 \cdot a)$。因此，毛竹林生态系统

的碳收支结余（12.87t/（hm^2·a））高于杉木林（10.54t/（hm^2·a）），在折算成碳量后可得出毛竹林的净碳汇能力是杉木林的 1.22 倍。由此可知，毛竹林的固碳能力强于杉木林，且由于毛竹林采取的间伐作业，砍伐后造成的水土流失远小于杉木林。综上所述，竹纤维在原材料生长过程中比木质素纤维具有更好的环境效益。

9.1.2　路用生物质纤维制备期环境成本分析

路用生物质纤维的制备方法主要分为物理法与化学法。

化学法主要分为：①碱法，如熟石灰（Ca（OH）$_2$）与烧碱（NaOH）法、硫酸盐法（NaOH 与 Na$_2$S）；②亚硫酸盐法，如酸性亚硫酸盐法、亚硫酸氢盐法、碱性亚硫酸盐法；③热磨机法，如纤维酶解木质素法；④生物分离法，如白腐菌降解木质素[7]。但化学法制备纤维存在工艺复杂、需要较复杂的设备、废水处理等问题，因此不利于道路工程应用的大规模生产及环境保护。

物理法主要分为：①分离法；②电磨法；③搓揉法；④起爆法。由于物理法制备工艺简单，制得纤维增强效果较好，高效率生产有利于纤维批量生产，并且在环境保护方面优于化学法，本研究采用物理法制备植物纤维[8]。实验室内采用物理法制备生物质纤维的流程如图 6.1 所示。

两种纤维采取完全相同的方法和工艺制备，因此竹纤维和木质素纤维在制备过程中的能耗和排放几乎完全相同。由图 6.1 可知，在制备过程中的能量消耗为电能，电能对环境影响较小，因而两种纤维制备过程中的环境成本差异可忽略不计。

9.1.3　沥青路面建设期环境成本分析

采用定额法对单位竹纤维沥青混合料与木质素纤维沥青混合料所需用料量进行分析。假定两种 SMA-13 纤维沥青混合料的制备量均为 1000m^3，所用沥青结合料为 SBS 改性沥青，制备所需原料量见表 9.5。

表 9.5　生产 1000m^3 纤维沥青混合料所需原料量

项目	木质素纤维	竹纤维
混合料实体体积/m^3	1000	1000
毛体积密度/（kg/m^3）	2.49	2.47
SBS 改性沥青/t	146.91（油石比：5.9%）	160.55（油石比：6.5%）
集料（玄武岩）/t	2133.9	2102.0
矿粉（石灰岩）/t	199.2	197.6
纤维（0.4%）/t	9.96	9.88
原料总量/t	2489.97	2470.03

由于国内尚未建立系统的沥青材料能耗与排放量清单，加之原油的来源、生产的工艺、技术条件等差异，沥青材料的生命周期研究十分困难。1999 年 EBA 开始着手对沥青材料能耗与排放量清单进行研究，并在 2004 年发布了热拌沥青的研究结果报告，在 2009 年又进行了更新完善。该研究在沥青种类上囊括了基质沥青、聚合物改性沥青和乳化沥青，生产工艺研究了直馏、半氧化、丙烷脱氢等数种工艺，研究数据来源于欧洲主要的工业国家，因而具有较高的代表性。因此，本节采用 EBA 热拌沥青报告中的排放因子计算沥青生产过程中的环境排放，详见表 9.6。

表 9.6　改性沥青生产过程中的能耗与排放因子[9]

能耗/(kg/t)				排放因子/(g/t)						
天然气	原油	煤	铀	CO_2	SO_2	NO_x	CO	CH_4	NMVOC	颗粒物质
50.0	59.9	8.5	0.0002	295910	1630	1375	671	1085	331	265

注：NMVOC 表示非甲烷挥发性有机物；NO_x 表示氮氧化物。

EPA 对石料与沥青混合料生产过程中的环境排放物进行了详细研究，得出以下结论：①石料生产过程中的能源消耗主要为电能，环境排放物主要来源于生产过程中的固态颗粒物，EPA 研究中所使用的生产工艺及机械设备配置与我国现行使用的主流设备相符（选择最常用的最大进料量为 480mm 的石料生产线），详见表 9.7。②沥青混合料生产过程中的排放物分为固态颗粒与气态排放物，EPA 按照沥青混合料生产工艺分别研究了间歇强制式拌和设备（除尘/未除尘）与连续滚筒式拌和设备（除尘/未除尘）的排放因子，详见表 9.8 和表 9.9。因此，本节采用 EPA 研究报告中所得出的排放因子计算石料与沥青混合料生产过程中的环境成本。

表 9.7　石料生产过程排放因子[10]　　　　　　（单位：kg/t）

生产环节	粗料破碎	细料破碎	粗料筛分	细料筛分	运转	总计
TSP	0.0027	0.0195	0.0125	0.150	0.00150	0.19
PM_{10}	0.0012	0.0075	0.0043	0.036	0.00055	0.05

注：TSP（total suspended particulate）表示总悬浮颗粒物；PM_{10} 表示可吸入颗粒物。

表 9.8　沥青混合料生产过程中固体颗粒物排放因子[11]　　　（单位：g/t）

生产方式	生产环节	颗粒物	排放因子
间歇强制式	烘干筒、振动筛、拌和器（未除尘控制）	PM_{10}	2.25
		$PM_{2.5}$	0.14
	烘干筒、振动筛、拌和器（纤维织物除尘）	PM_{10}	0.0049
		$PM_{2.5}$	0.0042

续表

生产方式	生产环节	颗粒物	排放因子
连续滚筒式	旋转滚筒（未除尘控制）	PM_{10}	3.20
		$PM_{2.5}$	0.75
	旋转滚筒（纤维织物除尘）	PM_{10}	0.0021
		$PM_{2.5}$	0.0015

注：$PM_{2.5}$ 表示细颗粒物。

表 9.9   沥青混合料生产过程气态污染物排放因子[11]   （单位：kg/t）

生产方式	CO	CO_2	NO_x	SO_2	TOC	CH_4	VOC
间歇强制式	0.2	18.5	0.06	0.044	0.0075	0.0037	0.0041
连续滚筒式	0.065	16.5	0.0275	0.029	0.022	0.006	0.016

注：TOC（total organic carbon）表示总有机碳；VOC（volatile organic compounds）表示挥发性有机物。

沥青混合料生产过程中的环境危害主要包括臭氧耗竭、全球变暖、酸化效应、雾霾等。当作用的物质存在两种及两种以上时，由于不同物质的贡献率不同，需要研究其作用机制给出权重分配的特征因子。利用特征因子作为当量系数对排放物进行特征化，计算式为

$$\mathrm{EI}_i = \sum_j (I_{ij} \times C_{ij}) \tag{9.1}$$

式中，EI_i 为第 i 个影响类别的特征化结果；I_{ij} 为第 i 个影响类别中，第 j 个影响因子的特征化结果；C_{ij} 为第 i 个影响类别中，第 j 个影响因子的特征参数。

根据全球变暖潜能值（global warming potential，GWP），将各种助于温室效应的气体利用特征因子折算成 CO_2 量，得到以 CO_2 等效后的碳排放量。计算式为

$$\mathrm{GHQ}_i = \sum_j (\mathrm{GWP}_i M_{ji}) \tag{9.2}$$

式中，GHQ_i 为第 i 种温室气体形成的碳排放量，kg；GWP_i 为第 i 种温室气体的全球变暖潜能值，以 CO_2 的 GWP 值为 1；M_{ji} 为第 j 种燃料燃烧所产生的 i 种温室气体的质量，kg。

根据表 9.6～表 9.9 中的排放因子可计算出在沥青生产与沥青混合料拌制过程中的环境排放量。计算结果详见表 9.10 和表 9.11。

表 9.10　沥青生产与纤维沥青混合料拌制过程中的环境排放量　（单位：$kg/1000m^3$）

污染物	木质素纤维沥青混合料			竹纤维沥青混合料		
	沥青生产	混合料拌制（间歇强制式）	混合料拌制（连续滚筒式）	沥青生产	混合料拌制（间歇强制式）	混合料拌制（连续滚筒式）
CO_2	43472.14	46065.00	41085.00	47508.35	45695.00	40755.00
SO_2	23.95	109.56	72.21	26.17	108.68	71.63
NO_x	202.01	149.40	68.48	220.76	148.20	67.93
CO	98.58	498.00	161.85	107.73	494.00	160.55
CH_4	159.40	9.21	14.94	174.20	9.14	14.82
NMVOC	48.63	—	—	53.14	—	—
VOC	—	10.21	39.84	—	10.13	39.52
TOC	—	18.68	54.78	—	18.53	54.34
颗粒物	38.93	—	—	42.55	—	—

表 9.11　石料生产与纤维沥青混合料拌制过程中的固态排放量　（单位：$kg/1000m^3$）

污染物	木质素纤维沥青混合料			竹纤维沥青混和料		
	石料生产	烘干筒、振动筛、拌和器（纤维织物除尘）	连续旋转滚筒（纤维织物除尘）	石料生产	烘干筒、振动筛、拌和器（纤维织物除尘）	连续旋转滚筒（纤维织物除尘）
$PM_{2.5}$	—	10.46	5.23	—	10.37	5.19
PM_{10}	116.66	12.20	3.74	114.98	12.10	3.71
TSP	443.29	—	—	436.92	—	—

由表 9.5 可知，制备同体积竹纤维沥青混合料的沥青用量高于木质素纤维混合料。在表 9.10 中，$1000m^3$ 竹纤维沥青混合料在沥青生产阶段所产生的气态排放量比同体积的木质素纤维沥青混合料高 9.28%左右。制备同体积木质素纤维沥青混合料的石料用量高于竹纤维沥青混合料，因此在表 9.11 中，$1000m^3$ 木质素纤维沥青混合料在石料生产阶段所产生的固态排放量比同体积的竹纤维沥青混合料高 1.46%。由表 9.10 和表 9.11 可知，$1000m^3$ 木质素纤维沥青混合料的质量高于竹纤维沥青混合料，故在混合料生产拌和阶段所产生的环境排放物（固态与气态）比竹纤维沥青混合料多 1.4%。综上所述，在沥青与沥青混合料生产阶段，两种纤维沥青混合料的固态排放量十分接近，但竹纤维沥青混合料的气态排放量高于木质素纤维沥青混合料。因此，竹纤维沥青混合料在沥青混合料生产阶段的环境成本高于木质素纤维沥青混合料。

在运输摊铺过程中，将纤维沥青混合料定量为 $1000m^3$，SMA-13 上面层厚度为 4cm，运输车辆定为 15t 以内自卸车，运距定为 10km，选择 12.5m 以内沥青混合料摊铺机、12～15t 双光轮压路机和 15t 以内振动压路机。依据《公路工程预算定额（上、下册）》（JTG/T 3832—2018）和《公路工程机械台班费用定额》（JTG/T 3833—2018）中沥青混合料运输过程的能耗数据，计算出纤维沥青混合料的环境排放量（在运输摊铺过程中两种纤维沥青混合料的工作台班一致，因此统一计算），详见表 9.12 和表 9.13。

表 9.12　纤维沥青混合料运输阶段能耗与环境排放量

能耗/排放项目	能耗/排放量计算过程	计算结果/kg
柴油（能耗）	$(7.99+0.65×9)×67.89$	939.60
CO	$8.0×939.60$	7516.8
CO_2	$3.14×939.60$	2950.344
NO_x	$37.0×939.60$	34765.2
N_2O	$0.061×939.60$	57.3156
PM	$1.2×939.60$	1127.52
NH_3	$0.015×939.60$	14.094
NMVOC	$1.6×939.60$	1503.36

表 9.13　SMA-13 面层摊铺碾压阶段能耗与环境排放

能耗/排放项目	能耗/排放量计算过程	计算结果/kg
柴油	摊铺阶段：$2.23×136.41÷0.04=7604.86$ 碾压阶段：$2×4.38×80.92÷0.04+4.34×80.92÷0.04=26501.3$	34106.16
CO	$8.0×34106.16$	272849.28
CO_2	$3.14×34106.16$	107093.34
NO_x	$37.0×34106.16$	1261927.92
N_2O	$0.061×34106.16$	2080.48
PM	$1.2×34106.16$	40927.39
NH_3	$0.015×34106.16$	511.59
NMVOC	$1.6×34106.16$	54569.86

由表 9.12 和表 9.13 可知，在纤维沥青混合料运输与摊铺碾压过程中，碳氧化物排放占排放物总量的 21.8%，氮氧化物占比为 72.6%。因此，尽管两种纤维沥青混合料的单位运输与摊铺碾压阶段排放量差异较小，但竹纤维沥青混合料因其质量较木质素纤维沥青混合料少，从而在大批量混合料运输时，环境成本将略低于木质素纤维沥青混合料。

由上述表 9.12 和表 9.13 中的排放量计算结果，利用特征因子将沥青路面建设期中环境排放物清单化, 可更明确地看出两种纤维沥青混合料对环境的影响。特征化结果见表 9.14。

表 9.14 纤维沥青路面建设期中的环境排放量及特征化结果

影响类别	排放物	特征因子	特征因子单位	排放量/kg		特征化结果/kg	
				木质素纤维	竹纤维	木质素纤维	竹纤维
全球变暖 (碳排放量)	CO_2	1	等效 CO_2/kg	194600.82	198307.03	386694049.5	386703606
	CH_4	25		174.34	189.02		
	NO_x	298		1296963.39	1296981.79		
酸化效应	SO_2	1	等效 SO_2/kg	96.16	97.8	9078839.89	9078970.33
	NO_x	0.7		1296963.39	1296981.79		
颗粒物质	颗粒物	1	kg	607.85	603.35	607.85	603.35

注: 全球变暖使用的数据为联合国政府间气候变化专门委员会(Intergovernment Panel on Climate Change, IPCC)第四次报告中的 100 年气候变暖潜能值; NO_x 使用的是 NO_2 数值; 数据来源: IPCC、国际应用系统分析学会(International Institute for Applied Systems Analysis, IIASA); 排放量计算中的混合料拌制采用连续滚筒式(纤维织物除尘)数据。

由表 9.14 结果可知, 在将竹纤维沥青路面与木质素纤维沥青路面建设期的排放量进行特征化后, 竹纤维沥青路面较木质素纤维沥青路面的全球变暖与酸化效应的排放分别多 0.0025%与 0.0014%。从全球变暖与酸化效应上看, 两种纤维沥青路面的差距极小, 而在颗粒物质的排放上木质素纤维沥青路面较竹纤维沥青路面多 0.75%, 故在环境危害程度上两种纤维沥青路面几乎相同。

9.2 经济成本分析

在纤维生长期的成本研究中, 采用杉木林(木质素纤维)与毛竹林(竹纤维)两种原材料在一个周期及一个周期以上的净产值来评价木质素纤维与竹纤维的成本差异。在纤维制备期成本研究中, 主要研究其原材料价格与纤维的有效提取率。在路面建设期经济成本研究中, 通过参考《公路工程预算定额(上、下册)》(JTG/T 3832—2018)和《公路工程机械台班费用定额》(JTG/T 3833—2018)中的能源价格和台班基价来计算木质素纤维与竹纤维沥青路面的建设成本。

9.2.1 路用生物质纤维生长期经济成本分析

通过查阅相关文献, 得到表 9.15 和表 9.16, 即杉木林(木质素纤维)与毛竹林(竹纤维)的生长周期。在计算原材料成本时, 基于杉木林与毛竹林的生长周期拟定时间跨度, 通过计算一个及一个以上的造林周期的净产出来评价两种纤维在原材料生长期的成本。

表 9.15　杉木林造林周期[12]

林分	成林	幼林郁闭期	第一次成林抚育间伐	第二次成林抚育间伐	择伐	全面皆伐
杉木林	5～6 年	成林后 2～3 年	第 8 年	第一次间伐后 4～6 年	第 16 年	树龄达到 26 年

表 9.16　毛竹林造林周期[13]

林分	成林	成熟	郁闭成林	毛竹开花
毛竹林	1 年	6 年	7～10 年	67 年以上

由表 9.15 和表 9.16 可知，毛竹林为异龄林，即毛竹林中竹株的竹龄有所差异。毛竹竹鞭的壮龄时期为 3～6 年生[14]，且 6 年生以下的毛竹竹材性能较差，因此竹材的砍伐时间一般在 7 年生以上。杉木林为同龄林，即在同一片杉木林中，树龄不会超过一个龄级。杉木林采用的是在完成 26 年生长周期后的全面皆伐。因此，将杉木林的生长周期 26 年定为一个轮伐期。

表 9.17 为单位面积(公顷)杉木林与毛竹林的造林投入与产出。以表 9.15 数据为依据，分别计算一个轮伐期(26 年)、两个轮伐期(52 年)两种林木的造林投入与产出，计算结果见表 9.18。

表 9.17　单位面积(公顷)杉木林与毛竹林的造林投入与产出[15]

经营阶段	毛竹林		杉木林	
	项目	费用/元	项目	费用/元
造林投入(第 0 年)	林地整理用地	4925.0	林地整理用工	5325.0
	种植用工	3862.5	种植用地	3125.0
	母竹	5925.0	种苗	1500.0
	化肥	336.0	化肥	410.4
	抚育管理用工	1762.5	—	—
成林前投入(毛竹林第 1～8 年)(杉木林第 1～3 年)	抚育管理用工	1537.5	补植用工	675.0
	化肥	542.0	化肥	149.1
	—	—	抚育管理用工	1687.5
	—	—	补植	138.0
成林后投入(毛竹林第 9 年及第 9 年以后)	抚育管理用工	675.0	木材采运成本	16250.0
	化肥	319.8	其他费用	2210.0
	竹材采伐用工	1750.0	—	—
	挖笋用工	237.5	—	—
成林后产出(毛竹林第 9 年及第 9 年以后)	竹材	7971.9	间伐木材	7200.0
	竹笋	573.3	主伐木材	98040.0

表 9.18　杉木林与毛竹林的经济成本分析　　　　　（单位：元）

造林阶段	杉木林	毛竹林
造林投入和成林前投入	13010	18890.5
成林后投入	18460	2982.3
成林后产出	105240	8545.2
一个轮伐期内总投入	31470	69589.6
一个轮伐期内产出	105240	128178.0
一个轮伐期内净产出	73770	58588.4
两个轮伐期内总投入	62940	147129.4
两个轮伐期内产出	210480	367443.6
两个轮伐期内净产出	147540	220314.2

由表 9.18 可知，短期（一个轮伐期）内毛竹林的净产出（58588.4 元）比杉木林（73770 元）低 20.6%，但从长期（两个轮伐期）来看，毛竹林的净产出（220314.2 元）比杉木林（147540 元）高 49.3%，说明毛竹林的经济效益与可持续发展前景明显优于杉木林。

9.2.2　路用生物质纤维制备期经济成本分析

根据 9.1.2 节研究内容，若采用相同方法制备竹纤维与木质素纤维，则两种纤维的制备期成本取决于纤维的有效提取率及杉木与毛竹的原材料价格。本节选用的毛竹与杉木均来自于湖南会同，两种植物纤维（按制备 1000m^3 植物纤维混合料用量计算）的制备成本计算结果见表 9.19。

表 9.19　两种纤维的制备成本计算结果

项目	木质素纤维	竹纤维
纤维有效提取率/%	59	62
纤维总量/t	9.96	9.88
原材料单价/(元/t)	11764.7	4273.5
成本总价/元	198604.09	68100.29

由表 9.19 可知，木质素纤维的有效提取率约为竹纤维的 95.2%，结合原材料的价格可以得到竹纤维的制备成本为木质素纤维的 34.3%。因此，从纤维制备经济成本来看，选用竹纤维代替木质素纤维作为沥青混合料稳定剂可有效降低沥青路面的材料成本。

9.2.3　沥青路面建设期经济成本分析

本节的沥青路面建设期经济成本主要来源于能耗与台班费用以及污染物排放后的处理费用。沥青路面建设期的资源消耗主要为化石燃料与电力,通过建立沥青混合料等原料生产阶段、拌和阶段、运输阶段、摊铺碾压阶段等四个阶段的能耗模型,并基于 EBA 与 EPA 研究成果中的能耗因子及《公路工程预算定额(上、下册)》(JTG/T 3832—2018)和《公路工程机械台班费用定额》(JTG/T 3833—2018)中的能源价格计算出沥青路面建设阶段的能耗成本。台班费用的计算主要参考《公路工程预算定额(上、下册)》(JTG/T 3832—2018)和《公路工程机械台班费用定额》(JTG/T 3833—2018)中的台班基价确定。

能耗总成本计算公式为

$$C = C_1 + C_2 + C_3 + C_4 \tag{9.3}$$

式中,C 为纤维沥青路面的能耗总成本,元;C_1 为原料生产阶段的能耗成本,元;C_2 为沥青混合料拌和阶段的能耗成本,元;C_3 为沥青混合料运输阶段的能耗成本,元;C_4 为沥青混合料摊铺碾压阶段的能耗成本,元。

沥青路面建设阶段能耗成本的计算公式为

$$C_i = \sum_k E_k \times P_k \tag{9.4}$$

式中,C_i 为第 i 阶段的能耗成本,元;E_k 为第 k 种能源的消耗量,电力单位为 kW·h,柴油/重油单位为 kg;P_k 为第 k 种能源的单价,元。

基于 IPCC 与国家年鉴统计所给出的能源燃烧净发热值将能源转化为能量,计算公式为

$$E = \sum_{i=1}^{n} R_i \times NCV_i \tag{9.5}$$

式中,R_i 为第 i 种燃料的质量,kg;NCV_i 为第 i 种燃料净发热值系数,具体数值见表 9.20。

表 9.20　能源燃烧净发热值系数

燃料种类	原煤	焦炭	原油	汽油	煤油
净发热值系数	20907.56kJ/kg	28432.878kJ/kg	41815.122kJ/kg	43067.878kJ/kg	43067.878kJ/kg
燃料种类	柴油	燃料油	液化石油气	天然气	电力
净发热值系数	42649.317kJ/kg	41815.122kJ/kg	50177.56kJ/kg	35542.561kJ/m³	3.6MJ/(kW·h)

基于表 9.20 中燃料的净发热值系数,可以利用发动机的功率计算该阶段能耗,计算公式为

$$E_{\mathrm{n}} = \frac{k_1 k_2 NG}{1000} \mathrm{NCV}_i \tag{9.6}$$

式中,E_{n} 为结合料生产阶段能耗,kJ;k_1 为燃料损耗系数,取 1.03;k_2 为能量利用系数;NCV_i 为第 i 种燃料净发热值系数;N 为发动机额定功率,kW;G 为比油耗,g/(kW·h),汽油发动机 G=340.14g/(kW·h),柴油发动机比油耗见表 9.21。

表 9.21 柴油发动机比油耗 （单位：g/(kW·h)）

发动机系列	85	95	105	110	115	120	125	135	146	160
G	285.7	258.5	272.1	272.1	265.3	258.5	258.5	244.9	285.7	244.9

石料生产线的能源来源于电力,其生产线的计算与功能参数、生产率、装机功率等数值有关,故建立的计算模型为

$$E_{\mathrm{m}} = \frac{k_1'' k_2'' N''}{k_3''} \mathrm{NCV}_i \tag{9.7}$$

式中,E_{m} 为石料生产过程能耗,kJ;k_1'' 为电动机的时间利用系数;k_2'' 为线路损耗系数,对应取值见表 9.22;k_3'' 为电动机的有效功率系数,对应取值见表 9.22;N'' 为电动机额定功率,kW。石料生产线的单位能耗取值见表 9.23。

表 9.22 电动机的有效功率系数

承载程度	荷载类型					
	0	1/4	1/4~1/2	1/2	3/4	1
k_2''	0.20	0.50	0.60~0.70	0.78	0.83	0.88
k_3''	1	0.78	0.80~0.83	0.85	0.88	0.89

表 9.23 石料生产线的单位能耗

最大进料量/mm	装载机功率/kW	处理能力/(t/h)	能耗/(kW·h/t)
340	120	30	4.00
340	140	50	2.80
420	200	80	2.50
480	280	100	2.80
560	300	150	2.00
630	350	200	1.75

最大进料量/mm	装载机功率/kW	处理能力/(t/h)	能耗/(kW·h/t)
630	400	250	1.60
630	450	300	1.50
700	500	350	1.43
700	600	450	1.33

纤维沥青混合料拌和阶段的能耗与集料的加热、搅拌站的拌和速率、含水率、发动机的功率等因素有关，因此建立计算式(9.8)：

$$E_2 = \left[M(1-\omega)(t_1 - t_2)C_1 + M(1-\omega)(t_3 - t_1)C_1 + \frac{k_1 k_2 NG}{1000} \right] \times \mathrm{NCV}_i \qquad (9.8)$$

式中，E_2 为沥青混合料拌和阶段能耗，kJ；M 为需要加热的集料量，kg；ω 为含水率，%；C_1 为骨料的比热容，kJ/(kg·℃)；C_2 为水的比热容，取为 0.7088kJ/(kg·℃)；t_1 为骨料的进料温度，℃；t_2 为出料温度，℃；t_3 为水蒸发的温度，℃；k_1 为燃料损耗系数，取 1.03；k_2 为能量利用系数；NCV_i 为第 i 种燃料净发热值系数；N 为发动机额定功率，kW；G 为比油耗，g/(kW·h)，汽油发动机 G=340.14g/(kW·h)，柴油发动机比油耗见表 9.21。

纤维沥青混合料在运输过程中，主要通过燃烧化石燃料提供动力，忽略运输过程中的热量散失后，可以建立如下计算式：

$$E_3 = \frac{k_1 k_2 NG}{1000} \times \mathrm{NCV}_i \times L \qquad (9.9)$$

式中，E_3 为沥青混合料运输过程中的能耗，kJ；L 为运输距离，km；k_1 为燃料损耗系数，取 1.03；k_2 为能量利用系数；NCV_i 为第 i 种燃料净发热值系数；N 为发动机额定功率，kW；G 为比油耗，g/(kW·h)，汽油发动机 G=340.14g/(kW·h)，柴油发动机比油耗见表 9.21。

在沥青路面的摊铺与碾压过程中，摊铺机与压路机的组合是该阶段的重点，而施工机械通过燃烧化石燃料提供动力，因此该过程的计算式为

$$E_4 = \frac{k_1 k_2 NG}{1000} \times \mathrm{NCV}_i \times L \qquad (9.10)$$

式中，E_4 为沥青混合料摊铺碾压中的能耗，kJ；L 为运输距离，km；k_1 为燃料损耗系数，取 1.03；k_2 为能量利用系数；NCV_i 为第 i 种燃料净发热值系数；N 为发

动机额定功率，kW；G 为比油耗，g/(kW·h)，汽油发动机 $G=340.14$g/(kW·h)，柴油发动机比油耗见表 9.21。

由上述公式可计算出木质素纤维与竹纤维沥青路面建设期的能耗，结合《公路工程预算定额（上、下册）》（JTG/T 3832—2018）和《公路工程机械台班费用定额》（JTG/T 3833—2018）中能源单价，可得到两种纤维在沥青路面建设期时的能源成本，详见表 9.24。

表 9.24　纤维沥青路面建设期能源成本

阶段	能源	单价/元	木质素纤维		竹纤维	
			消耗量	成本总计/元	消耗量	成本总计/元
沥青生产	电力	0.55	904342.05	497388.13	988306.55	543568.60
石料生产	电力	0.55	6532.76	3593.02	6438.80	3541.34
混合料拌和	电力	0.55	8278.07	4552.94	8233.32	4528.33
	重油	2.8	13248.48	37095.74	13212.67	36995.48
运输阶段	柴油	4.9	939.60	4604.04	939.60	4604.04
摊铺碾压	柴油	4.9	34106.16	167120.18	34106.16	167120.18
共计/元			714354.05		760357.97	

注：表中电力单位为 kW·h，柴油/重油单位为 kg。

本研究的台班费用计算根据《公路工程预算定额（上、下册）》（JTG/T 3832—2018）中台班基价，计算出沥青路面混和料拌和阶段、运输阶段、摊铺碾压阶段施工机械所需的成本费用，计算结果见表 9.25。

表 9.25　纤维沥青混合料拌和、运输与摊铺碾压阶段台班费用

阶段	台班基价	木质素纤维		竹纤维	
		台班数/个	累计成本/元	台班数/个	累计成本/元
混合料拌和	6790.57 元	1.85	12562.55	1.84	12494.65
运输	5473 元/km（第 1km） 445 元/km（第 2~10km）	7.99（第 1km） 5.85（第 2~10km）	46332.52	7.99（第 1km） 5.85（第 2~10km）	46332.52
摊铺	2429.65 元	55.75	135452.99	55.75	135452.99
碾压	781.32 元	光轮：219 振动：108.5	255882.3	光轮：219 振动：108.5	255882.3
共计/元		450230.36		450162.46	

由表 9.19、表 9.24 和表 9.25，可得到木质素纤维与竹纤维沥青路面在建设期阶段的经济成本和总成本，结果见表 9.26。

表 9.26　木质素纤维与竹纤维沥青路面建设期经济成本　　　（单位：元）

阶段	木质素纤维	竹纤维
纤维制备成本	198604.09	68100.29
沥青路面建设期能源成本	717087.77	763096.61
沥青路面建设期台班费用	450230.36	450162.46
共计	1365922.22	1281359.36

由表 9.26 可知，由于竹纤维沥青混合料的沥青用量高于木质素纤维，其沥青路面建设期的总能耗成本（763096.61 元）高于木质素纤维沥青路面（717087.77 元）约 6.4%。而在台班费用上，木质素纤维沥青路面（450230.36 元）与竹纤维沥青路面（450162.46 元）的费用相差极小，约 0.01%。将纤维的制备阶段、沥青混合料的生产阶段、沥青路面施工阶段的经济成本汇总后，木质素纤维沥青路面的建设期成本（1365922.22 元）比竹纤维沥青路面成本（1281359.36 元）高 6.6%左右。因此，木质素纤维沥青路面的建设期成本略高于竹纤维沥青路面。

9.3　本 章 小 结

本章将路用生物质纤维沥青路面的建设过程分为原材料生长、纤维制备、混合料生产、沥青路面施工四个阶段，对四个阶段进行了环境与经济成本的研究与分析，结论如下。

（1）对于纤维原料的环境效益，比较分析杉木林与毛竹林的碳储量与碳汇收支结余。经间伐换算后，毛竹林的碳储量（202.67t/hm²）为杉木林（152.52t/hm²）碳储量的 1.33 倍。毛竹林的固碳能力（37.18t/(hm²·a)）约为杉木林（26.29t/(hm²·a)）的 1.41 倍，但毛竹林的呼吸量（20.19t/(hm²·a)）为杉木林（10.89t/(hm²·a)）的 1.85 倍。在碳汇收支结余上，毛竹林（12.87t/(hm²·a)）高于杉木林（10.54t/(hm²·a)），毛竹林的净碳汇能力为杉木林的 1.22 倍。故毛竹林在环境效益上优于杉木林。

（2）对于铺筑同体积（1000m³）纤维沥青路面的环境成本，两种纤维沥青路面在建设期过程中的环境危害程度差距极小。竹纤维沥青混合料的气态排放量比木质素纤维沥青混合料高 9.28%，木质素纤维沥青混合料的固态排放量比竹纤维沥青混合料高 1.46%。两种纤维沥青混合料在建设期产生的环境危害差距极小。

（3）在一个轮伐期内（26 年），毛竹林的净产出（58588.4 元）比杉木林（73770 元）低 20.6%。在两个轮伐期内（52 年），毛竹林的净产出（220314.2 元）比杉木林（147540 元）高 49.3%。因此，毛竹林的可持续发展前景优于杉木林。毛竹林为采取间伐制的异龄林，不会像杉木林一样产生水土流失。

　　(4)对于纤维的制备成本，木质素纤维的有效提取率为 59%，竹纤维的有效提取率为 62%，而杉木单价(11764 元/t)为毛竹单价(4273.5 元/t)的 2.75 倍。在制备 1000m^3 纤维沥青混合料所需的纤维总价上，木质素纤维(198604.09 元)为竹纤维(68100.29 元)的 2.9 倍。因此，在纤维制备期中竹纤维的经济效益优于木质素纤维。

　　(5)在忽略两种沥青路面在运输与施工过程的成本细微差异下，竹纤维沥青混合料由于具有较高的沥青用量，在建设期的能耗成本上(763096.61 元)比木质素纤维(717087.77 元)高约 6.4%。对于沥青路面建设期的台班费用，木质素纤维(450230.36 元)与竹纤维(450162.46 元)相差仅 0.01%。对于纤维沥青路面整个建设期，木质素纤维沥青路面的建设期成本(1365922.22 元)比竹纤维沥青路面(1281359.36 元)高 6.6%左右。因此，在沥青路面建设期，竹纤维的使用较木质素纤维可适当降低工程造价。

参 考 文 献

[1] 黄金生. 杉木速生丰产林栽培[J]. 中国林业, 2011, (9): 54.

[2] 林观章, 柳松树, 刘庆定. 青田毛竹产业发展现状与对策[J]. 中国林业, 2007, (21): 44-45.

[3] 陈婷. 新造毛竹碳汇林发育成林初期林分结构与碳储量变化特征研究[D]. 杭州: 浙江农林大学, 2015.

[4] 肖复明. 毛竹林生态系统碳平衡特征的研究[D]. 北京: 中国林业科学研究院, 2007.

[5] 梁仰贞. 毛竹林丰产良法——培育花年竹林[J]. 农家之友, 1997, (10): 31.

[6] 肖复明, 范少辉, 汪思龙, 等. 毛竹、杉木人工林生态系统碳平衡估算[J]. 林业科学, 2010, 46(11): 59-65.

[7] 廖俊和, 罗学刚. 木质素、纤维素高效分离技术[J]. 纤维素科学与技术, 2003, (4): 60-64.

[8] 杨茜. 沥青路面用棉秸秆纤维的制备及性能研究[D]. 西安: 长安大学, 2015.

[9] Timo B, Jeff B, Frédérick B, et al. Life Cycle Inventory:Bitumen[M]. Brussels: European Bitumen Association, 2011.

[10] Environmental Protection Agency. Crushed Stone Processing and Pulverized Mineral Processing [EB/OL]. http://www3.epa.gov/ttn/chief/ap42/ch11/related/c11s19-2. html[2024-02-23].

[11] Thives L P, Ghisi E. Asphalt mixtures emission and energy consumption: A review[J]. Renewable and Sustainable Energy Reviews, 2017, 72: 473-484.

[12] 刘金生. 杉木速生丰产林营造与管理技术探析[J]. 安徽农学通报, 2018, 24(10): 94-95.

[13] Chen X, Zhang X, Zhang Y, et al. Changes of carbon stocks in bamboo stands in China during 100 years[J]. Forest Ecology and Management, 2009, 258(7): 1489-1496.

[14] 朱才熙. 断鞭钩梢毛竹产量高[J]. 农村百事通, 2002, (22): 35.

[15] 吴伟光, 刘强, 朱臻. 考虑碳汇收益情境下毛竹林与杉木林经营的经济学分析[J]. 中国农村经济, 2014, (9): 57-70.

第10章 生物质材料改性沥青
结(混)合料的示范应用

为了在更大范围内推广应用生物质材料改性沥青结(混)合料技术，使之产生巨大的经济效益、社会效益与环境效益，更好地服务于道路工程建设，课题组基于生物质材料自身来源广泛、生态环保的优势，结合大量的室内试验和现场验证，研发了系列生物质材料基沥青结(混)合料产品，并提出了相应的技术指标要求，产品使用性能均达到或优于现行技术标准。基于前期研究基础，结合工程应用实践，课题组申请并授权了系列发明专利，有效地提高了生物质材料基沥青结(混)合料的推广应用速度，对总结完善该领域关键技术、提高沥青路面结构耐久性具有现实的指导意义。本章选取四项典型产品予以介绍。

10.1 生物质材料基再生沥青剂及其制备方法

10.1.1 技术背景

据不完全统计，我国每年仅高速公路就产生约1.2亿t废旧沥青混合料(reclaimed asphalt pavement, RAP)，若将RAP再生循环应用于道路基础设施建设和养护，变废为宝，形成一个符合循环经济模式的产业链，就可以避免废弃材料堆放对土地的占用和对环境的污染，在减少石料、沥青、水泥需求的同时降低筑路和养护成本，具有显著的社会效益和环境效益。

当前我国RAP循环再生利用多采用添加再生剂的方法以恢复其路用性能，因此，沥青再生剂性能优劣至关重要。国内用于沥青再生的再生剂一般是由原油蒸馏产物(如机油、柴油、润滑油)及其他富含芳香烃的矿物油或树脂构成。柴油、机油类轻质油虽对沥青有很好的渗透和软化效果，但闪点一般都不超过100℃，施工安全性较差；重质矿物油类再生剂再生的沥青高低温性能均不理想，其价格也比较昂贵；其他富含芳香烃类的矿物油在高温加热过程中会产生很多有毒气体，环境友好性较差。

抗老化性能和低温抗裂性能是影响再生沥青推广应用(尤其是寒冷地区和高掺量RAP工况下)的核心问题。由于石油基再生剂中芳香分含量较高，不饱和键较多，在高温条件下易发生氧化反应生成羰基，因而抗老化性能较差。另外，老化作用导致沥青变硬变脆，进而严重影响废旧沥青的低温黏结强度和延度，常规沥青再生剂黏结效果不佳，因而制备的再生沥青低温性能较差。

作为典型的生物质材料，木焦油的主要成分为直链烷烃及其衍生物，具有闪点高、产量大、价格低等特点，且具有很强的抗氧化性，用于制备再生沥青具有显著优势。

同时，生物质纤维稳定剂是制备高性能沥青的重要外掺剂，其价格低廉、可再生、低污染和来源广泛的特点使其日益受到新型材料研究者及工业企业的青睐。生物质纤维抗拉强度高、弹性模量大，可极大地提高再生沥青的高温稳定性、低温抗裂性和抗疲劳性能等，使再生沥青使用寿命大大延长。

10.1.2　技术内容

针对现有技术中存在的问题，本研究的研发目的在于提供一种生物质材料基再生沥青，其具有优良的抗老化性能和低温抗裂性，且施工和易性较好。此外，提供一种生物质材料基再生沥青的制备方法，该方法简单，易于操作，节能环保且制备成本低，能够显著改善废旧沥青的路用性能。

为实现以上目的，采取的技术方案如下。

生物质材料基再生沥青包括以下原料(按质量份数计)：30～40 份废旧沥青，10～20 份新沥青，10～20 份木焦油，3～6 份生物质纤维，3～5 份增塑剂，0.5～1.5 份稳定剂，0.2～0.5 份增容剂。

进一步地，所述的一种生物质材料基再生沥青，包括以下原料(按质量份数计)：30～35 份废旧沥青，15～20 份新沥青，15～20 份木焦油，4～5 份生物质纤维，3.5～4 份增塑剂，0.8～1.0 份稳定剂，0.3～0.4 份增容剂。

上述的废旧沥青为通过溶剂抽提和旋转蒸发的方法从废旧沥青路面材料中回收的老化沥青；新沥青为 70#基质原样沥青；木焦油含水率<5%，甲酚质量分数>10%；生物质纤维取自竹木剩余物，主要为毛竹和木材的茎秆或树皮制成的改性絮状纤维，长度为 400～2000μm，相对密度 0.91～0.95，含水率<3%；增塑剂为邻苯二甲酸二辛酯，稳定剂为月桂基丙撑二胺；增容剂为顺丁烯二酸酐或顺丁烯二酸酐接枝物。

生物质材料基再生沥青的制备方法，包括如下步骤。

(1)将新沥青与废旧沥青按上述配合比混合后加热，向加热后的混合沥青中依次加入木焦油、生物质纤维，经剪切、搅拌，得到再生沥青初样。

(2)向步骤(1)中得到的再生沥青初样中依次加入增塑剂、稳定剂、增容剂，搅拌，制得再生沥青。

步骤(1)中的加热温度为 150～160℃；剪切速率为 1500～2500r/min，剪切时间为 15～25min；搅拌时间为 15～25min。步骤(2)中的搅拌时间为 10～20min。

本技术的有益效果如下。

(1)原料组分木焦油在再生沥青中起抗老化剂和增容剂的作用。由于木焦油中含丰富的甲酚，其抗热氧老化作用明显，因而有利于抑制再生沥青进一步老化。同时，作为一种生物质焦油，木焦油中含有大量的酯、羟基衍生物和环氧基团，使其可与沥青中的组分形成氢键及范德瓦耳斯力，进而增强再生沥青分子间的交联程度，提高再生沥青的黏结性能和热稳定性。

(2)生物质纤维具有显著的增韧和阻裂作用，改性后的竹木复合纤维可通过桥接作用增强废旧沥青与新沥青及其他助剂间的黏结，并在再生沥青内建立稳定的空间立体网络结构，使再生沥青各组分间的连接作用更加紧密，在提升木焦油与老化沥青间配伍性的同时协同改善再生沥青的弹性功能，最终使再生沥青的低温抗裂性能显著提高；且其价格低廉、可再生、低污染和来源广泛的特点使其日益受到新型材料研究者及工业企业的青睐，生物质纤维抗拉强度高、弹性模量大，可极大地提高再生沥青的高温稳定性、低温抗裂性和抗疲劳性能，使再生沥青使用寿命大大延长。

(3)采用的稳定剂为月桂基丙撑二胺，是为了中和部分未反应的增塑剂，避免过度交联。

(4)研发的生物质材料基再生沥青性能稳定，尤其是抗老化性能和低温抗裂性能优异；且制备方法简单，易于操作，成本低廉，过程环保，具有广阔的应用前景。

10.1.3 技术实施方案与效果

为有效应用生物质材料基再生剂，结合实施方案对其应用进行详细描述。

实施方案中所用的原料如下。

废旧沥青是采用溶剂抽提方法从 RAP 中回收的老化沥青，其技术指标见表10.1。

表 10.1 废旧沥青技术指标

项目	针入度(25℃)/0.1mm	针入度指数	软化点/℃	延度(5℃)/cm
测试值	20	2.561	69.5	0.3

新沥青为茂名正诚石油化工有限公司生产的高富 70#基质沥青，其技术指标见表10.2。

表 10.2 新沥青技术指标

项目	针入度(25℃)/0.1mm	针入度指数	软化点/℃	延度(5℃)/cm
测试值	64	−0.124	48	117

所用木焦油取自湖南省株洲市攸县某环保木炭厂，其原料为毛竹，且木焦油含水率小于 5%，甲酚质量分数大于 10%。生物质纤维为实验室内自制的毛竹和

木材的茎秆或树皮制成的改性絮状纤维，长度为 400～2000μm，相对密度 0.91～0.95，含水率<3%；其无机元素组分见表 10.3。

表 10.3　生物质纤维的无机元素组分

分析元素	化合物分子式或元素	质量浓度/%
Na	Na_2O	6.314
Mg	MgO	4.209
Al	Al_2O_3	13.770
Si	SiO_2	23.519
P	P_2O_5	1.098
S	SO_3	5.936
K	K_2O	0.348
Ca	CaO	23.119
Ti	TiO_2	1.343
Cr	Cr_3O_2	0.017
Mn	MnO	0.029
Fe	Fe_2O_3	4.804
Ni	NiO	0.006
Cu	CuO	0.026
Zn	ZnO	0.151
Ga	Ga_2O_3	0.006
As	As_2O_3	0.003
Sr	SrO	0.366
Y	Y_2O_3	0.006
Zr	ZrO_2	0.022
Nb	Nb_2O_5	0.005
Ba	BaO	0.291
Pb	PbO	0.006
Cl	Cl	0.048
Br	Br	0.118

增塑剂邻苯二甲酸二辛酯、稳定剂月桂基丙撑二胺和增容剂顺丁烯二酸酐均购自长沙吉瑞化玻仪器设备有限公司，分析纯。

1. 实施方案 1

生物质材料基再生沥青包括以下原料(按质量份数计)：30 份废旧沥青，20 份新沥青，15 份木焦油，5 份生物质纤维，3.5 份增塑剂，0.8 份稳定剂，0.3 份增容剂。

生物质材料基再生沥青的制备方法包括以下步骤。

(1)将新沥青与废旧沥青按比例混合后加热至 160℃，向加热后的混合沥青中依次加入木焦油、生物质纤维，以 2000r/min 的速率剪切 20min 后搅拌 20min，得到再生沥青初样。

(2)向步骤(1)中得到的再生沥青初样中依次加入增塑剂、稳定剂、增容剂，搅拌 15min，制得再生沥青。

2. 实施方案 2

生物质材料基再生沥青包括以下原料(按质量份数计)：40 份废旧沥青，20 份新沥青，15 份木焦油，6 份生物质纤维，5.0 份增塑剂，1.0 份稳定剂，0.4 份增容剂。

生物质材料基再生沥青的制备方法包括以下步骤。

(1)将新沥青与废旧沥青按比例混合后加热至 160℃，向加热后的混合沥青中依次加入木焦油、生物质纤维，以 2500r/min 的速率剪切 25min 后搅拌 25min，得到再生沥青初样。

(2)向步骤(1)中得到的再生沥青初样中依次加入增塑剂、稳定剂、增容剂，搅拌 20min，制得再生沥青。

3. 实施方案 3

生物质材料基再生沥青包括以下原料(按质量份数计)：30 份废旧沥青，10 份新沥青，10 份木焦油，3 份生物质纤维，3.0 份增塑剂，0.5 份稳定剂，0.2 份增容剂。

生物质材料基再生沥青的制备方法包括以下步骤。

(1)将新沥青与废旧沥青按比例混合后加热至 150℃，向加热后的混合沥青中依次加入木焦油、生物质纤维，以 1500r/min 的速率剪切 15min 后搅拌 15min，得到再生沥青初样。

(2)向步骤(1)中得到的再生沥青初样中依次加入增塑剂、稳定剂、增容剂，搅拌 10min，制得再生沥青。

4. 实施方案 4

生物质材料基再生沥青包括以下原料(按质量份数计)：35 份废旧沥青，15 份新沥青，15 份木焦油，4 份生物质纤维，4.0 份增塑剂，1.0 份稳定剂，0.4 份增容剂。

生物质材料基再生沥青的制备方法包括以下步骤。

(1)将新沥青与废旧沥青按比例混合后加热至 160℃，向加热后的混合沥青中依次加入木焦油、生物质纤维，以 2000r/min 的速率剪切 20min 后搅拌 20min，得到再生沥青初样。

(2)向步骤(1)中得到的再生沥青初样中依次加入增塑剂、稳定剂、增容剂，搅拌 15min，制得再生沥青。

5. 实施方案 5

生物质材料基再生沥青包括以下原料(按质量份数计)：40 份废旧沥青，20 份新沥青，20 份木焦油，6 份生物质纤维，5.0 份增塑剂，1.5 份稳定剂，0.5 份增容剂。

生物质材料基再生沥青的制备方法包括以下步骤。

(1)将新沥青与废旧沥青按比例混合后加热至 155℃，向加热后的混合沥青中依次加入木焦油、生物质纤维，以 2500r/min 的速率剪切 25min 后搅拌 25min，得到再生沥青初样。

(2)向步骤(1)中得到的再生沥青初样中依次加入增塑剂、稳定剂、增容剂，搅拌 20min，制得再生沥青。

将上述实施方案的各再生沥青结合料按照中国交通部《公路工程沥青及沥青混合料试验规程》(JTG E20—2011)规定的标准方法测试其针入度、软化点、延度、黏度、弯曲蠕变劲度模量等指标，测试结果见表 10.4。

表 10.4　各实施方案再生沥青及新沥青性能对比

测试项目	针入度 (25℃)/0.1mm	软化点/℃	延度 (15℃)/cm	黏度 (135℃)/(Pa·s)	残留 针入度比/%	老化 指数	弯曲蠕变劲度模量 (−12℃)/MPa
实施案例 1	73	51	126	0.48	57.6	0.078	216.7
实施案例 2	68	56	121	0.55	51.8	0.097	202.2
实施案例 3	65	60	115	0.63	47.9	0.107	189.8
实施案例 4	70	53	123	0.53	53.9	0.086	209.1
实施案例 5	67	58	118	0.62	49.4	0.104	194.5
新沥青	64	48	117	0.52	45.2	0.110	185.2
规范要求	60～80	≥46(A 级)	≥100(A 级)	—	—	—	—

由表 10.4 可知，生物质材料基再生沥青具有良好的再生效果。各实施方案的针入度及黏度均表明生物质材料基再生沥青具有良好的施工和易性。残留针入度比和老化指数结果表明生物质材料基再生沥青具有比新沥青更好的抗老化性能。同时，15℃延度和−12℃弯曲蠕变劲度模量结果表明生物质材料基再生沥青的低温抗裂性能优异，可有效延长再生沥青路面的使用寿命。

10.2　竹纤维沥青混合料及其制备方法

10.2.1　技术背景

随着我国经济的腾飞，运输车辆的大型化和超载现象日渐增多。为了满足重载交通对沥青路面路用性能日益增长的要求，在沥青混合料中掺加纤维以改善其路用性能得到了广泛认可。沥青混合料主要由粗集料、细集料和矿粉组成，纤维在掺入沥青混合料后，因其可以起到加筋、吸附、分散、稳定、增黏的作用，可有效改善沥青混合料的各方面性能而被广泛应用。当前，广泛应用于沥青混合料的纤维有木质素纤维、矿物纤维、聚合物化学纤维三大类，而木质素纤维因其价格优势被应用得最多。木质素纤维具有比表面积大、吸油性能好的优点，但需要消耗大量的森林资源，因此，开发价格低廉、生态环保的草本植物纤维及应用技术对促进我国沥青混合料路面铺装普及、提高工程性能、降低工程造价、保护生态环境具有十分重要的意义。

我国是一个竹类资源十分丰富的国家，竹子种类和竹林面积约占世界的 1/4，产量约占世界的 1/3，居世界之首。竹材生长迅速、轮伐期短、成材早、产量高，与木材一样，都是天然生长的有机体，同属非均质和各向异性材料，但其具有强度高、硬度大、韧性好、耐磨的优良特性。近年来，竹质砧板、重竹地板、竹质集装箱底板、炭化竹地板、竹炭等产品开发项目已初具规模，但大量竹加工废料的处理与规模化应用问题尚未解决。将竹纤维应用于沥青路面不仅可以提高竹材产品附加值，还可以扩大竹产品用途，为竹材利用开拓更为广阔的市场。

对采用木本和草本植物纤维制备沥青混合料已有相关文献和专利，中国专利CN104446159A 提供了一种竹纤维改性沥青混合料的制备方法，其纤维掺量为沥青混合料质量的 0.1%~0.4%，在拌制混合料前纤维需在质量浓度 0.5%~1.5%的碱溶液中预处理 0.5~1.5h。中国专利 CN108314357A 提供了一种椰子纤维沥青混合料及其制备方法，椰子纤维可应用于 AC 或 SMA 型沥青混合料，其典型掺量分别为 0.2%~0.3% 和 0.3%~0.5%，且在拌制沥青混合料前也需在质量浓度为1.0%~1.5%的 NaOH 溶液中浸泡。碱溶液处理植物纤维可提高其抗拉强度和黏结强度，但与酯化处理植物纤维相比，其与沥青混合料间的界面相容性和分散均匀性都相差很多，因而影响沥青混合料的耐久性，其使用范围(特别是在气候环境恶劣地区)受限。

10.2.2　技术内容

针对现有技术中存在的问题，本研究的目的在于提供一种改性竹纤维沥青混合料及其制备方法。该方法通过将酯化处理后的竹纤维加入到沥青混合料中拌和均匀，使其高温稳定性、低温抗裂性、水稳定性和耐久性均得到显著提升，且原料廉价易得、成本低、环保无毒、制备方法简单。

为实现以上目的，采取的技术方案如下。

改性竹纤维沥青混合料包括以下原料：改性竹纤维和沥青混合料，均选择性能优良的原材料制备本技术方案混合料。

改性竹纤维为毛竹茎秆制成的改性短纤维絮状物，其长度为 4~8mm，相对密度 0.93~0.96，含水率<4%，吸油率为纤维质量的 8.5~10 倍。

改性竹纤维采用苯甲酸作为改性剂。

沥青混合料为密级配沥青混凝土混合料(AC)或沥青玛蹄脂碎石混合料(SMA)。

竹纤维的质量占 AC 混合料质量的 0.2%~0.35%，AC 混合料的油石比为5.0%~5.8%。

竹纤维的质量占 SMA 混合料质量的 0.3%~0.5%，SMA 混合料的油石比为5.5%~6.8%。

改性竹纤维沥青混合料的制备方法包括以下步骤。

(1)将竹纤维置于苯甲酸溶液中浸泡处理 100~140min，将处理后的竹纤维置于烘箱中 2.5~3.5h，使其充分进行改性反应，将改性反应后的竹纤维二次搓碾制得改性竹纤维，备用。

(2)将沥青混合料中的粗集料、细集料在烘箱中预热后移至拌和锅中预拌和30~60s，再将步骤(1)制得的改性竹纤维与预拌和后的集料混合后干拌 80~100s得到沥青结合料。

(3)将步骤(2)制得的沥青结合料预热后加入到拌和锅中湿拌 80~100s，然后加入预热后的矿粉拌和 80~100s，制得改性竹纤维沥青混合料。

竹纤维在改性之前是经过搓碾制得的。步骤(2)中苯甲酸溶液的质量浓度为0.2%~0.4%；烘箱加热温度为 110~120℃；制得的改性竹纤维为絮状短纤维。步骤(2)中粗集料、细集料预热温度为 170~180℃，预热时长 4~5h；拌和锅温度为 170~180℃。步骤(3)中，当沥青混合料为 AC 时，沥青结合料和矿粉的预热温度为 150~160℃；当沥青混合料为 SMA 时，沥青结合料和矿粉的预热温度为 170~180℃。

本技术的有益效果如下。

(1)采用苯甲酸作为改性剂与竹纤维发生酯化反应，然后将酯化处理后的竹纤维掺入沥青混合料中对其改性，在提高竹纤维拉伸强度和黏结强度的同时可有效改善其与混合料间的界面相容性，进而提高竹纤维在混合料中的分散均匀性。同时，苯甲酸作为改性剂使竹纤维的疏水性显著增强，从而提高其与沥青混合料间的浸润性，使纤维与混合料间的应力传递明显改善，这些有益效果可表现为沥青混合料力学强度和弹性模量的显著提高。另外，酯化处理可提高改性纤维沥青混合料的热稳定性和韧性,进而显著提高改性纤维沥青混合料的综合性能和耐久性,延长道路的使用寿命。

(2)所使用的原材料竹纤维是一种无公害、绿色环保的草本纤维,将其应用于道路交通工程可有效拓宽现行规范的取材范围(现行规范《沥青路面用纤维》(JT/T 533—2020)规定道路用木质纤维仅限于针叶木材),在减少森林资源消耗的同时可促进廉价碳汇资源的高值清洁利用,对改善公路沥青路面使用品质及耐久性具有重要意义,且开辟了竹纤维的应用新途径。

(3)本技术采用的制备方法简单易操作,采用的原料廉价易得,成本低,且环保无毒,制得的改性竹纤维沥青混合料的高温稳定性、低温抗裂性、力学性能、水稳定性和长期老化性能有明显提升,具有显著的社会效益、经济效益和推广应用价值。

10.2.3　技术实施方案与效果

为有效应用改性竹纤维沥青混合料,结合实施方案对其实施应用进行详细描述。

1. 实施方案 1

改性竹纤维沥青混合料的制备方法包括以下步骤。

(1)将竹纤维置于质量浓度为 0.2%的苯甲酸溶液中浸泡处理 100min,将处理后的竹纤维置于 110℃的烘箱中 3h,使其充分进行改性反应,将改性反应后的竹纤维二次搓碾制得改性竹纤维,备用。

(2)将 AC 中的粗集料、细集料在 170℃的烘箱中预热 4h,之后移至 170℃的拌和锅中预拌和 40s,再将步骤(1)制得的改性竹纤维与预拌和后的集料混合后干拌 80s,从而得到沥青结合料。

(3)将步骤(2)制得的沥青结合料预热至 150℃后加入拌和锅中湿拌 80s,然后加入预热至 150℃的矿粉拌和 80s,制得 AC 型改性竹纤维沥青混合料。

改性竹纤维的掺量为 AC 型沥青混合料质量的 0.25%,沥青混合料的油石比为 5.2%。

2. 实施方案 2

改性竹纤维沥青混合料的制备方法包括以下步骤。

(1)将竹纤维置于质量浓度为 0.3%的苯甲酸溶液中浸泡处理 120min,将处理后的竹纤维置于 115℃的烘箱中 2.5h,使其充分进行改性反应,将改性反应后的竹纤维二次搓碾制得改性竹纤维,备用。

(2)将 AC 中的粗集料、细集料在 175℃的烘箱中预热 4.5h,之后移至 175℃的拌和锅中预拌和 50s,再将步骤(1)制得的改性竹纤维与预拌和后的集料混合后干拌 80s，从而得到沥青结合料。

(3)将步骤(2)制得的沥青结合料预热至 155℃后加入到拌和锅中湿拌 80s，然后加入预热至 155℃的矿粉拌和 80s，制得 AC 型改性竹纤维沥青混合料。

改性竹纤维的掺量为 AC 型沥青混合料质量的 0.2%，沥青混合料的油石比为5.0%。

3. 实施方案 3

改性竹纤维沥青混合料的制备方法包括以下步骤。

(1)将竹纤维置于质量浓度为 0.4%的苯甲酸溶液中浸泡处理 140min，将处理后的竹纤维置于 120℃的烘箱中 3.5h，使其充分进行改性反应，将改性反应后的竹纤维二次搓碾制得改性竹纤维，备用。

(2)将 AC 中的粗集料、细集料在 170℃的烘箱中预热 5h，之后移至 170℃的拌和锅中预拌和 60s，再将步骤(1)制得的改性竹纤维与预拌和后的集料混合后干拌 100s，从而得到沥青结合料。

(3)将步骤(2)制得的沥青结合料预热至 160℃后加入到拌和锅中湿拌 100s，然后加入预热至 160℃的矿粉拌和 100s，制得 AC 型改性竹纤维沥青混合料。

改性竹纤维的掺量为 AC 型沥青混合料质量的 0.35%，沥青混合料的油石比为 5.8%。

4. 实施方案 4

改性竹纤维沥青混合料的制备方法包括以下步骤。

(1)将竹纤维置于质量浓度为 0.2%的苯甲酸溶液中浸泡处理 120min，将处理后的竹纤维置于 110℃的烘箱中 3h，使其充分进行改性反应，将改性反应后的竹纤维二次搓碾制得改性竹纤维，备用。

(2)将 SMA 中的粗集料、细集料在 170℃的烘箱中预热 4h，之后移至 170℃的拌和锅中预拌和 30s，再将步骤(1)制得的改性竹纤维与预拌和后的集料混合后干拌 80s，从而得到沥青结合料。

(3)将步骤(2)制得的沥青结合料预热至 170℃后加入到拌和锅中湿拌 80s，然后加入预热至 170℃的矿粉拌和 80s，制得 SMA 型改性竹纤维沥青混合料。

改性竹纤维的掺量为 SMA 型沥青混合料质量的 0.35%，沥青混合料的油石比为 5.8%。

5. 实施方案 5

改性竹纤维沥青混合料的制备方法包括以下步骤。

(1)将竹纤维置于质量浓度为 0.3%的苯甲酸溶液中浸泡处理 120min，将处理后的竹纤维置于 120℃的烘箱中 2.5h，使其充分进行改性反应，将改性反应后的竹纤维二次搓碾制得改性竹纤维，备用。

（2）将 SMA 中的粗集料、细集料在 175℃的烘箱中预热 4.5h，之后移至 175℃的拌和锅中预拌和 40s，再将步骤（1）制得的改性竹纤维与预拌和后的集料混合后干拌 90s，从而得到沥青结合料。

（3）将步骤（2）制得的沥青结合料预热至 175℃后加入到拌和锅中湿拌 90s，然后加入预热至 175℃的矿粉拌和 90s，制得 SMA 型改性竹纤维沥青混合料。

改性竹纤维的掺量为 SMA 型沥青混合料质量的 0.3%，沥青混合料的油石比为 5.5%。

6. 实施方案 6

改性竹纤维沥青混合料的制备方法包括以下步骤。

（1）将竹纤维置于质量浓度为 0.4%的苯甲酸溶液中浸泡处理 130min，将处理后的竹纤维置于 120℃的烘箱中 3h，使其充分进行改性反应，将改性反应后的竹纤维二次搓碾制得改性竹纤维，备用。

（2）将 SMA 中的粗集料、细集料在 180℃的烘箱中预热 5h，之后移至 180℃的拌和锅中预拌和 50s，再将步骤（1）制得的改性竹纤维与预拌和后的集料混合后干拌 100s，从而得到沥青结合料。

（3）将步骤（2）制得的沥青结合料预热至 180℃后加入到拌和锅中湿拌 100s，然后加入预热至 180℃的矿粉拌和 100s，制得 SMA 型改性竹纤维沥青混合料。

改性竹纤维的掺量为 SMA 型沥青混合料质量的 0.5%，沥青混合料的油石比为 6.8%。

7. 对比方案 1

作为对照组 1，制备基质沥青混合料，其制备方法包括以下步骤：将粗集料、细集料在 160℃烘箱中预热 4h，之后加入 160℃的拌和锅中预拌和 40s，将预热至 150℃的沥青结合料加入拌和锅中湿拌 80s，加入预热至 150℃的矿粉拌和 80s，制得 AC 型基质沥青混合料。沥青混合料的油石比为 5.0%。

8. 对比方案 2

作为对照组 2，制备竹纤维沥青混合料，其制备方法包括以下步骤。

（1）将竹纤维置于质量浓度为 1%的 NaOH 溶液中浸泡 1h，将碱处理后的竹纤维置于 110℃烘箱中烘干至恒重，将改性后的竹纤维二次搓碾制得絮状短纤维，备用。

（2）将粗集料、细集料在 160℃烘箱中预热 4h，之后加入至 160℃的拌和锅中预拌和 50s，将改性竹纤维与集料混合后干拌 80s。

(3)将预热至170℃的沥青结合料加入到拌和锅中湿拌80s,加入预热至170℃的矿粉拌和80s,制得 AC 型竹纤维沥青混合料。

竹纤维的掺量为 AC 型沥青混合料质量的0.3%,沥青混合料的油石比为5.4%。

以上实施方案和对比方案中,AC 型沥青混合料为 AC-13 混合料,SMA 型沥青混合料为 SMA-13 混合料,其矿料级配见表 10.5。

表 10.5　矿料级配表

混合料类别	筛孔通过百分率/%									
	16mm	13.2mm	9.5mm	4.75mm	2.36mm	1.18mm	0.6mm	0.3mm	0.15mm	0.075mm
AC-13	100	94.7	75.5	43.6	30.0	23.1	15.7	11.4	9.5	7.6
SMA-13	100	91.9	63.9	24.7	20.8	17.7	15.4	13.7	12.6	10.0

按照《公路工程沥青及沥青混合料试验规程》(JTG E20—2011)分别测试各实施方案与对比方案沥青混合料的路用性能,测试结果见表 10.6。

表 10.6　各沥青混合料路用性能测试结果

方案	马歇尔稳定度/kN	动稳定度(60℃)/(次/mm)	残留稳定度/%	冻融劈裂抗拉强度比/%	抗压回弹模量(15℃)/MPa	弯拉应变(−10℃)/$\mu\varepsilon$	长期老化后	
							冻融劈裂抗拉强度比/%	弯拉应变(−10℃)/$\mu\varepsilon$
实施方案 1	9.12	2564	92.3	94.0	1041.5	3417	90.7	2848
实施方案 2	8.90	2327	90.1	92.1	1020.1	3103	89.6	2730
实施方案 3	9.59	2607	92.8	93.7	1081.2	3604	90.6	3125
实施方案 4	10.47	8586	97.4	98.7	1286.4	5160	98.5	4760
实施方案 5	9.87	8129	95.9	97.5	1242.3	4879	96.8	4456
实施方案 6	10.93	8693	97.8	98.8	1327.2	5217	98.7	5829
对比方案 1	7.32	1346	83.7	85.1	907.3	2762	83.2	2417
对比方案 2	8.58	2124	88.4	90.7	1017.9	3056	88.6	2818

由表 10.6 结果可知,实施方案 1~实施方案 6 的各项性能指标均满足规范《公路沥青路面施工技术规范》(JTG F 40—2004)的相关要求。与对比方案 1 和对比

方案 2 相比，实施方案 1～实施方案 3 的 AC 型沥青混合料高温稳定性、低温抗裂性、力学性能、水稳定性和长期老化性能都有明显提升，说明本技术制备的改性竹纤维沥青混合料路用性能，尤其是耐久性更为优良。同时，制备的 SMA 型沥青混合料各性能指标均表现出优异的结果，表明其路用性能和使用寿命良好，具有显著的社会效益、经济效益和推广应用价值。

10.3　高性能稀浆封层混合料及其制备方法

10.3.1　技术背景

截至 2023 年底，我国公路通车总里程已达到 544.1 万 km，其中公路养护里程达到 535.03 万 km，占公路总里程的 98.33%，随着公路路网建设的逐步完善，公路养护任务将逐年增加。根据交通运输部提出的"建设是发展，养护管理也是发展，而且是可持续发展"的理念，各级公路管理部门需要建养并重，协调发展。

稀浆封层是用适当级配的石屑、填料(水泥、石灰等)与乳化沥青、外加剂、水，按一定比例拌和而成流动状态的沥青混合料，再由专业机械设备均匀洒布于路面上形成的封层。由于该种沥青混合料稠度较稀，形态似浆状，故名稀浆封层，一般铺筑厚度为 3～10mm，对原路面起防水、防滑、耐磨耗、填充缝隙、恢复外观等作用，且具有施工速度快、开放交通用时短、常温作业利于环保等特点，适用于对沥青路面进行预防性养护。

氧化石墨烯(graphene oxide, GO)是一种新兴的纳米材料，它有着独特的二维层状结构，层间距为 0.7～1.2nm。氧化石墨烯的表面拥有大量的富氧官能团，如羧基、烃基、环氧基、酯基等。这些官能团使氧化石墨烯可与基质沥青产生良好的结合，在显著提高沥青与集料间黏附性的同时改善沥青混合料的路用性能。

生物质纤维稳定剂是制备高性能沥青结(混)合料的重要外掺剂，其价格低廉、可再生、低污染和来源广泛的特点使其日益受到新型材料研究者及工业企业的青睐。生物质纤维抗拉强度高、弹性模量大，可极大地提高沥青混合料的高温稳定性、低温抗裂性和耐磨性等，使沥青混合料的使用寿命大大延长。

10.3.2　技术内容

针对现有技术中存在的问题，本研究的目的在于提供一种高性能稀浆封层沥青混合料及其制备方法，以提高稀浆封层沥青混合料的黏结性能、高温稳定性、低温抗裂性和耐磨性。

为实现以上目的，采取的技术方案如下。

高性能稀浆封层沥青混合料包括以下组分(按质量份数计)：乳化沥青　7～10

份，粗集料、细集料 70～75 份，氧化石墨烯 0.04～0.1 份，煤油 3～6 份，竹纤维 0.5～3 份，水 6～9 份。

在较佳实施情况下，高性能稀浆封层沥青混合料包括以下组分(按质量份数计)：乳化沥青 8.5～10 份，粗集料、细集料 72～75 份，氧化石墨烯 0.06～0.1 份，煤油 3～5 份，竹纤维 2～3 份，水 8～9 份。

乳化沥青采用 AH-70#或 AH-90#重交基质沥青，乳化剂为阳离子慢裂快凝乳化剂。粗集料、细集料均为玄武岩，其中粗集料公称最大粒径为 9.5mm，表观密度 3.80～5.30g/cm³，细集料公称最大粒径为 4.75mm，表观密度 2.90～3.40g/cm³。氧化石墨烯采用 Hummers 方法制得，层间距为 0.7～1.2nm，比表面积为 2100～2600m²/g。竹纤维为毛竹制成的絮状纤维，长度为 1000～2500μm，相对密度 0.90～0.94，含水率<3%。

高性能稀浆封层沥青混合料制备方法包括如下步骤。

(1)将氧化石墨烯按上述质量份数溶于煤油后置于超声波振荡仪中振散 20～30min，制得混合溶液，备用。

(2)将竹纤维按上述质量份数置于 NaOH 溶液中浸泡处理 60～120min，处理后的竹纤维置于烘箱中 2.5～3.5h 使其充分改性，将改性后的竹纤维二次搓碾制得改性竹纤维备用。

(3)将乳化沥青和步骤(1)得到的混合溶液依次加入拌和锅中进行第一次搅拌，搅拌时间为 15～20min。

(4)将粗集料、细集料和水及步骤(2)得到的改性竹纤维依次加入拌和锅中进行第二次搅拌，搅拌时间为 10～20min，得到沥青混合料。

NaOH 溶液质量浓度为 1.0%～1.5%，烘箱温度设置为 110～120℃。

本技术的有益效果是：

(1)沥青胶浆与集料间的黏附性是影响稀浆封层沥青混合料路用性能的重要指标，氧化石墨烯改性沥青具有较高的黏度和较强的黏结力，可与改性竹纤维协同作用，从而提高沥青结合料与集料间的黏结作用，并增强沥青混合料的低温抗裂性能和封水性能。片状的氧化石墨烯分散于沥青中使轻组分及游离氧的行走路径变得复杂，且氧化石墨烯增强了沥青各组分之间的黏聚，因此可有效减缓沥青老化过程中轻质组分的挥发，从而降低老化对氧化石墨烯改性沥青混合料劲度和弹塑性能的影响。氧化石墨烯形成的层状结构膜可有效防止热氧的入侵，阻止内部混合料被进一步老化，从而减缓了老化对沥青混合料水稳定性和低温抗裂性能的影响，延长了道路使用寿命。

(2)改性竹纤维在沥青胶浆中形成网状结构可以产生加筋和桥接作用，可增强沥青胶浆与集料间的黏结力、提高沥青混合料的抗变形能力并减少混合料析漏和泛油。另外，改性竹纤维在湿润条件下与氧化石墨烯共同作用附着在集料表面可提高表面粗糙度，在改善稀浆封层混合料与基底路面黏结效果的同时显著提高混合料的耐磨性能。

（3）碳纳米材料在黏弹性材料中的分散均匀性一直是困扰其在道路工程中应用的技术难题，为实现氧化石墨烯在乳化沥青中的稳定、均匀分散，基于稀浆封层沥青混合料制备与施工过程中无须加热的特点，首先将氧化石墨烯溶于煤油中制得混合溶液，尽可能保证其在后续工艺中以最小尺寸均匀地分散在基体中，尤其是避免其与竹纤维拌和的过程中发生团聚。此外，超声振荡作用在提高氧化石墨烯乳化分散效果的同时可进一步使颗粒细化。

（4）采用的竹纤维表面含有大量羟基导致其具有较强的亲水性，采用 NaOH 碱溶液处理可在去除纤维中果胶组分的同时改善其吸水性，进而提高其在稀浆封层沥青混合料中的分散均匀性和界面黏结性能。

（5）高性能稀浆封层沥青混合料技术性能好（具有优良的黏结性能、高温抗变形性能、低温抗开裂性能、抗老化性能和耐磨性能），制备工艺简单、过程环保，对提高路面质量和使用寿命均具有重要意义。

10.3.3　技术实施方案与效果

为有效应用本产品，结合实施方案对本产品的实施应用进行详细描述。

以下实施方案和对比方案中所用原料及技术指标如下。

所用基质沥青为 AH-70#重交基质沥青，其基本技术指标见表 10.7。

表 10.7　AH-70#重交基质沥青技术指标

项目	针入度(25℃)/0.1mm	针入度指数	软化点/℃	延度(5℃)/cm
测试值	64	−0.124	48	117

所用乳化剂为阳离子慢裂快凝乳化剂，制备的乳化沥青技术指标见表 10.8。

表 10.8　乳化沥青技术指标

项目	离子类型	破乳速度	筛上残余量 (1.18mm)/%	蒸发残留物 质量分数/%	黏度/(Pa·s)	
					恩格勒 黏度计 E25	道路标准 黏度计 C25.3
实测值	阳离子(+)	快裂	0.08	50.7	1.8	12.7
技术要求	阳离子(+)	快裂	≤0.1	≥50	1~6	8~20

项目	溶解度/%	针入度 (25℃)/0.1mm	延度(15℃)/cm	与粗集料的 黏附性	储存稳定性/%	
					1d	5d
实测值	99.78	57	51	>2/3	0.6	0.4
技术要求	≥97.5	45~150	≥40	≥2/3	≤1	≤5

所用粗集料、细集料为坚硬、清洁、干燥、无风化的玄武岩,其矿料级配见表 10.9。

表 10.9　稀浆封层沥青混合料矿料级配

筛孔尺寸/mm	9.5	4.75	2.36	1.18	0.6	0.3	0.15	0.075
通过百分率/%	100	84.2	61.7	39.5	26.8	19.4	13.9	9.5

所用氧化石墨烯为实验室内采用 Hummers 方法自制,层间距为 0.7～1.2nm,比表面积为 2100～2600m^2/g。所用竹纤维为采用毛竹制成的絮状纤维,长度为 1000～2500μm,相对密度 0.90～0.94,含水率<3%,其无机元素成分组成见表 10.3。

对比方案中所用水泥为 P.O 42.5R 级普通硅酸盐水泥,其技术指标见表 10.10。

表 10.10　硅酸盐水泥技术指标

项目	比表面积/(m²/kg)	凝结时间/min		安定性(沸煮)	质量损失率/%	抗压强度/MPa		抗折强度/MPa	
		初凝时间	终凝时间			3d	28d	3d	28d
测试值	264	175	240	合格	2.03	27.1	50.8	5.5	8.4

1. 实施方案 1

高性能稀浆封层沥青混合料包括以下组分(按质量份数计):乳化沥青 9 份,粗集料、细集料 72 份,氧化石墨烯 0.06 份,煤油 5 份,竹纤维 2 份,水 8.5 份。

高性能稀浆封层沥青混合料制备方法包括如下步骤。

(1)将氧化石墨烯按上述质量份数溶于煤油后置于超声波振荡仪中振散 20min,制得混合溶液,备用。

(2)将竹纤维按上述质量份数置于 NaOH 溶液中浸泡处理 110min,NaOH 溶液质量浓度为 1.5%,处理后的竹纤维置于烘箱中 2.5h 使其充分改性,烘箱温度设置为 115℃,将改性后的竹纤维二次搓碾制得改性竹纤维,备用。

(3)将乳化沥青和步骤(1)得到的混合溶液依次加入拌和锅中进行第一次搅拌,搅拌时间为 15min。

(4)将粗集料、细集料和水及步骤(2)得到的改性竹纤维依次加入拌和锅中进行第二次搅拌,搅拌时间为 20min,得到沥青混合料。

2. 实施方案 2

高性能稀浆封层沥青混合料包括以下组分(按质量份数计):乳化沥青 7 份,粗集料、细集料 70 份,氧化石墨烯 0.04 份,煤油 3 份,竹纤维 0.5 份,水 6 份。

高性能稀浆封层沥青混合料制备方法包括如下步骤。

(1) 将氧化石墨烯按上述质量份数溶于煤油后置于超声波振荡仪中振散25min，制得混合溶液，备用。

(2) 将竹纤维按上述质量份数置于 NaOH 溶液中浸泡处理 120min，NaOH 溶液质量浓度为 1.0%，处理后的竹纤维置于烘箱中 3.5h 使其充分改性，烘箱温度设置为 110℃，将改性后的竹纤维二次搓碾制得改性竹纤维，备用。

(3) 将乳化沥青和步骤(1)得到的混合溶液依次加入拌和锅中进行第一次搅拌，搅拌时间为 18min。

(4) 将粗集料、细集料和水及步骤(2)得到的改性竹纤维依次加入拌和锅中进行第二次搅拌，搅拌时间为 16min，得到沥青混合料。

3. 实施方案 3

高性能稀浆封层沥青混合料包括以下组分(按质量份数计)：乳化沥青 10 份，粗集料、细集料 75 份，氧化石墨烯 0.1 份，煤油 6 份，竹纤维 3 份，水 9 份。

高性能稀浆封层沥青混合料制备方法包括如下步骤。

(1) 将氧化石墨烯按上述质量份数溶于煤油后置于超声波振荡仪中振散30min，制得混合溶液，备用。

(2) 将竹纤维按上述质量份数置于 NaOH 溶液中浸泡处理 90min，NaOH 溶液质量浓度为 1.2%，处理后的竹纤维置于烘箱中 3.0h 使其充分改性，烘箱温度设置为 120℃，将改性后的竹纤维二次搓碾制得改性竹纤维，备用。

(3) 将乳化沥青和步骤(1)得到的混合溶液依次加入拌和锅中进行第一次搅拌，搅拌时间为 20min。

(4) 将粗集料、细集料与水和步骤(2)得到的改性竹纤维依次加入拌和锅中进行第二次搅拌，搅拌时间为 10min，得到沥青混合料。

4. 实施方案 4

高性能稀浆封层沥青混合料包括以下组分(按质量份数计)：乳化沥青 8.5 份，粗集料、细集料 73 份，氧化石墨烯 0.06 份，煤油 5 份，竹纤维 2 份，水 8 份。

高性能稀浆封层沥青混合料制备方法包括如下步骤。

(1) 将氧化石墨烯按上述质量份数溶于煤油后置于超声波振荡仪中振散22min，制得混合溶液，备用。

(2) 将竹纤维按上述质量份数置于 NaOH 溶液中浸泡处理 60min，NaOH 溶液质量浓度为 1.5%，处理后的竹纤维置于烘箱中 2.5h 使其充分改性，烘箱温度设置为 120℃，将改性后的竹纤维二次搓碾制得改性竹纤维备用。

(3) 将乳化沥青和步骤(1)得到的混合溶液依次加入拌和锅中进行第一次搅

拌，搅拌时间为 15min。

（4）将粗集料、细集料与水和步骤（2）得到的改性竹纤维依次加入拌和锅中进行第二次搅拌，搅拌时间为 20min，得到沥青混合料。

5. 对比方案

作为对照组，制备普通稀浆封层沥青混合料，包括以下组分（按质量份数计）：乳化沥青 8.5 份，粗集料、细集料 80 份，水泥 2 份，水 9.5 份。其制备方法为将乳化沥青，粗集料、细集料，水泥和水一次加入拌和锅，搅拌 15min。

将上述实施方案和对比方案的各稀浆封层沥青混合料按照《公路工程沥青及沥青混合料试验规程》（JTG E20—2011）规定的标准方法测试其稠度、拌和时间、初凝时间、黏结力、湿轮磨耗值和负荷轮压黏砂量等指标，测试结果见表 10.11。

表 10.11　各稀浆封层沥青混合料性能对比

测试项目	稠度/cm	拌和时间/s	初凝时间/h	黏结力/(N·m)		湿轮磨耗值/(g/m²)	负荷轮压黏砂量/(g/m²)
				30min	60min		
实施方案 1	2.4	141	1.8	1.9	2.8	643	354
实施方案 2	2.2	131	1.6	1.6	2.5	667	369
实施方案 3	2.2	136	1.5	1.7	2.9	651	359
实施方案 4	2.3	137	1.6	1.7	2.6	658	363
对比方案	2.3	132	1.3	1.3	2.2	694	396
技术要求	2~3	>120	0.25~12	≥1.2	≥2.0	<800	<450

由表 10.11 可知，氧化石墨烯与改性竹纤维协同作用可显著提高稀浆封层沥青混合料的黏结性能和耐磨性能，且施工和易性良好，表明此高性能稀浆封层沥青混合料是一种很好的沥青路面养护材料。

10.4　耐酸雨侵蚀的沥青混合料及其制备方法

10.4.1　技术背景

随着我国工业化进程的不断发展，石油、煤和天然气等化石燃料的燃烧导致 SO_2 和 NO_x 的排放量急速增加。SO_2 和 NO_x 经过一系列复杂的物理化学作用，形成了 H_2SO_4 和 HNO_3 等酸性液滴及酸性颗粒，随着大气湿沉降和干沉降落入地面，当雨雪中的 pH 小于 5.6 时，称为酸雨。

我国是继欧洲、北美之后世界上第三大酸雨区，而在三大酸雨区中，我国的强酸雨区(pH<4.5)面积最大，南方和西南地区已经成为世界上降水酸性最强的地区。近年来，我国酸雨面积持续扩大，酸雨区呈向西向北蔓延趋势，降水酸性继续增高。

当前，我国南方地区沥青路面早期水损害非常严重。酸雨对沥青路面的侵蚀破坏包含较为复杂的化学作用，由于沥青路面含有大量酸敏性材料，酸的侵蚀作用将加剧路面材料结构的劣化，必然会影响沥青路面的耐久性。因此，亟待加速研发耐酸雨腐蚀的沥青混合料及其制备方法。

10.4.2　技术内容

针对现有技术中存在的问题，本研究的目的在于提供一种耐酸雨腐蚀的沥青混合料及其制备方法，该方法通过将环氧沥青、改性竹纤维和废橡胶粉复配拌制密集配沥青混合料，使其沥青-矿料黏附性、水稳定性和耐久性均得到显著提升，且材料广泛易得、环境友好无毒。

为实现以上目的，采取的技术方案如下。

耐酸雨腐蚀的沥青混合料包括以下组分原料(按质量份数计)：环氧沥青 6～12 份、改性竹纤维 2～4 份、废橡胶粉 5～10 份、石灰石 102～135 份。

环氧沥青包括 1～2 份环氧沥青 A 组分(含环氧树脂组分)和 5～10 份环氧沥青 B 组分(含沥青组分)。废橡胶粉来源于废旧货车轮胎，主要成分为丁苯橡胶，颗粒细度为 80 目。石灰石依据粒径大小分为 100～130 份石灰石集料和 2～5 份石灰石矿粉，石灰石集料粒径>0.075mm，石灰石矿粉粒径≤0.075mm。

耐酸雨腐蚀的沥青混合料的制备方法包括以下步骤。

(1)将竹纤维置于纤维改性剂中浸泡 2～3h，再置于烘箱中 3～5h 充分反应，将改性后的竹纤维二次搓碾制得改性竹纤维，备用。

(2)将 100～130 份石灰石集料在烘箱中预热后加入至拌和锅中，预拌和30～60s，再加入步骤(1)得到的 2～4 份改性竹纤维混合，干拌 60～80s，得到混合物甲。

(3)将 5～10 份环氧沥青 B 组分加热至 170～190℃，然后与 5～10 份废橡胶粉混合，经保温剪切、搅拌，得到混合物乙。

(4)将步骤(3)得到的混合物乙和 1～2 份环氧沥青 A 组分加入步骤(2)得到的混合物甲中湿拌，然后加入预热过的 2～5 份石灰石矿粉拌和 100～120s，经溶胀制得耐酸雨腐蚀的沥青混合料。

步骤(1)得到的改性竹纤维为毛竹茎秆制成的改性短纤维絮状物，其长度为4～10mm，相对密度 0.87～0.94，含水率<3%，吸油率为纤维质量的 7～10 倍。

纤维改性剂为苯甲酸溶液，浓度为 0.2%～0.4%，其对竹纤维的酯化作用可显著提高其在沥青混合料中的相容性和分散均匀性。步骤(1)中烘箱加热温度为 110～120℃。步骤(2)中石灰石集料预热温度为 170～190℃，预热时长为 4～5h。步骤(3)中的剪切速率为 2000～3000r/min，剪切时间为 10～20min；搅拌时间为 15～25min。步骤(4)中的湿拌、石灰石矿粉预热及拌和温度均为 170～190℃，湿拌时间为 5～10min，预热时间为 4～5h；溶胀温度为 170～190℃，时间为 90～100min。步骤(4)制得的沥青混合料为密集配沥青混凝土混合料（AC），其空隙率 ≤ 4%。

本技术的有益效果如下。

(1)本产品采用的环氧沥青具有优良的高温稳定性、低温抗裂性、抗疲劳性能和耐老化性能，是高等级公路沥青面层铺装的优良结合料；更重要的是，环氧树脂固化体系中活性极大的环氧基、羟基、醚键、胺键及酯键等极性基团赋予其极高的黏结强度。同时，环氧沥青自身具有较高的内聚力，与矿料间的黏结性能良好，可有效抵御水分的侵蚀与剥落作用。另外，环氧沥青中热固性树脂的固化收缩率极小，线膨胀系数较小，因而环氧沥青的温度内应力较小，不易在低温下产生开裂，进一步防止了水分对沥青膜-矿料体系的破坏作用，因此，环氧沥青混合料具有良好的水稳定性，可有效防止酸雨的侵蚀作用。

(2)对竹纤维进行酯化处理可有效提高竹纤维的抗拉强度与黏结性能，改善其在混合料中的分散均匀性，同时，纤维可在沥青混合料中形成空间网络结构，从而发挥阻裂和限缩作用，有效提高混合料力学强度、抗渗性能和抗酸雨侵蚀能力。另外，纤维可有效提高沥青结合料中结构沥青的比例，对酸雨侵蚀作用下沥青胶浆细料的剥落具有较好的限制与约束作用，从而减缓酸雨对沥青混合料的腐蚀速度。

(3)废橡胶粉的加入可有效填充沥青混合料的孔隙，与纤维共同作用形成一个较为稳定的无机空间网络结构，提高沥青路面的致密性，从而降低酸雨侵蚀介质的侵入能力，取得长期抗酸雨侵蚀的效果。

(4)本技术利用环氧固化体系、改性竹纤维和废橡胶粉复合填充沥青混合料内部的孔隙与空洞，进而起到包裹和封闭作用，对沥青混合料形成有效保护，阻滞酸雨的侵蚀，并进一步保护下卧层。

(5)通过将环氧沥青、改性竹纤维和废橡胶粉复配拌制密集配沥青混合料，使其沥青-矿料黏附性、水稳定性和耐久性均得到显著提升，进而得到耐酸腐蚀的沥青混合料，且材料广泛易得、环境友好无毒。

10.4.3　技术实施方案与效果

为有效应用本产品，结合实施方案对本产品的实施应用进行详细描述。

以下实施方案和对比方案中所用原料及技术指标如下。

环氧沥青为美国 ChemCo System 公司生产，其基本技术指标见表 10.12。

表 10.12   环氧沥青基本技术指标

项目	针入度 (25℃) /0.1mm	延度 (15℃) /cm	软化点 /℃	密度 (25℃) /(g/cm³)	60℃动力 黏度/(Pa·s)	溶解度/%	抗拉强度 (25℃) /MPa	断裂 伸长率 (25℃)/%	容留时间 (120℃) /min
测试 结果	64.6	>100	57	1.104	29365	99.7	1.65	218	76

SBS 改性沥青为岳阳长炼化工厂生产，其基本技术指标见表 10.13。

表 10.13   SBS 改性沥青基本技术指标

项目	针入度 (25℃)/0.1mm	延度(15℃)/cm	软化点/℃	薄膜烘箱试验(TFOT)		
				质量变化/%	残留针入度 (25℃)/0.1mm	延度 (10℃)/cm
测试结果	49	>100	87.5	−0.01	76.0	24

粗、细集料为坚硬、清洁、干燥、无风化的石灰石，其矿料级配见表 10.14。

表 10.14   AC-13 型密集配沥青混合矿料级配

混合料类别	筛孔通过百分率/%									
	16mm	13.2mm	9.5mm	4.75mm	2.36mm	1.18mm	0.6mm	0.3mm	0.15mm	0.075mm
AC-13	100	94.7	75.5	43.6	30.0	23.1	15.7	11.4	9.5	7.6

1. 实施方案 1

耐酸雨腐蚀的沥青混合料的制备方法包括以下步骤。

(1)将竹纤维置于纤维改性剂中浸泡 2h，再置于烘箱中 3h 充分反应，加热温度为 110℃，将改性后的竹纤维二次搓碾制得改性竹纤维备用。改性竹纤维为毛竹茎秆制成的改性短纤维絮状物，其长度为 4～10mm，相对密度 0.87，含水率<3%，吸油率为纤维质量的 9 倍。纤维改性剂为苯甲酸溶液，质量浓度为 0.3%。

(2)将 100 份石灰石集料在烘箱中预热后加入拌和锅中，预热温度为 180℃，预热时长 4h，预拌和 40s，再加入步骤(1)得到的 2 份改性竹纤维混合，干拌 60s，得到混合物甲。

(3)将 5 份环氧沥青 B 组分加热至 180℃，然后与 5 份废橡胶粉混合，经保温剪切、搅拌，得到混合物乙，剪切速率为 3000r/min，剪切时间为 15min；搅拌时间为 20min。废橡胶粉来源于废旧货车轮胎，主要成分为丁苯橡胶，颗粒细度为80 目。

（4）将步骤（3）得到的混合物乙和 1 份环氧沥青 A 组分加入步骤（2）得到的混合物甲中湿拌，然后加入预热过的 2 份石灰石矿粉拌和 100s，经溶胀制得耐酸雨腐蚀的沥青混合料，为密集配沥青混凝土混合料（AC），其空隙率 ≤ 4%。湿拌、石灰石矿粉预热及拌和温度均为 180℃，湿拌时间为 5min，预热时间为 4h；溶胀温度为 180℃，时间为 90min。

2. 实施方案 2

耐酸雨腐蚀的沥青混合料的制备方法包括以下步骤。

（1）将竹纤维置于纤维改性剂中浸泡 2h，再置于烘箱中 3h 充分反应，加热温度为 120℃，将改性后的竹纤维二次搓碾制得改性竹纤维备用。改性竹纤维为毛竹茎秆制成的改性短纤维絮状物，其长度为 4～10mm，相对密度 0.94，含水率<3%，吸油率为纤维质量的 8 倍。纤维改性剂为苯甲酸溶液，质量浓度为 0.2%。

（2）将 110 份石灰石集料在烘箱中预热后加入拌和锅中，预热温度为 185℃，预热时长 4h，预拌和 50s，再加入步骤（1）得到的 2.5 份改性竹纤维混合，干拌 80s，得到混合物甲。

（3）将 6.5 份环氧沥青 B 组分加热至 185℃，然后与 5.5 份废橡胶粉混合，经保温剪切、搅拌，得到混合物乙，剪切速率为 3000r/min，剪切时间为 20min；搅拌时间为 25min。废橡胶粉来源于废旧货车轮胎，主要成分为丁苯橡胶，颗粒细度为 80 目。

（4）将步骤（3）得到的混合物乙和 1.3 份环氧沥青 A 组分加入步骤（2）得到的混合物甲中湿拌，然后加入预热过的 3 份石灰石矿粉拌和 110s，经溶胀制得耐酸雨腐蚀的沥青混合料，为密集配沥青混凝土混合料（AC），其空隙率 ≤ 4%。湿拌、石灰石矿粉预热及拌和温度均为 185℃，湿拌时间为 7min，预热时间为 5h；溶胀温度为 185℃，时间为 90min。

3. 实施方案 3

耐酸雨腐蚀的沥青混合料的制备方法包括以下步骤。

（1）将竹纤维置于纤维改性剂中浸泡 3h，再置于烘箱中 4h 充分反应，加热温度为 120℃，将改性后的竹纤维二次搓碾制得改性竹纤维备用。改性竹纤维为毛竹茎秆制成的改性短纤维絮状物，其长度为 4～10mm，相对密度 0.90，含水率<3%，吸油率为纤维质量的 9.5 倍。纤维改性剂为苯甲酸溶液，质量浓度为 0.4%。

（2）将 120 份石灰石集料在烘箱中预热后加入拌和锅中，预热温度为 170℃，预热时长 4.5h，预拌和 30s，再加入步骤（1）得到的 3.5 份改性竹纤维混合，干拌 70s，得到混合物甲。

(3)将 8 份环氧沥青 B 组分加热至 170℃，然后与 8 份废橡胶粉混合，经保温剪切、搅拌，得到混合物乙，剪切速率为 2000r/min，剪切时间为 15min；搅拌时间为 20min。废橡胶粉来源于废旧货车轮胎，主要成分为丁苯橡胶，颗粒细度为 80 目。

(4)将步骤(3)得到的混合物乙和 1.6 份环氧沥青 A 组分加入步骤(2)得到的混合物甲中湿拌，然后加入预热过的 4 份石灰石矿粉拌和 120s，经溶胀制得耐酸雨腐蚀的沥青混合料，为密集配沥青混凝土混合料(AC)，其空隙率 ≤ 4%；所述湿拌、石灰石矿粉预热及拌和温度均为 190℃，湿拌时间为 8min，预热时间为 4.5h；溶胀温度为 190℃，时间为 100min。

4. 实施方案 4

耐酸雨腐蚀的沥青混合料的制备方法包括以下步骤。

(1)将竹纤维置于纤维改性剂中浸泡 2.5h，再置于烘箱中 5h 充分反应，加热温度为 115℃，将改性后的竹纤维二次搓碾制得改性竹纤维，备用。改性竹纤维为毛竹茎秆制成的改性短纤维絮状物，其长度为 4～10mm，相对密度 0.89，含水率<3%，吸油率为纤维质量的 9 倍。纤维改性剂为苯甲酸溶液，质量浓度为 0.4%。

(2)将 130 份石灰石集料在烘箱中预热后加入拌和锅中，预热温度为 190℃，预热时长 5h，预拌和 60s，再加入步骤(1)得到的 4 份改性竹纤维混合，干拌 70s，得到混合物甲。

(3)将 10 份环氧沥青 B 组分加热至 190℃，然后与 10 份废橡胶粉混合，经保温剪切、搅拌，得到混合物乙，剪切速率为 2500r/min，剪切时间为 10min；搅拌时间为 15min。废橡胶粉来源于废旧货车轮胎，主要成分为丁苯橡胶，颗粒细度为 80 目。

(4)将步骤(3)得到的混合物乙和 2 份环氧沥青 A 组分加入步骤(2)得到的混合物甲中湿拌，然后加入预热过的 5 份石灰石矿粉拌和 100s，经溶胀制得耐酸雨腐蚀的沥青混合料，为密集配沥青混凝土混合料(AC)，其空隙率 ≤ 4%。湿拌、石灰石矿粉预热及拌和温度均为 170℃，湿拌时间为 10min，预热时间为 4h；溶胀温度为 170℃，时间为 95min。

5. 对比方案 1

作为对照组 1，制备普通 AC 型密级配沥青混合料，包括以下组分原料(按质量份数计)：SBS 改性沥青 7 份，改性竹纤维 2 份，废橡胶粉 5 份，石灰石集料 100 份，石灰石矿粉 2 份。

普通 AC 型密级配沥青混合料制备方法包括以下步骤。

(1)将竹纤维置于 0.3%苯甲酸溶液中浸泡 2h，将处理后的竹纤维置于 110℃

烘箱中 3h 使其充分反应，将改性后的竹纤维二次搓碾制得絮状短纤维，备用。

（2）将沥青混合料中的石灰石集料在 170℃烘箱中预热 4h 后加入拌和锅中预拌和 40s，将改性竹纤维与集料混合后干拌 60s，得到混合物甲。

（3）将 SBS 改性沥青加热至 170℃，然后与废橡胶粉混合并以 2500r/min 的速率保温剪切 20min，再搅拌 15min，得到混合物乙。

（4）将混合物乙加入到混合物甲中湿拌，然后加入预热的矿粉后拌和 100s，湿拌、矿粉预热及拌和温度均为 170℃。170℃下溶胀 90min 后，制得所述普通 AC 型密级配沥青混合料，其空隙率为 4%。

6. 对比方案 2

作为对照组 2，制备环氧沥青混合料，包括以下组分原料（按质量份数计）：环氧沥青 A 组分 1 份、环氧沥青 B 组分 5 份，石灰石集料 100 份，石灰石矿粉 2 份。

环氧沥青混合料制备方法包括以下步骤：将石灰石集料在 160℃烘箱中预热 4h 后加入 160℃的拌和锅中预拌和 40s，将预热至 160℃的环氧沥青 A、B 组分加入到拌和锅中湿拌 80s，加入预热至 160℃的石灰石矿粉拌和 80s，制得 AC 型环氧沥青混合料。

将上述实施方案和对比方案制备得到的沥青混合料进行酸雨腐蚀前后技术指标测试，测试结果见表 10.15。

表 10.15　各沥青混合料酸雨腐蚀前后性能对比

测试指标	实施方案 1		实施方案 2		实施方案 3		实施方案 4	
	未腐蚀	腐蚀后	未腐蚀	腐蚀后	未腐蚀	腐蚀后	未腐蚀	腐蚀后
马歇尔稳定度/kN	14.82	14.06	14.72	13.38	14.31	13.57	14.63	14.02
抗弯拉强度/MPa	15.79	14.94	14.96	14.19	15.48	14.65	15.86	14.83
浸水马歇尔稳定度/kN	14.68	13.27	14.15	12.72	14.73	13.48	14.89	13.71
质量损失率/%	0	0.03	0	0.04	0	0.03	0	0.03

测试指标	对比方案 1		对比方案 2	
	未腐蚀	腐蚀后	未腐蚀	腐蚀后
马歇尔稳定度/kN	12.24	9.59	12.67	10.88
抗弯拉强度/MPa	13.82	10.53	14.76	12.29
浸水马歇尔稳定度/kN	11.38	7.21	12.16	10.07
质量损失率/%	0	0.11	0	0.07

由表 10.15 结果可知，本技术方案得到的耐酸雨腐蚀沥青混合料具有良好的

抗酸雨腐蚀性能，且可有效提高沥青混合料酸雨浸泡后的力学性能、抗渗性能、抗剥落性和水稳定性，因而在酸雨腐蚀作用下仍具有良好的耐久性能。与对比方案 1 相比，各实施方案具有更优异的低温抗弯拉强度和水稳定性，说明环氧沥青具有优良的韧性、抗腐蚀性与黏附性，其混合料的抗松散与抗剥落性能更好，因此其酸雨腐蚀后的质量损失率更低。与对比方案 2 相比，各实施方案具有更优的力学性能和抗渗性能，表明纤维与废橡胶粉的共同作用可有效提高沥青混合料的致密性，进而降低酸雨的入侵能力，提高沥青路面耐久性。